개미 오디세이

L'Odyssée des fourmis

—운명을 짊어진 개미의 여정

개미 오디세이

L'Odyssée des fourmis

—운명을 짊어진 개미의 여정

오드레 뒤쉬투르 · 앙투안 비스트라크 지음

홍지인 옮김

목차

일러두기

※ 책 제목은 겹화살괄호(《 》)로, 영화 제목이나 작품 이름, 단편 글 등은 홑화살괄호
(〈 〉)로 표기했습니다.

※ 소괄호(( ))로 표기한 학명(국명)이나 용어, 인물 이름 등은 원문과 동일하게 표기했
습니다.

※ 국명이 있는 경우 국명을, 국명이 없는 경우 학명을 북유럽식 라틴어 음차로 표기했
습니다. 국명은 〈국가생물종목록 3권: 곤충〉(국가생물자원관, 2019년 4월)을 참고했
습니다.

열정적인 모험가였던
라파엘 불레(*Raphaël Boulay*)와
크리스티앙 페터스(*Christian Peeters*)를 기리며

개미 오디세이

L'Odyssée des fourmis

—운명을 짊어진 개미의 여정

서문

우리는 디딜 곳을 아주 잘 살펴 걸으라는 주의를 받았다. 야생 상태의 자연을 간직한 가봉의 **빽빽한** 숲에는 모든 것이 이제 막 첫발을 디딘 서양인을 경계하고 있는 듯했다. 이 숲에서 위험한 건 위장의 대가인 독사, 어두운 동굴에 사는 주황 악어, 나무 뒤에서 튀어나와 순식간에 공격할 수도 있는 코끼리뿐만이 아니다. 위험은 다른 곳에 도사리고 있다.

에볼라 바이러스 보균체인 박쥐에 대한 TV 다큐멘터리를 촬영하고 있던 우리에게 가이드는 무시무시한 종을 조심하라고 경고했다. 군대개미(*fourmi légionnaire*)라고도 불리는 마냥(*Magnan*)개미였다. 마냥개미의 여왕개미는 몸길이 5센티미터에 몸무게 2그램으로 이제까지 알려진 개미 중 가장 크다. 시력이 없는 이 종은 주로 페로몬을 통해 소통하며, 길게 종대를 이루며 굴을 자주 바꾼다. 개미굴 하나에 최대 2,000만 마리가 살기도 한다. 여러분이 길 위에서 마주쳤던 수백만 마리의 개미도 사냥하러 가거나 새로운 집을 찾아가는 중이었을 것이다. 그 무엇도 이 개미들을 막을 수 없다. 육식성인 마냥개미는 길을 가다 보이는 무엇이든 공격할 수 있다. 그 먹잇감이 자신보다 훨씬 큰 쥐나 닭, 뱀, 심지어 작은 악어라 하더라도 전혀 문제가 없다.

덤벙거리는 사람이라면 이 집요한 개미 앞에서는 1분의 부주의로도 큰코다치기에 십상이다. 그게 바로 우리 카메라맨의 경우였다. 그는 영상에 들어갈 장면을 찍던 중 마냥개미 군락의 길을 막아서서 그 심기를 거스르는 나쁜 선택을 했다.

행동의 결과는 바로 나타났다. 여간해서는 기존의 경로를 바꾸지 않는 마냥개미는 가지고 있는 최고의 방어 무기를 꺼내 들었다. 아주 고통스러운 상처를 남길 수 있는 날카로운 큰턱(mandibule)이다. 가장 어려운 것은 매일 사냥하는 개미의 무쇠 이빨을 떼어내는 것이었다. 카메라맨이 셔츠와 바지를 벗어 던지고 뛰어다니게 된 이유다. 몇 분간의 사투 끝에 거의 벌거벗은 카메라맨은 다시 정신을 차리고 촬영을 이어나갈 수 있었다. 이 실전의 경험은 우리에게 교훈을 준다.

이 책을 통해 배우게 되겠지만, 두려움의 대상인 마냥개미는 어떤 아프리카 부족에게는 추앙의 대상이기도 하다. 그들은 집을 청소하고 흰개미를 없애는 데 이 개미를 이용한다. 마냥개미들이 마을을 지나가면 사람들은 문을 모두 열고 어서 이 작은 집 요정이 집안의 벌레와 쥐, 바퀴벌레를 없애주기를 기다린다. 이처럼 무시무시한 곤충이 인간 사회에 큰 도움을 주기도 한다.

개미는 무척 흥미롭다. 고도로 조직화한 사회를 이루고 사는 개미의 집단지성과 희생정신은 수많은 호모 사피엔스에게 불타는 질투심을 불러일으킨다. 개미는 체증 없는 교통 통행과 악천후 속의 위급 상황 대처에도 매우 능하다. 두 명의 훌륭한 개미 전문가 오드레 뒤쉬투르(Audrey Dussutour)와 앙투안 비스트라크(Antoine Wystrach)가 우리에게 보여주는 것이 바로 이토록 흥미로운 사회적 삶이다. 지구상에는 2만 종의 개미가 존재한다. 엄청난 종 수만큼이나 놀라운 다양성을 보여주는 개미는 범상치 않은 능력의 소유자다. 개미의 생물량은 인간 생물량의 1.1배로, 개미에게서 특별한 능력들이 드러나는 것도 놀랍지 않은 일이다.

개미를 근면한 일꾼이라고만 설명하기에는 부족함이 있다. 사실 개미는 머릿속에 한 가지 생각밖에 없는 것처럼 보인다. 농사부터 방위, 보육, 간호까지 아우르는 수많은 전문적 능력을 활용하여 자신의 공동체가 잘 기능하도록 행동하는 것이다.

수천 마리의 개체로 구성된 개미 군락의 집단생활은 이동하고, 방향을 잡고, 일을 분담하고, 적을 방어하는 데 모든 개별 지성을 활용하는 초유기체(superorganisme)에 견줄 수 있다.

개미의 삶이 그리 안락하지만은 않다. 군락의 주요 활동을 수행하는 삶이란 그렇다. 그 활동은 바로 먹이 찾기다.

이 책의 저자들은 이 두근거리는 모험의 한가운데로 우리를 이끈다. 이 잊지 못할 모험을 통해 여러분은 존재하리라 생각지도 못했던 개미의 능력을 발견하게 될 것이다.

개미의 세계로 떠나는 이 여행이 내가 책장을 넘기며 얻은 만큼의 즐거움을 여러분에게도 안겨주리라 믿어 의심치 않는다. 이 여정 동안에는 디딜 곳을 살펴 걷기를!

마티외 비다르

머리말

캄캄한 방에서 태어나 어머니와는 멀리 떨어진 채 형제자매 곁에서 자라고, 걸음마를 떼자마자 일을 시작해야 하는 삶을 상상해 보라. 식구들을 먹이고, 방을 청소하고, 식량을 축적하고, 통로를 파는 일을 번갈아 가며 해야 한다. 이 모든 것은 늘 어둠에 잠겨 외부 세계와 그로부터 오는 괴로움은 알 수 없는 집 안에서 이루어진다. 이제 한창나이가 되었는데 자매들이 식구들을 먹여 살려야 하니 집 밖에 나가 먹잇감을 사냥하거나 열매를 모아 오라며 등을 떠민다고 상상해 보라. 집을 떠나 본 적도 없는데, 광막하고 볕이 밝은, 무시무시한 생명체들로 가득한 세상에 느닷없이 내던져지게 된 것이다. 이 대우주(macrocosme)에서 식량을 찾으려면 정글에서든 사막 한가운데서든 길을 잃지 않고 수십 킬로미터를 가야 한다. 티라노사우루스 못지않게 무서운 포식자로부터 도망치고, 고래만 한 먹잇감을 사로잡고, 완전무장을 하고서 같은 먹이를 두고 겨루는 경쟁자의 공격을 피하고, 이웃 종족에 붙잡혀도 죽을 때까지 노예로 살 위험을 무릅쓰고 저항해야 한다. 이 무시무시한 세상에 맞설 때는 혼자일 수도, 식구들과 함께일 수도 있다. 첫 번째 대장정에서 운 좋게 무사히 돌아올 수 있었다 할지라도, 전리품을 현관 앞에 내려놓고 나면 곧바로 다시 떠나야 한다. 끝없이 늘어나는 식구들이 밥을 달라고 아우성치고 있기 때문이다. 무정한 세계를 오가는 이 여정은 죽는 날까지 계속될 것이다. 공포 영화의 시나리오일까? 공상 과학 소설일까? 아니, 그저 개미의 일상일 뿐이다.

이 책은 굴 바깥을 모험하는, '수렵개미(fourmi fourrageuse)'라고 부르는 개미의 삶을 다룬다. 이 용감한 개미는 전체 개체의 5~10퍼센트에 불과하지만, 군락 전체의 식량 보급을 전적으로 책임진다.

수렵개미는 엄청난 기억력과 경이로운 체력을 자랑한다. 우리에게는 보이지 않는 것을 보고, 우리는 골머리를 앓는 복잡한 문제도 집단으로 해결할 수 있는 힘을 가지고 있다. 한마디로 수렵개미는 진정한 슈퍼히어로라고 할 수 있다. 사실 관점에 따라서 슈퍼빌런이라고 불러야 할지도 모르겠다.

개미로 인한 피해에 진력이 나서 부엌에 다니는 개미를 모두 없애 버리기로 결심한다 해도, 사실 여러분이 없애는 것은 군락의 아주 작은 일부에 불과하다. 그 성가시던 개미들은 아주 빠른 속도로 대체될 것이다. 타일 바닥 아래 숨어 사는 여왕개미는 지칠 줄 모르기 때문이다. 수렵개미는 집의 벽과 골조, 벽장 속에 살고 있는 초유기체의 연장이다. 손이 주방의 설탕통에서 부지런히 설탕을 퍼나르는 동안 어둠 속에 숨은 몸은 여러분의 시선 밖에서 계속해서 크기를 불려 나가고 있다. 수렵개미는 대개 군락에서 가장 나이가 많은 개미로, 식량 채집이 그들의 마지막 임무다. 수렵개미는 굴을 나설 때마다 어쩌면 다시는 돌아오지 못할 여정을 떠나는 것이다.

이 책은 죽음의 순간까지 식구들의 생존을 책임지기 위해 어떤 위험도 주저 없이 무릅쓰는 이 개미들에게 바치는 찬사다. 여러분은 앞으로 수영 선수, 역도 선수, 의사, 보모, 중독자, 폭탄, 닌자, 도둑, 전사, 비행사, 노예, 그 외에도 수많은 개미를 차례차례 만나게 될 것이다.

오드레 뒤쉬투르

제1장

이 서사시의 주인공

군락, 초유기체, 집단지성

오드레 뒤쉬투르

　개미 군락(colonie)은 사실 대다수가 암컷인 대가족이다. 군락을 개척하는 여왕개미의 역할은 알을 낳는 것이다. 여왕개미의 딸인 일개미들은 군락이 잘 기능하도록 책임진다. 일개미는 먹을 것을 가져오고, 쓰레기를 내다 버리고, 여왕개미와 어린 개미들을 먹이고, 집을 짓고 수리하며, 침입자를 내쫓기도 하지만, 장 드 라 퐁텐(Jean de la Fontaine)의 우화와는 달리 아무것도 안 할 때도 있다. 많은 개미종에서 일개미는 불임으로, 간혹 불임이 아닌 경우가 있어도 여왕개미는 다른 개미들이 알을 낳는 것을 금지한다.

　알이 부화하면 굼뜬 굼벵이 같은 애벌레가 나온다. 이 애벌레는 스스로 움직이지 못하기 때문에 머리를 흔들면 일개미가 가져다주는 먹이를 먹고 자란다. 성장의 마지막 과정에서 애벌레는 나비처럼 번데기로 변했다가 개미가 된다. 이는 성충으로의 변화를 의미하며, 개미는 더 이상 성장하지 않고 정해진 운명을 살게 된다. 개미의 생애는 주로 애벌레 단계의 영양 섭취에 따라 결정된다. 간단히 설명하자면, 성장 과정에서 충분히 먹지 못한 애벌레는 일개미가 되고, 단백질이 풍부한 먹이를 풍족하게 섭취한 애벌레는 여왕개미가 된다. 베르나르 베르베르(Bernard Werber)의 소설에서 주로 103호로 불리는 103683호 일개미가 여왕개미가 되는 것과는 달리, 실제로는 개미에게 정해진 운명을 바꾸는 것은 불가능하다.

개미의 암수는 알 속에 든 염색체 개수에 따라 정해진다. 암컷은 정자에 의해 수정된 난자가 발달한 것으로, 여러분처럼 부모로부터 각각 염색체를 받아 두 개의 염색체를 갖게 되며 이를 이배체(diploïde) 염색체라고 한다. 수컷은 수정되지 않은 난자로 만들어져 어미에게만 염색체를 받게 되며 이를 반수체(haploïde) 염색체라고 한다. 수개미는 어미는 있지만 아비는 없으며, 딸을 가질 수는 있지만 아들은 가질 수 없다는 의미다. 수개미의 유전 물질을 딸이 받게 되면 손자를 가지는 것은 가능하다. 약간 머리가 아파지는 문제다.

대부분의 개미종에서 수컷은 날개가 있는데, 비교적 연약해서 날벌레로 오인되는 경우가 많다. 비례에 맞지 않게 작은 머리에는 시야각이 300도에 달하는 큰 눈이 달려 있다. 번식이라는 단 하나의 역할을 하기 위해 굴을 나서는 마지막 순간까지 수개미들은 먹여 주고, 재워 주고, 청소해 주는 다른 개미들의 보살핌을 받으며 군락에서 아무것도 하지 않는다. 간단히 말하자면 수개미는 쌍안경 달린 날아다니는 고환과도 같다. 영화 〈개미〉의 주인공인 용감한 수컷 일개미가 공주개미와 사랑에 빠져 군락에 혁명을 일으키던 모습은 잊길 바란다.

기상 조건이 좋은 날이면 처녀 여왕개미들과 수개미들은 소울메이트를 찾아 굴을 떠난다. 여러 개미종에서 여왕개미와 수개미는 날개가 있어 비행하며 교미한다. 초여름에 많이 보이는 '날개미'가 바로 이 개미다. 교미가 끝나면 수개미는 슬픈 운명을 맞게 된다. 어떤 경우, 수개미는 암개미가 다른 수컷들과 교미하지 못하도록 자신의 생식 기관과 창자 끄트머리를 암개미의 체내에 남겨두기도 한다. 이 같은 소유욕으로 수개미는 이내 죽음을 맞이한다. 그렇지 않은 수개미들은 굶어 죽거나 구름 같은 개미 떼에 입맛을 다시던 새에게 잡아먹히고 만다.

여왕개미는 땅에 착지하여 제 날개를 떼어내고 보금자리를 만들 곳을 찾아 떠난다. 개미종마다 집 짓는 취향이 제각기 다르긴 하지만, 땅속의 굴곡진 곳이나 그루터기의 틈, 나뭇잎 사이에 숨을 곳을 발견하면 자손을 낳기 위해 은신에 들어간다. 여왕개미는 이제 평생 햇빛을 볼 일도 재미를 볼 일도 없을 것이다. 땅에 들어가고 나면 여왕개미는 자식들이 성체가 될 때까지 몇 주 동안 아무것도 먹지 않는다. 여왕개미는 축적해 둔 지방과 이제는 필요가 없어진 날개 근육을 사용하여 처음으로 알을 낳는다. 자식이 성체가 되기 전에 죽을 것을 감안하고 알을 먹는 일도 간혹 있다. 여왕개미는 저정낭(spermathèque)에 비축해 두었던 정자로 알들을 수정한다. 수개미는 교미가 끝나고 금방 죽지만 정자는 그 이후로도 몇 년이나 살아 있다. 여왕개미는 이렇게 저장해 놓은 정자를 영하 196도의 액체 질소에 얼려 두지 않아도 평생에 걸쳐 사용할 수 있다. 여왕개미가 처음으로 낳은 일개미들은 다소 허약하지만 제 역할을 해내기에는 충분하다. 일개미가 일찍부터 식량을 찾기 시작하기 때문에 여왕개미는 다시 알을 낳는 본분에 전념할 수 있게 된다. 여왕개미는 몇십 년이나 살기도 하는데, 실험실에서 30여 년이라는 기록적인 기간 동안 생존한 여왕개미도 있다. 50년까지 살 수 있는 흰개미 마크로테르메스(Macrotermes) 여왕개미와 비단벌레(scarabée, Bupreste) 다음으로 오래 사는 곤충 3위의 자리를 차지한 것이다. 일개미의 경우에는 종에 따라 몇 달, 길면 몇 년을 살 수 있다.

함께 일하며 군락의 존속과 성장을 책임지는 개미의 높은 협동성은 200년 전의 생물학자들에게도 경탄의 대상이었다. 개미 간의 사회적 상호작용은 한 유기체의 세포 간에 관측되는 상호작용을 연상시킨다. 1911년 미국 개미학자 윌리엄 모턴 휠러(William Morton Wheeler)는 개미 사회가 일종의 독립적인 생명체와도 같다고 주장하며 이에 초유기체라는 이름을 붙였다. 우리는 종종 인간 사회의 프리즘을 통해 개미굴의 구조를 이해하려는 욕구에 사로잡히곤 한다. 수필가 모리스 마테를링크(Maurice Maeterlinck)는 저서 《개미의 생활》에서 이렇게 묻는다. "이 도시에서는 누가 군림하고 누가 통치하는가? 지성과 정신은 어디 숨어 있으며, 논의된 바 없는 질서들은 어디에서 생겨나는가? 이러한 형태의 화합과 그로부터 기인하는 이 정권에 어떤 이름을 붙여야 할까? 무의식적으로 발생한 사회에 불과한 것일까? '조직된 무질서'일까, 아니면 '누적적(cumulatif) 공동체'일까? 가능성이 낮은 신권정치와 군주정치를 배제하고 나면 민주정치와 과두정치가 남고, 더 그럼직해 보이는 것은 귀족정치와 노인정치다. 보편적 본능의 견고하고 안정적인 본지에서 말하자면 '최선의 견해로 구성된 임시 정부'라고 할 수 있겠다."

평화와 조화가 유지되는 이상적 사회, 그리고 공동체적 삶을 승화하는 의인주의적 표출을 사회성 곤충(insecte social)으로부터 찾는 일은 흔하게 일어난다. 예를 들어 프로이트(Freud)는 사회성 곤충에 있어서 개인적 의지는 집단적 의지에 봉사한다고 여겼다. 그에 따르면 일개미는 집단의 이익을 위해 자신의 자유를 포기하는데, 이는 인간에게서는 상상도 할 수 없는 일이었다. 러시아 아나키즘 작가 표트르 크로포트킨(Pierre Kropotkine)은 저서 《만물은 서로 돕는다》에서 개미의 행동을 사회의 본보기로 삼는다. 그에 의하면 사회성 곤충은 갈등은 덮어두고 상부상조와 상호적 신뢰를 우선시함으로써 놀라운 지능을 발전시킬 수 있었다. 이러한 진심 어린 화합이 유지되는 완벽한 사회에 관한 생각은 〈벅스 라이프〉, 〈앤트맨〉 등 여러 영화에서 다루어진다.

멀리서 보았을 때 군락이 조화롭게 돌아가는 것처럼 보이는 것은 사실이다. 채집이나 건설, 양육 등 모든 노동은 집단적으로 이루어진다. 각각의 개미가 군락 전체의 이익을 위해 열심히 일한다고 생각하기 쉽다. 하지만 가까이에서 들여다보면 가면은 벗겨진다. 개체의 차원으로 관찰하게 되면 정말 아무것도 하지 않거나, 다른 개미들의 일을 지연시키고, 심지어 망치기까지 하는 개미를 심심치 않게 볼 수 있기 때문이다. 그 사실을 두 눈으로 확인하려면 먹잇감을 함께 운반하는 개미 행렬을 자세히 들여다보기만 해도 충분하다. 처음에는 영화 〈슈퍼미니〉에서 그려지듯 질서정연하게 설탕통을 나르는 장면보다는 미국의 블랙 프라이데이 현장에 더 가깝다. 하지만 개미가 흥미로운 것도 바로 그 점에 있다. 개미들은 무질서에서 질서를 만들어 내는 방법을 알고 있다!

개미 군락은 매우 복잡한 구조물을 짓고, 미리 계획을 세우지 않고도 복잡한 물자 보급 문제를 해결하기도 한다. 일본 홋카이도 이시카리 만의 해안에는 불개미(Formica yessensis) 초군락(super-colonie)이 서식한다. 여기에는 일개미 약 3억 마리, 여왕개미 100만 마리가 살고 있으며, 수백 킬로미터에 걸쳐 서로 연결된 개미굴 4만 5,000개가 분포해 있다. 이 거대 도시의 면적은 약 270헥타르로, 센트럴 파크와 비슷한 넓이다. 이에 대해서 1971년 세이고 히가시(Seigo Higashi) 교수가 기록을 남긴 바 있지만, 이 개미 도시가 세워진 것은 1000년도 더 전의 일이다. 굴과 굴 사이를 연결하는 교통망이 얼마나 복잡할지 상상해 보라! 식량의 보급과 저장, 분배를 감독하는 물류 기관이 없으리라고는 생각하기 어렵다. 하지만 이 거대 도시에서는 그와 비슷한 것조차 찾아볼 수 없다.

개미의 행동을 이해하기 위해서는 인간 사회가 기능하는 방식을 배제하는 것이 매우 중요하다. 개미들에게는 작업반장도, 건축가도, 관리자도, 총재도, 행정관도, 사장도, 대령도, 그 외의 그 무엇도 존재하지 않는다. 개미는 정보를 독점하고 집단의 어떤 구성원이 무엇을, 어떻게, 누구와 언제 할지 결정짓는 우두머리 없이 무리 지어 일한다. 군락은 피라미드형이 아니라 완전히 평행한 조직으로, 정보를 지속적으로 공유하는 자율적인 개체들로 이루어져 있다. 이는 군락의 일원이 공교롭게 사라지는 일이 있어도 개미굴은 계속해서 차질 없이 기능한다는 것을 의미한다. 인간이라면 집을 지을 때 건축가가 사라진다면 공사가 곧바로 중단되어 버릴 텐데 말이다!

개미는 군락 속에서 자신의 생리학적 상태와 주변 개체들과 나눈 교류, 환경에 따라 행동한다. 예를 들어 굶주린 채 굴 입구를 배회하고 있는 개미는 굴의 깊숙한 바닥에서 졸고 있는 배부른 개미보다 사냥을 떠나는 동료들을 따라갈 확률이 높다. 군락은 '자기 조직화(auto-organisation)'라는 원칙에 따라 기능하는데, 이 용어는 1947년 사이버네틱스 학자 윌리엄 로스 애슈비(William Ross Ashby)가 처음 사용했다. 자기 조직화는 외부의 제어 없이 처음에는 무질서했던 시스템이 구성 요소 간의 상호작용을 통해 조직되는 과정을 의미한다. 무료 온라인 백과사전인 위키피디아가 자기 조직화 시스템의 한 예다. 중앙 집중 제어 없이 수천 명이 함께 사전 항목들을 작성하는데, 그중 어떤 항목은 브리태니커 백과사전만큼, 또는 그보다 더 높은 수준을 자랑한다.

짧게 정리하자면 개미 군락은 잘 조직된 카오스라고 할 수 있다!

개미, 두뇌, 개별지성

앙투안 비스트라크

확실히 개미 군락은 놀라운 집단지성을 자랑하며, 바로 그것이 개미가 인간에게 유명한 이유이기도 하다. 하지만 집단적으로 뛰어나다고 해서 혼자서는 멍청하다는 의미가 아니라는 점을 명심하자! 하지만 개별 지성에 있어서 개미는 그리 좋은 평을 받지 못한다. 개미는 기본적 반사에 따라 움직이는 꼭두각시고, 유전자와 군락의 요구에 끌려다니는 포로와 다름없다고 생각하는 사람도 많다. 이러한 생각은 크게 잘못된 것으로, 특히 우리의 자기중심적 사고를 여실히 보여준다. 우리는 진화의 나무에서 인간들과 멀리 떨어진 생물일수록 지능이 있다고 여기기를 꺼리는 경향이 있다. 실제로 우리는 대부분 인간이 가장 지능이 높다는 데에 동의한다. 인간 다음으로는 우리의 가까운 친척인 비인간 영장류가 온다. '원숭이처럼 영리하다'라는 말이 증명하듯, 비인간 영장류는 지능 면에서 꽤 높은 평가를 받는다. 비영장류 포유동물 중에도 몇몇은 인간에게 후한 평을 받는다. 돌고래의 지능, 여우의 꾀, 코끼리의 엄청난 기억력 등이 그 예다.

반면 포유류에 속하지 않는 척추동물부터는 깔보는 시선이 느껴지기 시작한다. 예를 들어 새가 들어가는 프랑스어 표현, '참새 두

뇌[1]', '홍방울새 머리[2]', '말똥가리[3] 같은 놈' 같은 말은 대개 기분
좋게 듣기 어렵다. 파충류의 경우도 마찬가지다. '파충류 뇌'라는
표현은 파충류를 열등하다고 여기는 부당한 견해를, 유명한 '제 꼬
리를 무는 뱀'의 이미지는 뱀이 지적으로 뒤떨어진다는 암시를 드
러낸다. 생선의 경우에는 '참치[4]', '대구[5]', '금붕어 기억력'과 같은
표현들이 심한 욕으로 사용되고 있지 않은가! 하지만 이와 같은 중
상모략은 척추동물 계통을 넘어가면 더욱더 깊어진다. 지렁이, 불
가사리, 날벌레에게는 의식의 존재조차 부정된다. 그러나 사실 가
리비의 신경 계통의 경우 고도로 발달한 편은 아니어도 대부분이
생각하는 것보다는 훨씬 복잡하다. 가리비가 식탁에 오르기 전까
지는 껍데기 가장자리를 따라 분포된 수십 개의 눈으로 세상을 본
다는 사실을 알고 있는가? 사실 어떤 종을 연구하든지 종의 행동에
대해 배우게 될수록 예상치도 못했던 인지 능력을 발견하게 된다.
이는 동물에 대한 우리의 멸시가 우리의 무지, 즉 몰이해의 반영이
라는 증거다. 예를 들어 근 수십 년 동안 갑오징어와 문어가 재평가
받게 된 것도 몇몇 연구자들의 노력 덕분이다.

곤충의 경우에는 어떨까? 현재까지 존재가 밝혀진 곤충종은 130
만 개로, 전체 동물 다양성의 약 85퍼센트를 차지한다(비교를 위해
이야기하자면 포유류가 차지하는 비율은 0.3퍼센트에 불과하다).
이러한 관점에서 보면 이 작은 무척추동물들은 이 지구 위 동물의
세계에서 대단한 성공을 거둔 것이다. 그뿐만 아니라 곤충은 거의
모든 생태계의 유지에 매우 중요한 역할을 한다. 그럼에도 곤충은

---

1) '경솔한 사람'을 의미하는 은어.
2) 1)과 동일한 의미를 가진 은어.
3) '멍청한 사람'을 의미하는 은어.
4) '추녀'를 의미하는 은어.
5) '창녀'를 의미하는 은어.

대개 철저한 무관심 속에 잊힌 채, 무심한 우리의 신발 바닥에 으스러지는 끝을 맞이한다. 이는 넓은 관점에서 우리 지구에 대한 멸시이며, 최근 지구가 겪고 있는 급격한 쇠퇴를 고려하면 이제는 곤충을 보다 잘 이해하고 그에 걸맞은 자리를 내어줄 때다. 이 책을 쓰게 된 목적 중 하나가 바로 이것이다. 이러한 목적을 달성하기 위해 곤충을 배우고 아는 것보다 좋은 시작이 어디 있겠는가?

가장 먼저 알아야 할 것은 곤충에게도 진짜 뇌가 있다는 사실이다. 그 크기가 건조 쿠스쿠스 입자보다 작긴 하지만, 신경 세포와 관련하여 중요한 것은 크기가 아니다. 100년도 더 전부터 과학자들은 이 작디작은 수수께끼를 관찰하고, 제도하고, 숙고해 왔다. 유전자 조작, 면역조직화학, 신경 세포 추적체 주사, 공초점 레이저 현미경 등 곤충의 뇌를 조사하는 방법은 무척 다양해졌다. 한 가지 확실한 것은 연구 결과들이 우리의 편견이 얼마나 크게 틀렸는지를 잘 보여주고 있다는 사실이다! 그처럼 작은 뇌에서 그 정도의 복잡성이 발견되리라고는 누구도 예상하지 못했다.

곤충의 머릿속에 들어 있는 것, 즉 곤충의 뇌에 관해 이야기하기 전에 우리 몸의 척수처럼 곤충의 몸을 따라 사슬을 이루고 있는 일련의 신경절에 대해 알아보자. 각 신경절에는 신경 세포가 수만 개 모여 있고, 각각의 신경 세포는 국소 프로세서와 같이 기능한다. 예를 들어 가슴에 있는 신경 세포는 다리와 날개를 움직이는 데 필요한 복합적인 계산을 수행한다. 다르게 말하면 개미는 다리를 어떻게 둬야 좋을지 머리를 싸매고 고민하지 않는다는 뜻이다. 그런 사소한 일은 신경절이 관리하기 때문에 뇌는 다른 일에 매진할 수 있게 된다. 사실 우리 몸도 어느 정도 비슷한 방식으로 기능한다. 인간의 보행은 600개가 넘는 근육의 조정을 필요로 하지만, 여러분은 그처럼 복잡한 일에 신경을 전혀 기울이지 않고도 균형을 잡고 길을 걷는다. 여러분의 몸이 이루고 있는 조화는 많은 부분 척수 신경절이 책임지고 있으며, 척수 신경절 덕분에 여러분의 뇌는 전화 통화와 같이 인지적 능력이 필요한 일에 집중할 수 있는 것이다.

그렇다면 곤충의 뇌에서는 어떤 일이 일어나고 있는 것일까? 우리 뇌처럼 곤충의 뇌도 신경절 하나보다는 훨씬 복잡하다. 우반구와 좌반구로 이루어진 곤충 뇌의 각 반구는 자그마치 30여 개의 영역으로 구분된다! '뉴로파일(neuropile)'이라고 불리는 이 영역은 소구역, 때로는 소-소구역으로 나뉘며, 이 구역들은 '상중위 우전대뇌(protocerbrum supérieur intermédiaire droit)' 또는 '유병체 누두 좌경부(collier des calices des corps pédonculés gauche)'처럼 낯선 이름을 가지고 있다. 곤충 뇌 해부학을 다루는 과학 논문이 읽기 쉽지 않은 것은 사실이다.

이 다양한 뇌 구역은 서로 긴밀하게 연결되어 있어 시각, 후각, 미각, 청각, 촉각과 더불어 고유 수용 감각(proprioception), 온도 감각, 통각까지 포함하는 감각적 정보는 여러 중추로 전달되어 처리되고, 다듬어지고, 평가되고, 다른 정보와 결합하고, 지난 경험과 비교를 거치게 된다. 선택에 필요한 모든 것이 갖춰져 있는 것이다. 한 예로 개미에 대한 한 최근 연구는 개미의 겹눈(œil à facettes)을 통해 파악된 시각 정보가 서로 다른 30여 개의 신경 경로를 거쳐 다양한 뇌 지점으로 전달된다는 사실을 밝혀냈다. 개미가 세상을 볼 때 그 머릿속에는 수많은 일이 일어나고 있다는 사실을 명심하자. 단순한 운동 반사와는 거리가 멀다.

숫자로 이야기를 하자면 개미의 뇌에는 5만~100만 개의 신경 세포가 있으며 그 수는 종에 따라 크게 달라진다. 우리 뇌를 구성하는 신경 세포가 800억 개인 데 비하면 하찮아 보일 수도 있겠지만, 다윈(Darwin)은 이런 말을 남겼다.

"어떤 두 동물 또는 두 인간의 지능이 두뇌의 크기만으로 정확히 측정될 수 있으리라고 가정할 수 있는 이는 아무도 없다. 아주 작은 양의 신경 물질도 대단한 정신 활동을 촉발할 수 있는 것은 확실하다. […] 그런 관점에서 보면 개미의 뇌는 세상에서 가장 놀라운 물질 원자 중 하나이며, 어쩌면 인간의 뇌보다도 더 놀라울지도 모른다."

실제로 곤충의 뇌는 우리가 쓰는 컴퓨터의 트랜지스터는 대보지도 못할 정도의 초소연결성(micro-connectivité)을 자랑한다. 각 신경 세포는 그 거리가 가깝든 멀든 다른 세포와 10만 번 이상의 연결이 가능하다. 100만 개의 신경 세포가 저마다 10만 번을 연결한다면, 시침 핀 머리보다 작은 그 연결망의 힘이 어느 정도일지 헤아려 보라. 게다가 개미의 신경 연결은 고정적이지 않고 '연질적(plastique)'이라는 점에서 개미의 뇌는 기계와 근본적인 차이를 갖는다. 즉 신경 연결의 생성, 강화, 소멸에 따라 개미는 개별적인 경험에 맞추어 언제든 새롭게 적응할 수 있다는 것이다.

그러니 개미는 유전자에 따라 움직이는 꼭두각시가 아니라 항상 그리고 빠르게 배우는 개체다. 따라서 환경은 각 개미가 발달하는 방식에 지대한 영향을 끼친다. 몇몇 개미종에서 군락의 모든 일개미가 유전적으로 동일한 클론임에도 저마다 매우 다른 일생을 산다는 사실이 그 증거다. 어떤 개체들은 지배하고 또 어떤 개체들은 복종한다. 또 다른 개체들은 우수한 사냥꾼이 되거나 전문 보모가 되기도 한다. 어떤 연구자는 개미의 '성격'에 대해서 논하기도 한다. 우리처럼 개미의 운명도 저마다 가진 역사의 우연에 맡겨진다.

개미의 뇌에 관한 연구에 비추어 보면 개미에게 일종의 지능이 있음은 더 이상 부정할 수 없는 사실이다. 하지만 그 지능을 전체적으로 파악하기 위해서는 뇌 물질의 물리적 서술을 넘어 개미의 행동을 이해하는 것이 필수적이다. 개미의 삶 한가운데 들어가 현장에서 개미를 관찰해야 한다. 바로 그것이 우리가 이 책을 통해 식량을 찾아 용감히 굴을 떠나는 모험가인 수렵개미를 자세히 들여다보는 여정을 함께 떠나는 이유다. 외부 세계를 마주하는 개미가 홀로 또는 함께 겪는 수많은 역경으로 우리는 개미의 기발한 재능과 훌륭한 지능을 확인할 수 있을 것이다. 개미에게도, 개미가 품고 있던 몇 가지 비밀을 밝혀낸 연구자와 박물학자들에게도 진정한 모험이 될 것이다.

제2장

첫 번째 시련
나가서 방향 잡기

콜 오브 와일드

앙투안 비스트라크

개미와 함께하는 모험을 시작해 보자. 집단생활을 하던 개미굴을 나서면서부터 개미는 단독으로 이동하며 세계를 탐험하게 된다. 혼자가 된 개미에게 믿을 것은 자신의 뇌뿐이다. 단독 이동은 사실 선조부터 이어져 온 방식으로, 1억 년 이전의 초기 개미가 사용했고 오늘날에도 여러 종에서 발견되고 있다. 모든 수렵개미가 갖춰야 할 필수적인 능력이 있다면 그것은 바로 방향 감각이다. 길을 잃고 보금자리로 돌아가지 못하는 것은 개미에게는 있을 수 없는 일이며, 그런 개미는 죽은 목숨과 다름없다. 시간의 흐름에 따라 개미가 길을 잃지 않기 위해 효과적인 방법을 개발하게 된 이유다. 어떤 방법일까?

조금 이상해 보일 수도 있지만, 동물의 방향 감각을 연구하는 과학자라면 대부분 유치원생처럼 알록달록한 정육면체, 원기둥, 삼각형 모양 조각을 매일 가지고 논다. 실험실에서 사용되는 이러한 물체는 동물이 방향을 잡는 데 어떤 종류의 정보를 이용하는지 시험하기 위한 인공적 지표로 쓰인다. 이러한 실험은 주로 생쥐, 물고기, 비둘기 등 실험실에서 키우는 척추동물을 대상으로 진행되는데, 개미도 많이 이용된다. 실험에 자주 등장하는 개미종 중 하나는 몸길이가 1센티미터 정도 되는 열대종으로, 이름을 하드 록 곡에서 따온 듯한 '기간티옵스 데스트룩토르(Gigantiops destructor)'다.

1922년, 하버드대학교 교수 윌리엄 휠러는 이렇게 썼다. "'기간티옵스 데스트룩토르'라는 이름은 커다란 눈의 그악스러운 괴물을, 거대한 표범 같은 곤충을 연상시킨다." 그리스어 '기가스(gigas)'와 '옵시스(opsis)'에서 유래한 기간티옵스는 실제로 '거대한 눈'을 의미한다. 이 종은 현재까지 알려진 개미 중에서 가장 큰 눈을 가지고 있는데, 한쪽 눈을 이루는 결정면의 개수가 약 4,000개에 달한다.

한편 '데스트룩토르'라는 이름의 유래에 관해 이야기하자면 조금 복잡하다. 이 이름은 1804년 덴마크 동물학자 파브리시우스(Fabricius)가 붙인 것으로, 휠러는 파브리시우스가 "[…] 이 개미의 행동에 대해 아는 바가 전무했음이 분명하다"라고 말하기도 했다. 이 개미가 겉보기에는 공격성이 없을 뿐 아니라 되려 유순해 보이기까지 하는 것은 사실이다. 실험실에서 만난 기간티옵스에게 마음을 빼앗기는 데는 불과 몇 초밖에 걸리지 않는다. 긴 다리에 사슴 같이 큰 눈을 가진 이 작은 개미는 옆걸음을 치며 여러분을 바라본다. 여러분이 움직이면 그 방향대로 수십 개의 개미 머리가 돌아가는 모습을 볼 수 있다. 개미들 사이로 손을 뻗으면 그 중 호기심 넘치는 한 마리가 손가락 위에 올라와 새로운 환경을 조심스레 탐색할 것이다. 학생들은 보통 이렇게 첫눈에 반하곤 한다.

그러나 이것은 인간의 시선일 뿐, 모든 동물이 인간과 같은 관점을 갖는 것은 아니다. 실제로 전자 현미경으로 확대해 보면 이 짐승의 어두운 면이 드러난다. 두 개의 쇠톱처럼 날카로운 큰턱 위에 난 수염이 창처럼 앞을 향해 뻗어 있고, 그 위로 달린 거대한 두 눈은 확대해 보면 사슴이 아니라 악마처럼 깨물 기회만 살피면서 여러분을 노려보고 있다. 기간티옵스는 단연코 포식자로, 피식자에게는 절대 마주치고 싶지 않은 대상임이 틀림없다. 이렇게 보면 파브리시우스가 틀렸던 것은 아닌 것 같다. 기간티옵스 데스트룩토르에 관해서는 그가 옳았다고 하자.

이 개미의 능력은 입이 떡 벌어질 정도로 놀랍다. 이 개미는 미로에 놓였을 때 열 번도 안 되는 시도만으로 갈림길 여덟 개의 순서를 외울 수 있다. 또한 가늘거나 두꺼운 수직선 등의 추상적인 시각 지표를 회전할 방향과 연관 짓는 법을 터득하기도 한다. 미로에 몇 개의 물체를 더 놓으면 개미는 즉시 그 물체가 놓인 자리를 외워서 위치를 파악하는 데 사용한다. 그 물체들을 모두 꺼내고 나면 개미는 이제 예상치도 못했던 다른 지표, 예를 들어 실험실 방의 형태나 천장의 형광등 위치 등을 가지고 방향을 잡는다.

하지만 이는 실험실에서, 즉 인공적으로 조성된 조건 하에 이루어진 실험일 경우라는 기억하자. 사실 원산지인 아마존 숲의 우듬지 사이로 비추는 어슴푸레한 빛 아래서야 이 개미가 가진 재능의 진정한 깊이를 가늠할 수 있다. 열대 우림은 개미보다는 연구자에게 더 힘든 곳이다. 우선 이 나뭇가지 지옥에서 기간티옵스의 굴 위치를 파악해야 한다. 그러기 위해 거쳐야 할 단계는 다음과 같다. 먼저 흰개미 굴을 찾고 통통하게 살이 오른 흰개미의 일개미를 몇 마리 잡아라. 그다음엔 땅과 나뭇잎 표면을 유심히 관찰하여 아주 미세한 움직임이라도 찾아내라. 그리고 부산하게 움직이고 있는 수백 마리의 작은 짐승 중에 외출을 나온 기간티옵스 수렵개미가 부디 눈에 띄기를 기원해라. 이 개미를 발견했다면 조심스레 다가가서 그 근처에 흰개미를 몇 마리 놓아라. 이 개미는 살진 흰개미를 무척 좋아하니 바로 달려들 것이다. 수렵개미는 전리품을 턱에 단단히 물고 주인이 던진 뼈다귀를 가지러 가는 개처럼 몸을 틀어 어디론가 향할 것이다. 그 개미를 따라가면 개미의 집에 이르게 될 것이다. 여기서 우리는 세 가지 사실을 배울 수 있다.

첫째, 기간티옵스를 자연 세계에서 따라가는 것은 그리 쉽지 않은 일이다. 긴 다리로 매우 민첩하게 움직이는 이 개미는 나뭇잎 사이를 누비고, 더 빨리 이동하기 위해 나뭇가지를 고속도로처럼 이용하고, 수면 위를 빠르게 미끄러져 물웅덩이를 건너고, 작은 굴곡 사이를 교묘하게 빠져나오고, 넘어진 나무 기둥 속으로 들어가 반대쪽으로 빠져나온다. 우리 인간은 그와는 정반대의 상황에 처한다. 나뭇잎에 가려져 있던 가시가 옷에 달라붙고, 복잡하게 뒤얽혀 앞을 막아선 나뭇가지 사이로 우스꽝스럽게 몸을 비틀어 가며 빠져나와야 하고, 물웅덩이는 알고 보니 늪이라서 장화가 종아리 절반까지 푹 잠기고, 죽은 나무가 넘어갈 수도 없게 길을 가로막기도 한다. 게다가 조금만 더 크게 움직였다간 경계심 많은 개미가 낙엽 더미 속으로 사라질지도 모르니 무슨 일이 있더라도 천천히 이동해야 한다. 이름에서 드러나듯 이 개미종은 실제로 매우 '시각적'이며, 특히 움직임에 민감하다. 그러니 옷을 뚫고 물어대는 수십 마리의 모기를 때려잡을 수 없다는 것이 연구자가 마주하는 애로 사항 중 하나가 되겠다. 기간티옵스를 따라가는 일은 실험실에서 훨씬 수월하다.

둘째, 열대 우림에서 길을 잃는 것은 순식간이다! 눈앞에 펼쳐진 경관은 정말이지 너무도 복잡하고 변화무쌍해서, 개미를 따라 10미터 정도 왔을 뿐인데 가던 방향이 어디인지 종잡을 수도 없게 됐다는 사실을 불현듯 깨닫는 당혹감을 맛보게 될 것이다. 이와 관련된 짧은 일화로, 이와 비슷한 불상사를 겪었던 우리 동료 두 명은 기아나 숲에 탐사를 나갔다가 야영 막사를 다시 찾기 전까지 길고 긴 절망의 시간을 견뎌야 했다. GPS가 있었지만, 우듬지에 가로막혀 신호가 잡히지 않았기 때문에 두 사람은 자신의 위치를 확인하기 위해 계속해서 나무에 올라야 했다. 복잡한 자연 세계에서 방향을 파악할 줄 아는 것이 쉬운 일이 아님은 확실하다. 두 사람은 그 사실을 뼈저리게 실감할 수 있었다.

셋째, 기간티옵스는 절대 길을 잃는 법이 없다. 이 개미의 굴 입구는 보통 나뭇잎 아래나 나무뿌리 사이에 가려진 미세한 구멍일 뿐이지만, 개미는 한 치의 망설임도 없이 아주 정확하게 입구를 찾아낸다. 게다가 이 개미는 몇십 센티미터를 이동하는 실험실에서와 달리 숲에서는 20미터 이상을 이동한다! 몸길이가 기껏해야 1센티미터밖에 되지 않는 곤충에게 20미터는 인간으로 치면 수 킬로미터와 같은 거리다. 축소판 세계에 사는 이 개미에게 땅 위에 있는 수없이 많은 잔해물은 길 찾기를 더 어렵게 만드는 '거대한' 방해물이 된다. 아주 간단한 현장 실험을 통해서도 이 개미가 열대 우림에서 방향을 파악하는 데 시각을 가장 잘 활용하고 있음을 확인할 수 있다. 개미굴을 향해 가고 있는 기간티옵스 주변으로 몇 미터 정도 큰 천을 깔면, 개미는 곧바로 멈춰 서서 길을 잃은 듯 주변을 탐색하기 시작한다. 그러다 천을 걷어내면 개미는 아무 일 없었던 것처럼 다시 굴을 향해 출발한다. 숲이 시각적으로 복잡하고 개미굴까지 거리가 멀어도, 기간티옵스는 땅에 남아 있는 후각 흔적을 따라가는 다른 개미종들과는 달리 시각을 최우선으로 활용한다. 어떤 연구자들보다는 시각을 더 잘 활용할 줄 아는 듯하다. 시침 핀 머리보다 작은 뇌치고는 나쁘지 않은 능력이다.

이 개미가 제 굴을 찾아가기 위해 어떤 시각적 지표를 사용하는지는 아직 밝혀지지 않았다. 앞서 보았듯이 동물의 방향 감각에 대한 전통적 가설은 대개 명확하게 규정된 시각적 지표, 예를 들어 특정한 물체, 실험 장소의 색깔 또는 벽에 그려진 기하학적 도형 등을 실험실에서 사용하는 것을 전제로 한다. 그렇지만 숲만큼 복잡한 자연 세계에서 실험할 때는 어떻게 특정한 지표를 어떻게 선정해야 할까? 조건들을 단순화한 실험실과 다르게, 아마존 숲에는 한없이 다양한 형태, 크기, 방향, 거리가 존재하며, 그것은 한없이 작고 가까울 수도, 한없이 크고 멀 수도 있다. 나무나 고사리 등 임의로 아무 물체나 고른다고 하자. 비슷한 물체가 수십 개는 되니 길을 잃기에 십상이다. 실험실 연구가 무척 흥미로운 것은 사실이지만, 그로부터 도출된 가설을 자연 세계에도 무조건 적용할 수 있는 것은 아니다. 그러한 가설은 연구 대상인 동물종의 본성은 전혀 고려하지 않은 채 순전히 인간의 사고로부터 도출되는 경우도 많다. 그러한 실험실 연구가 찾고 있는 것은 개미의 지능이 아니라 개미에게서 발견되는 인간 지능의 흔적이다.

기간티옵스가 자연 세계에서 보여주는 행동은 실험실에서 관측되는 것보다 훨씬 더 다종다양하다. 여기에서 우리는 네 번째 사실을 배우게 된다. 모든 유기체는 자신이 진화해 온 서식지와 마치 보이지 않는 끈으로 서로 연결된 듯 특유한 관계를 맺는다는 것이다. 유기체의 행동이 온전히 표출되기 위해서는 이러한 관계가 꼭 필요하다. 동물의 형태와 뇌가 진화해 온 서식지로부터 분리되어 동떨어진 곳에서 이루어지는 연구만으로는 그 동물을 진정으로 이해하기 어렵다는 뜻이다. 우리 인간의 눈을 통해 개미들을 보기보다는 개미의 눈을 통해 세계를 바라보는 노력이 필요하다. '개미의' 세계를 이해하는 것이다. 앞으로 이어질 내용에서 우리가 하려는 일이 바로 그것이다.

더티 댄싱

앙투안 비스트라크

100년 전, 박물학자 장앙리 파브르(Jean-Henri Fabre)는 한 곤충이 제집을 찾아가는 능력에 감탄을 금치 못했다. 유명한 저서 《파브르 곤충기》에서 그는 벰벡스(bembex)라고 불리는 작은 땅벌(guêpe)에 대해 이렇게 썼다.

"어디선가 날아온 벰벡스는 일말의 망설임도 없이, 둘러보지도 않고 모래 표면의 한 지점으로 날아든다. 우리 눈으로는 굴이 숨겨진 곳과 그 외의 표면을 전혀 구별할 수 없다. 벰벡스는 아무 표시도 없는 입구를 찾아낸다. 장소에 대한 일종의 직관이 있는 것처럼 보이기도 한다. 정의하기 어려운 능력이다. 미지의 것에는 이름을 붙일 수 없으니."

이러한 곤충의 재주는 이 작은 생명체가 가련한 인간으로서는 이해할 수 없는 신비한 재능을 가진 덕분이라고 생각하는 것이 당시에는 합리적이었다.

오늘날에는 이 작디작은 생명체가 어떻게 그런 놀라운 일을 할 수 있는지 이해하기 시작했다. 이번에는 호주의 숲을 종횡무진으로 누비는 놀라운 곤충, 미르메치아속(Myrmecia) 개미에 대해 알아보자. 보통 황소개미(fourmi taureau)(영어로는 'bull ant') 또는 불도그개미(*fourmi bouledogue*)라고 불리는 이 개미는 이름이 많은 것을 설명해 준다. 일단 상당히 큰 편인 이 개미는 간혹 몸길이가 3.5 센티미터에 달하기도 하는데, 이는 말벌(*frelon*)보다 큰 것이다. 몸이 단단하고 튼튼한 이 개미는 앞으로 뻗어 있는 톱니 모양의 거대한 두 큰턱을 자랑하며, 그 위로 위협적인 인상을 주는 커다란 눈이 불거져 있다. 그나마 첫인상이 더 나을 때도 있는데, 실제로 썩 온순한 개미는 아니기 때문이다. 대부분의 개미가 숨을 때 미르메치아는 공격한다. 자기보다 1,000만 배는 무거운 인간이 다가와도 개미는 큰턱을 벌리고 싸움을 시작할 태세로 주저 없이 상대를 향해 몸을 세운다. 호주 사람들에게 불도그개미는 극단적인 공격성과 고통스러운 깨물기 공격으로 아주 유명하다. 미르메치아 피리포르미스(*Myrmecia pyriformis*)는 1980년에서 2000년 사이 총 4명의 사상자를 발생시키며 '세상에서 가장 위험한 개미'로 기네스 세계 기록에 오르기도 했다. 한편 이러한 사망은 피해자의 알레르기 반응으로 인한 것이었음을 염두에 두자.

철학자 아르투어 쇼펜하우어(*Arthur Schopenhauer*)는 이 개미를 파괴에 대한 보편적 욕구의 예로 들며 이렇게 썼다. "개미를 둘로 자르면 머리와 꼬리의 투쟁이 시작된다. 머리가 꼬리를 물어뜯기 시작하면 꼬리는 분연히 그에 맞서 침(*aiguillon*)으로 방어한다." 사실 이는 사후(*post mortem*) 투쟁 메커니즘으로, 몸에 남아 있는 마지막 힘을 사용하여 둘로 잘린 상태에서도 상대에게 타격을 주려는 것이다. 죽은 다음에도 남아 있는 듯한 이 개미의 공격성은 아주 어린 애벌레일 때부터 조짐을 보인다. 거대한 큰턱이 달린 굼벵이처럼 생긴 불도그개미 애벌레는 성체 개미가 가져다주는 다양한 먹이를 먹어 치우는 데 많은 시간을 보낸다. 먹을 것이 부족하면 애벌레는 먹이를 가져다주는 개미에게 은혜도 모르고 성을 내기도 하지만, 다행스럽게도 큰 피해는 주지 못한다.

모든 개미는 단독 생활을 하는 땅벌의 후손인데, 미르메치아에게는 오랜 선조의 형질이 많이 남아 있는 것처럼 보인다. 특히 이 개미는 동족끼리 소통을 즐기지 않는다. 사냥도 홀로 떠나며 같은 군락이라도 성체끼리 먹잇감을 공유하지도 않는다. 일반적으로 사회성 곤충의 경우 바깥에 나가는 것은 나이가 가장 많은 개체인데, 그 이유는 간단하다. 바깥에 나가는 것이 위험하기 때문이다. 포식자, 악천후, 여러 요인으로 인한 깔림 등 죽을 위험이 매우 크다. 따라서 군락의 이익을 위해 어린 개체들에게 내부의 일을 맡겨 안전하게 굴 안에서 가능한 한 오래 보호하는 것이다. 그러니 목숨을 걸고 자신을 희생하여 밖으로 나가는 것은 나이가 든 개체들이다.

불도그개미의 경우에는 먹이를 나누지 않기 때문에 이야기가 조금 달라진다. 성체가 되면 개미는 저마다 배를 채우기 위해 한 주에도 여러 번 밖으로 나가야 한다. 초년생 개미의 눈은 굴 밖을 나오면서 처음으로 햇빛에 노출된다. 이는 개미의 뇌 안에서 엄청난 변화를 촉발한다. 어떤 뇌 영역은 불과 몇십 시간 사이에 크게 증가하기도 하는데, 그에 따라 개미의 학습 능력도 현저히 증가한다. 이 마지막 '변신'의 목적은 먹이 찾기라는 가장 어려운 일을 하기 전 개미를 준비시키는 것이다. 빛이 들지 않는 방공호에서 애벌레로 유년기를 보낸 뒤 성숙기를 맞이하여 사다리를 올라 문을 열고 처음으로 빛에 눈을 노출한다고 상상해 보라. 어떻게 반응하겠는가?

기이하게도 처음 바깥세상에 나온 불도그개미는 인디언이 불 주변을 돌며 치르는 의식과 비슷한 춤을 추기 시작한다. 몇 발 가다 한 바퀴 빙 돌고, 다시 또 몇 발짝, 그리고 또 한 바퀴 빙글 돌기를 굴 주변으로 몇십 초 동안 반복하다 다시 굴속으로 들어간다. 모든 성체는 하루 이틀에 걸쳐 3~7번의 춤을 추고서 일을 시작한다. 개미는 꼭 이 의식을 행한 뒤에야 대모험을 시작한다. 무시무시한 큰 턱을 가진 데다 공격적이기까지 한 이 개미가 춤을 춘다는 것이 이상하게 보일 수도 있지만, 사실 이 의식은 매우 중요한 의미를 지닌다. 하지만 그 이유를 알아보기 전에, 이 개미가 세상을 보는 방식에 대해 잠시 이야기해 보자.

개미의 눈은 자연의 작품이다. 각 눈에는 낱눈(ommatidie)이라고 불리는 작은 육각의 결정면 수백 개, 많으면 수천 개가 벌집 모양을 이루고 있다. 각 낱눈은 빛을 바닥으로 모으는 초소형 렌즈와 필터와 거울이 달린 현미경 카메라처럼 기능한다. 낱눈의 크기는 10여 마이크로미터를 넘지 않는데, 이는 머리카락 한 올 두께와 비슷하다. 엔지니어들도 부러워 마지않을 소형화의 걸작인 셈이다. 여러 개의 면으로 이루어져 있긴 하지만 눈 전체로 들어오는 이미지는 만화경으로 보는 상과는 전혀 다르다. 각 낱눈은 옆에 있는 낱눈과 인접한 방향을 향해 있어 함께 단 하나의 이미지를 구성하기 때문이다.

개미의 시각은 우리의 시각과 아주 다르기는 하다. 첫째로 개미는 시력이 좋지 않으며 대부분의 인간보다도 크게 낮다. 개미의 시야는 매우 흐리다. 여기서 곤충 눈의 선명도를 계산하는 수학적 공식을 늘어놓지는 않겠지만, 만약 불도그개미가 인간용 시력 검사를 한다면(이 개미가 벽에 적혀 있는 글자들을 안다는 전제하에) 잘해봐야 10점 만점에 0.4점을 얻을 수 있을 것이다. 검사 판에 가까이 다가와서야 가장 큰 크기의 글자를 알아볼 수 있다는 이야기다. 심지어 미르메치아는 곤충치고 시력이 좋은 편이다. 대부분의 개미는 10점 만점에 0.2점 이하의 시력을 가지고 있다. 둘째로 개미의 시야각은 매우 넓어 우리 시야각의 거의 두 배에 달한다. 사실 곤충의 시야는 완전한 구에 가깝다. 어떤 종은 제 몸 아래 있는 것 외에 모든 것을 다 볼 수 있다. 말 그대로 머리 뒤에도 눈이 달린 거나 다름없으니, 개미 뒤로 다가가 놀래는 건 있을 수 없는 일이다. 셋째로 개미는 우리와 다른 방식으로 색을 인식한다. 색맹이 있는 사람처럼 대부분의 개미종은 적색을 구분하지 못한다. 반면 인간에게는 보이지 않는 자외 방사와 녹색에 매우 민감한 시각 수용체를 가지고 있다.

호주국립대학교 연구진은 자외선을 감지하는 광범위 파노라마 카메라를 이용하여 땅바닥에서 며칠을 보내며 곤충의 시점에서 바라본 세상을 촬영했다. 이 이미지를 겹눈 모델과 조합함으로써 개미에게 보이는 자연 세계 속 정보를 분석하고 개미가 세상을 보는 방식을 알아볼 수 있었다. 인간의 눈으로 본 이 '개미의 시선'은 처음에는 상당히 혼란스럽다. 마치 흐릿한 예술 작품 같기 때문이다. 알아볼 수 있는 것이 없고, 사물은 보이지 않으며, 세부적인 부분은 하나도 남아 있지 않다. 결과가 이러하니 개미의 시각계는 더욱 흥미를 자아낸다. 색맹에 심한 근시까지 있는 개미가 복잡한 자연환경에서 대체 어떻게 방향을 잡는 것일까? 길을 잃은 질문 같아 보이지만, 한번 다르게 생각해 보라! 개미의 눈에 전달되는 시각적 특징은 방향을 잡는 데 이상적이다. 자외선과 녹색의 대비는 하늘과 땅 사이의 지평선을 부각하는 최고의 수단이다. 이러한 경계의 구분은 자신의 위치를 파악하는 데 유용한 정보를 포함한다. 높은 단거리 선명도는 위치 파악에 있어 불필요한 정보를 많이 포함하게 된다는 의외의 단점이 있다. 길을 찾으려고 나뭇잎을 구분해야 할 필요가 어디 있겠는가? 사실 선명도가 높으면 중요한 정보가 세부적인 사항에 파묻히기 때문에, 일관적이고 신뢰할 만한 지표를 뽑아내기가 어려워진다. 물론 이와 반대로 선명도가 너무 낮으면 아무것도 알아볼 수 없다. 시야에 굵직한 윤곽만 보이게 되는, 너무 높지도 너무 낮지도 않은 어느 정도 적당한 선명도라는 타협점이 존재하는 것이다. 길을 찾는 능력은 이 정도의 선명도에서 향상되는데, 전경 전체를 보는 데는 전혀 무리가 없지만, 때로 착각을 일으키기도 하는 세부적인 부분이 지워지기 때문이다.

곤충의 눈은 바로 이와 같은 중간 정도의 선명도로 세상을 본다. 이렇게 개미는 우리에게 '과유불급'이라는 겸허의 교훈을 준다. 선명도는 높을수록 좋다고 자부하는 카메라 판매상에게 딴지를 걸려는 의도는 없다. 반대로 시력 문제로 높지 않은 선명도를 '활용'할 수 있는 이에게는 희소식이다. 길을 찾는 데 안경을 꼭 쓸 필요는 없다는 것이다!

인간과의 비교가 흥미로우니 잠시 샛길로 빠져 보자. 놀랍게도 우리는 모두 낮은 선명도를 잘 활용하고 있다. 안과학 그래프를 잠시만 들여다보아도 우리 시야의 98퍼센트가 개미 눈의 선명도만큼 낮은 선명도로 세상을 보고 있다는 사실을 알 수 있다. 우리 뇌가 우리를 속이고 있는 것이다. 세상을 선명하게 보고 있다는 환상은 망막의 나머지 2퍼센트 부분 때문이다. '중심와(fovéa)'라고 불리는 이 작은 영역은 매우 높은 선명도를 제공하지만, 우리의 시야에서 차지하는 영역은 팔을 쭉 뻗었을 때 보이는 엄지손톱만 하다. 이것이 우리가 시야를 탐색할 때 끊임없이 단속성 운동(saccade)을 하는 이유다. 곤충의 눈처럼 우리 눈도 대부분은 흐릿한 이미지를 제공한다. 그 사실을 몸소 느끼는 방법은 무척 간단하다. 마주 보고 있는 면의 한 지점을 응시하고 팔을 쭉 뻗어 그 지점 옆에 이 책을 가져가 보라. 책은 주변 시야로 들어오지만 제목을 읽는 것은 불가능할 것이다. 시선을 고정한 채 팔을 계속 쭉 뻗은 채로 책을 천천히 얼굴 앞쪽으로 움직여 중심 시야에 얼마나 가까워져야 책 제목이 선명하게 보이는지 확인해 보라. 놀랍지 않은가?

연구자들의 지론 중 하나는 선명도가 낮은 주변 시야는 필요악이라는 것인데, 왜냐하면 우리 망막 표면 전체에서 높은 선명도를 유지하기 위해서는 신경 세포가 너무 많이 필요하기 때문이다. 개미에 관한 이러한 연구는 우리에게 다른 관점을 제시해 준다. 한 공간에서 자신의 위치를 파악하기 위해 시야에 들어오는 장면을 외울 때 낮은 선명도가 더 효율적일 수 있다는 것이다. 실제로, 주변 시야에는 손상이 없지만 중심와가 파괴되는 질환인 황반변성이 있는 사람들은 사물과 세부적인 부분을 알아보는 데는 어려움을 겪지만, 한 공간에서 방향을 잡는 데는 전혀 문제가 없다. 장소를 식별하기 위해서는 중심와가 필요하지 않은 것이다. 반대로 눈이 아니라 시야 속 장면을 인식하는 데 관여하는 뇌 영역에 손상을 입은 사람 중 어떤 경우는 사물을 알아보는 데는 아무 문제도 겪지 않는 반면, 방향 감각과 관련해서는 큰 어려움을 호소하기도 한다. 이름도 어려운 '해마곁(para-hippocampal)' 영역이라는 이 뇌 구역은 한 공간에서 방향을 잡는 데 매우 중요한 역할을 하는데, 곤충처럼 흐릿한 주변 시야로부터 들어오는 정보를 받아들인다. 즉 우리가 표지판이나 길모퉁이의 교회, 빵집 등의 물체를 이용하여 방향을 잡을 수 있는 것은 사실이지만, 한 공간에서 자신의 위치를 파악하는 우리의 육감적인 방식이 개미의 방식과도 크게 다르지 않다는 것이다. 우리는 무의식적으로 낮은 선명도로 처리한 이미지에 의지하고 있나.

곤충처럼 세상을 보려고 노력하니 새로운 아이디어가 떠오른다. 그리고 흥미롭게도, 이 새로운 아이디어는 이상하고 반직관적으로 보일 때도 많지만, 우리가 인간을 이해하는 데 도움을 주고 있다.

이제 다시 불도그개미 이야기로 돌아와 보자. 왜 불도그개미는 처음 밖에 나올 때 굴 주변으로 그토록 열심히 춤을 추는 걸까? 우선, 어린 수렵개미는 제 시각계를 완성해야 한다. 모든 방향으로 돌면서 개미는 굴 주변 환경 전반에 자신의 눈을 고루 노출시켜야 한다. 이를 통해 개미의 시각계는 이 환경의 특성에 맞추어 적응하게 된다. 이 환경은 숲이 우거진 공간일까, 아니면 수풀이 드문드문 나 있는 평탄한 지평선일까? 불필요한 신경 연결은 사라지고 필요한 다른 연결이 강화된다. 특별할 것도 없는 일이다. 곤충과 인간을 포함한 동물 대부분의 뇌는 유전자로부터만 발달하는 것이 아니라 환경과 함께 구성된다.

불도그개미가 춤을 추는 두 번째 이유는 더욱더 인상적이다. 고속 카메라로 개미의 춤을 관찰한 결과, 연구진은 개미가 회전할 때 우리가 아주 짧은 단속성 운동을 하는 것과 같이 몇 밀리초 동안 아주 짧게 멈추기도 한다는 사실을 발견했다. 놀라운 것은, 이 짧은 휴지가 개미가 굴을 향해 있을 때만 이루어진다는 사실이다. 이 찰나의 순간 개미는 바로 그 위치에서 본 장면을 외운다. 한 바퀴를 돌 때마다 굴을 향해 있을 때 아주 잠깐 멈춰 서 새로운 이미지를 기억에 저장한다. 춤이 끝날 때쯤 개미는 서로 다른 수백 개의 지점에서 바라본 장면을 그 작은 머릿속에 채워 넣게 된다. 개미는 낮은 선명도로 세상을 인식함으로써 이 장소를 식별하는 데 필요한 정보만 저장하기 때문에 기억력을 아낄 수 있다.

이 춤의 효과를 알아보기 위해 호주 연구진은 춤을 끝낸 불도그개미들을 잡아 10미터 떨어진 곳에 풀어주었다. 개미에게 10미터는 인간으로 치면 1킬로미터에 달하는 거리다. 그러자 놀랍게도 모든 개체가 방향을 바르게 잡고 대수롭지 않다는 듯 제 굴을 찾아갔다. 이러한 능력 발휘는 어린 수렵개미가 자기만의 의식을 치른 후에만 가능하다. 이제 일을 시작하는 개체는 이 춤을 통해서 저마다 나중에 새로운 곳에서 굴로 돌아올 수 있도록 전경을 충분히 정확하게 외울 수 있는 것이다. 이는 장기적인 투자로, 겨울이 오기 전 춤을 추었던 개미는 굴 안에서 겨울을 보내고 난 뒤에도 전경을 완벽하게 기억하기 때문이다. 이 시각적 기억은 몇 년간의 생애 내내 머릿속에 새겨져 있게 된다.

결론을 정리하자면, 병아리가 알에서 나오면서 어미를 각인하는 것과 같이, 개미는 굴에서 나오면서 제 환경을 각인한다. 많은 종의 꿀벌(abeille)과 땅벌도 새로운 개체가 집 밖을 나설 때 비슷한 종류의 춤을 춘다. 생애 동안 자신의 보금자리를 기억하고자 이 작은 생명체가 수백만 년 전부터 이어 온 전래 의식인 것이다.

나를 사랑하는 자는 나를 따르라

오드레 뒤쉬투르

홀로 모험을 떠나는 개미도 있지만, 부엌 싱크대 위의 잼 병 안에서 발견되는 개미는 혼자인 법이 없다. 식탁 위에 무심코 남긴 부스러기 주변을 배회하던 개미가 동료 수백 마리와 식탁보 위에서 만나기까지는 5분도 걸리지 않는다. 유감스럽게도 여러 개미종에서 수렵개미는 식량이나 새로운 거처를 발견하게 되면 식구들을 불러 모은다. 종과 그 종의 진화사에 따라 무리를 모으는 데 쓰는 전략은 무척 간단한 것부터 괄목할 만한 것까지 매우 다양하다.

왕침개미(*fourmi aiguille asiatique*)(*Pachycondyla chinensis*)는 일본이 원산지지만 미국에서도 번성했다. 이 개미는 아주 단순한 방법으로 동료를 구하는데, 바로 '병렬 운반(*transport en tandem*)'이다. 보통 이 개미는 숲속에 부식 중인 나무 조각이나 나뭇잎, 바위 아래에 산다. 사람이 사는 집에서는 화분에 심긴 식물 속이나 강아지 밥그릇 아래 둥지를 틀기도 한다. 군락에는 수십~수천 마리의 개체가 모여 산다. 왕침개미의 굴은 복잡한 갱도처럼 생긴 곳도 있고, 개미 여러 마리가 빽빽이 모여드는 방 하나처럼 생긴 모양도 있다. 쌀 한 톨만 한 윤기 나는 갈색의 가는 몸과 더 밝은 주황색 다리, 눈에 띄는 침을 가진 이 개미는 특공대를 연상케 한다. 어떤 유사종은 뽐내듯 다리를 들고 굴을 드나드는 반면, 왕침개미는 땅에 바짝 붙어 도망치듯 기어다닌다. 왕침개미는 흰개미를 무척 좋아하긴 하지만, 우리가 버린 쓰레기를 포함하여 찾을 수 있는 거라면 무엇이든 다 먹는다. 한 연구진은 이 개미종의 채집 행동을 세심하게 기록했다. 스카우트라 불리는 모험심 많은 개미는 굴에서 나와 외부의 도움 없이 옮기기에 너무 무거운 곤충을 만날 경우, 포기하는 대신 도움을 요청하러 즉시 굴로 향한다. 먹잇감 발견에 잔뜩 신나 집에 도착한 스카우트 개미는 초대의 의미로 자매들 중 한 마리를 제 더듬이로 두드린다. 부름을 받은 개미는 망설인다. 이렇게 경솔하게 밖에 나가도 되는 걸까? 하지만 흥분감은 쉽게 전염되기 때문에 도움을 요청받은 개미는 단념하고 다리를 가슴 앞으로 모아 웅크리는 번데기 자세(우리로 치면 태아 자세)를 취한다. 그러면 스카우트 개미는 동료를 턱에 물고 말 그대로 발견한 먹잇감 바로 앞까지 데려간다. 이때 옮겨지는 개미의 머리는 위쪽을 향해 있어 이동하는 동안 풍경을 감상할 수 있다. 먹잇감 앞에 다다르면 두 개미는 전리품을 들고 굴까지 함께 나른다. 집에서 몇 킬로미터 거리의 슈퍼마켓에 갈 때 장 본 것을 함께 들 수 있도록 식구 중 한 명을 등에 업고 떠나는 모습을 상상해 보라.

템노토락스 알비펜니스(Temnothorax albipennis)의 경우 무리를 모으기 위해 훨씬 더 간편한 방법을 사용한다. 바로 '병렬 주행(course en tandem)'이다. 프랑스에서 볼 수 있는 이 연약한 개미는 많아 봐야 500마리쯤 되는 작은 군락을 이루어 사는데, 도토리 한 톨에 다 담기는 규모다. 주변을 탐사하러 떠났다가 식량이나 좋은 집터를 찾은 수렵개미는 빠르게 뛰어 굴에 돌아온다. 굴 입구에 도착하면 개미는 동료들의 관심을 끌기 위해 거부할 수 없을 정도로 매혹적인 화학 물질을 뿜어낸다. 그 냄새에 홀린 한 개미가 대장을 자칭하는 개미에게 다가간다. 이 경우 자원한 개체는 등에 얹어 타지 않고 대장 개미 뒤를 따라 걷는다. 출발하기 전에 대장 개미는 굴 입구에서 분비했던 물질을 배와 앞다리에도 바른다. 뒤따르는 개미는 이 매혹적인 향기 덕분에 대장 개미가 가는 길을 놓치지 않을 수 있다. 이 후속 개미는 자신이 열심히 따라가고 있다는 것을 알려주기 위해 길을 가는 내내 앞선 개미를 뒤쪽에서 더듬이로 두드린다. 두 개미 사이의 거리가 너무 멀어지면 대장 개미는 속도를 늦추고 부하가 속도를 높일 수 있게 사기를 북돋는다. 후속 개미는 길을 전혀 모르기 때문에 길을 가는 동안 혼자 바깥에 나온 것처럼 자주 멈추어 방향을 파악하고 길을 외운다. 잠시 시간을 들여 방향을 파악하고 나면 대장 개미를 뒤에서 토닥이며 병렬 주행을 재개해도 좋다고 알린다. 후속 개미가 위치를 파악하는 동안 앞서는 개미는 참을성 있게 기다리기는 하지만 그 기다림에는 끝이 있다. 연구진은 뒤따르는 개미를 여러 순간에 납치해 보면서 대장 개미의 인내력을 시험했다. 대장 개미는 목표에 가까이 왔을 때는 2분까지도 기다렸지만, 길의 첫머리에서 후속 개미가 느림보라고 판단했을 땐 1분도 기다리지 않았다! 뒤따르는 개미들의 더듬이를 잘라 열등생으로 만들자, 대장 개미는 아주 빠르게 인내심을 잃고 불쌍한 열등생 개미를 일부러 방치하는 모습을 보이기도 했다. 템노토락스 알비펜니스 대장 개미가 왕침개미처럼 부하 개미를 수동적으로 옮겼을 때는 먹잇감에 네 배 더 빠르게 도착했다. 이러한 노력에는 보상이 뒤따르는데, 후속 개미가 먹잇감이 있는 곳을 확인하고 굴에 돌아가면 이제 스스로가 대장이 되어 군락 내의 정보 교환을 용이하게 만들기 때문이다. 이 전략은 처음에는 품이 많이 드는 것처럼 보이지만 시간을 두고 보면 장점이 뚜렷하다. 식구 중 한 명을 슈퍼마켓에 데려가서 다음에는 여러분에게 부탁하지 않고도 스스로 다녀오거나 다른 식구에게도 길을 알려주게 하는 것이다.

이러한 병렬 모집 기술은 효과적이긴 하지만, 한 번에 한 마리의 개미만 동원할 수 있다. 이러한 난점을 극복하기 위해 어떤 개미종은 '무리 모집'을 하기도 한다. 이 경우 수렵개미 한 마리는 한 번에 5~30마리의 동료를 모아 식량이 있는 곳에 데려간다. 이러한 행동은 왕개미속(*Camponotus*)의 여러 종에서 관찰되는데, 이 개미는 나무를 부수는 고유한 습성 때문에 목수개미(*fourmi charpentière*)라고도 불린다. 이 개미는 둥그런 가슴과 심장 모양의 머리, 그리고 항문 주변으로 동그랗게 나 있는 털로 구분된다. (그렇다, 연구자들은 목수개미의 엉덩이에 난 미세한 금색 털의 수를 세고 분류까지 해 놓았다!) 목수개미가 건강한 마른 나무를 파는 경우는 드물지만 썩은 나무나 부드러운 소재는 아주 쉽게 파고 들어가기 때문에, 집에 사용되는 단열재도 뚫어 버려 악명이 높다. 목수개미는 군침 도는 먹잇감을 찾으면 굴에 돌아가기 전에 다시 찾아오기 쉽도록 그 주변을 화학 물질로 표시해 둔다. 그리고 나서 돌아가는 길에는 먹잇감이 있는 곳에서 굴로 이어지는 페로몬(호르몬과 비슷한 물질) 흔적을 남긴다. 우리가 등산로를 만들 때처럼 화살표로 길을 표시해 두는 것이다. 개미는 땅에 배 끝을 찍으며 표시를 남긴다. 집에 들어오면 개미는 '먹을 걸 찾았어, 나를 따라와'라는 의미를 담은 초대의 춤을 춘다. 그 꿈틀거림에 들뜬 동료 개미들은 먹잇감이 있는 곳까지 이어진 흔적을 따라간다. 연구진은 대장 개미를 굴 입구에서 납치하여 동료 개미들에게 춤을 보여주지 않았을 때 동료들이 그 길을 신뢰하지 않고 굴 밖에 나가기를 거부한다는 사실을 밝혀냈다. 반대로 페로몬을 분비하는 꽁무니에 밀랍을 발라 대장 개미가 돌아올 때 흔적을 남기는 것을 방해하자, 후속 개미들이 대장 개미의 춤을 보고 굴 밖으로 나왔지만, 길을 잃는 결과가 나왔다.

도로 표지판과 탱고를 결합한 이 방식은 모든 식구를 슈퍼마켓에
데려가 함께 장을 보는 것이라고 할 수 있겠다.

길을 따라가시오

오드레 뒤쉬투르

이번에는 모두가 적어도 한 번은 보았을 현상에 관해 이야기해 보자. 나무, 보도, 부엌 싱크대, 그 어디서든 줄을 지어 보이지 않는 길을 가는 개미의 모습 말이다. 실제로 수천 개의 개미종은 '집단 모집'을 수행하기 위해 앞서 이야기한 것처럼 화학적 흔적을 이용해 무리를 모집하는 방법을 완벽하게 구사하게 되었다. 집단 모집에는 대장 역할이 존재하지 않는다.

파라오개미(fourmi pharaon) 애집개미(Monomorium phara-onis)를 예로 들어 보자. 이집트 왕국을 떠올리게 하는 이 이름은 1758년 이집트에서 칼 폰 린네(Carl von Linné)가 붙여 준 것이다. 그는 이 개미가 약탈꾼 메뚜기처럼 파라오 왕조 시절 성서에 기록된 재앙의 주인공 중 하나였을 것이라고 추측하기도 했다. 원산지는 열대 아시아인 것으로 추정되는 이 침입종은 오늘날에는 남극을 제외한 모든 대륙에 서식하고 있다. 겨우 2밀리미터 크기에 약간 반투명한 노란색을 띠는 이 개미는 일견 더없이 무해해 보인다. 열대 지방에 살던 이 개미종은 따뜻한 곳을 찾아 난방과 먹고 잘 곳이 있는 인간의 집, 호텔, 병원에 자리를 잡곤 한다. 한 예로 2014년 애집개미 떼에 점거당한 아이슬란드의 란스피탈리 병원이 있다.

1984년 〈병원 감염 저널〉에 발표된 한 연구에 따르면, 영국 병원의 10퍼센트가 이 개미에 감염된 것으로 드러났다. 이 개미는 아주 황당한 장소, 예를 들어 식기세척기 안, 커튼 봉 내부, 책장 사이, 침대 시트 주름 사이에서도 번식할 수 있다. 개미굴 하나에 여왕개미가 200마리까지 사는 경우도 있는데, 각 여왕개미가 매일 100개의 알을 낳으니 계산을 해 보면 엄청난 숫자가 나온다. 식구가 늘어나면 어떤 여왕개미는 일개미들을 데리고 집을 떠나 가까운 곳에서 새로운 군락을 만든다. 그렇게 시나브로 대침략이 진행된다. 6개월도 되지 않아 100개가 넘는 위성 개미굴이 6층 건물 전체를 차지한다. 애집개미는 잠재적으로 감염병을 전파할 수도 있기 때문에 병원에 자리를 잡는 경우 실제적인 문제가 된다.

이 개미가 이룬 성공의 몇 할은 그들의 모집 전략에 있다. 파라오개미는 추적 행동에 매우 능하다. 식탁에 놓인 잼 한 병을 발견한 탐험가는 헨젤과 그레텔처럼 제 뒤로 화학적 흔적을 남기며 군락으로 돌아간다. 굴에 도착하면 다른 개미들 앞에서 꿈틀거릴 필요도 없는 것이, 수렵개미들이 스스로 매혹적인 냄새의 흔적에 홀려 떼거리로 밖에 나오기 때문이다. 이렇게 모인 개미들은 세심하게 그 흔적을 따라가며 집으로 돌아오는 길에 흔적을 더욱 진하게 만든다. 흔적은 점점 더 강한 향을 갖게 되며 가장 게으른 수렵개미들까지도 자극하게 된다. 이리하여 5분도 되지 않아 개미굴과 잼 병 사이를 잇는 고속도로가 깔리는 것이다. 눈덩이 효과다.

이 화학적 흔적의 지속 시간을 측정하기 위해 연구진은 간단해 보이지만 사실 어느 정도 기술을 요구하는 실험을 고안했다. 먼저 개미굴과 먹잇감 사이에 종이를 놓고 30분 동안 그 위로 흔적이 남도록 기다린다. 그다음에는 굴을 나서는 수렵개미가 두 가지 길 중에 선택하도록 하는데, 하나는 흔적이 남은 종이, 다른 하나는 새

종이다. 개미가 교차점에서 선택을 내렸을 때, 즉 두 갈래 길 중 하나로 들어설 때, 종이에 페로몬 흔적을 남기지 않게끔 붓으로 조심스럽게 개미 뒤를 쫓는다. 개미가 2밀리미터밖에 되지 않으니 꽤나 까다로운 작업이다. 절대 개미에게 스트레스를 주거나 개미를 깔아뭉개서는 안 된다. 공포감을 느낀 개미는 인간으로 치면 "도망쳐, 이 바보야!"라고 소리치는 것과 같은 경보 페로몬을 분비하기 때문에, 그렇게 되면 설치해 둔 실험 장치는 5분도 되지 않아 '금지 구역'이 되고 실험은 실패로 끝나게 된다. 그러니 굴에서 쪼르르 줄지어 나오는 개미들을 상대하기 위해서는 섬세함과 속도를 겸비해야 한다. 이 힘겨운 추적은 새 종이를 선택한 개미의 수가 흔적이 남은 종이를 선택한 개미의 수만큼 많아졌을 때 끝이 난다. 길을 무작위로 선택한다는 것은 페로몬 흔적이 더 이상 느껴지지 않는다는 사실을 의미하기 때문이다. 물론 신뢰할 만한 결과를 얻기 위해서는 실험을 수십 번 반복해야 한다.

연구진은 파라오개미가 남기는 집단 모집 흔적이 일시적이며 10분도 안 되어 사라진다는 사실을 밝혀냈다. 스펀지로 개미들을 내쫓으면 다시 오지 않는다는 이야기다. 어쨌거나 잠시 동안은 오지 않는다는 것이다. 사실 이 약삭빠른 개미들은 쫓아내고 몇 시간 뒤, 심지어 다음 날까지도 여러분이 등을 돌릴 때면 다시 돌아오게 되어 있다. 신기하게도 개미들은 전날과 똑같은 길로 돌아온다. 교활한 파라오개미는 아주 강하지만 일시적인 흔적을 남기는 동시에 좀 더 약하지만 48시간까지 지속되는 비휘발성의 화학 물질로도 길을 낸다. 그러니 하나 조언하자면, 이 개미들이 부엌 식탁에서 즐겁게 뛰노는 모습을 본다면 망설임 없이 살균하길 바란다.

파라오개미의 의사소통 능력은 여기서 끝이 아니다. 먹잇감이 떨어지거나 먹잇감을 빼앗겨도 개미는 굴하지 않는다. 이 꾀바른 개미들은 흔적에 거부의 의미를 담을 수도 있기 때문에, 먹잇감 획득에 실패하고 굴에 돌아갈 때 흔적을 남겨 "멈춰! 다시 되돌아 가"라는 메시지를 남긴다. 굴을 나서며 이 냄새를 맡은 개미는 크게 갈지자를 그리다 가던 길을 되돌아가기 시작한다.

간단히 말하자면 파라오개미의 전략은 식구들에게 슈퍼마켓의 위치와 영업시간을 알려주는 것이다.

부당한 이익을 얻을 때도 있다

오드레 뒤쉬투르

길을 만들 때 문제는 메시지를 해독할 수 있는 개미라면 어떤 개미든 정보에 접근할 수 있다는 점이다. 이는 필연적으로 다소 부정직한 행동을 낳게 된다. 파나마의 대서양 해안에 있는 맹그로브 숲에 서식하며, 거북이개미(fourmi tortue)라고도 불리는 체팔로테스 마쿨라투스(Cephalotes maculatus)가 이러한 사기극을 보여주는 훌륭한 예다. 나무에 사는 이 개미는 구멍을 뚫는 딱정벌레목(coléoptère)이 쓰다 버린 굴을 사용한다. 이 개미의 나태함을 일찌감치 보여주는 행동이다. 사실 이 개미는 큰턱이 너무 짧아 나무 속에 굴을 전혀 팔 수가 없다. 등에 난 날카로운 가시, 반점이 있는 표면, 둥근 배와 각진 머리를 가진 이 개미의 외관의 첫인상은 꽤나 인상적이다.

가장 먼저 눈에 띄는 것은 우묵한 접시 모양의 커다란 방패가 달린 머리다. 이 기묘한 머리 모양은 살아 있는 문 역할을 한다. 개미는 방패 가장자리의 날카로운 돌기부로 자신을 말 그대로 나사 죄듯 나무 속에 고정시켜 외부에서 굴 내부로 들어오는 길을 막는다.

이러한 잠금 시스템은 친구는 들여보내고 적은 밀어내며, 누군가 강제로 진입을 시도할 때 대비한 통합 경보 시스템을 보유하게 된다는 독창성 이상의 장점이 있다. 거북이개미 중 어떤 종은 입구가 제 동그란 머리 모양에 딱 맞게 뚫린 굴만 찾아다니기도 한다. 덜 세심한 다른 종은 구멍이 너무 크게 뚫린 굴을 집으로 삼기도 한다. 이 경우에는 '개미-문(fourmi-porte)'들이 볼에 볼을 맞대고 웅크린 채 입구를 막고 지킨다. 문으로 쓰인다는 유일한 목적으로 태어나는 것보다 더 끔찍한 운명이 또 있을까?

이 개미는 위험 상황에서 더듬이와 다리를 숨길 수 있는 갑옷도 가지고 있다. 경계심이 강한 이 겁쟁이는 아주 작은 위험의 징조에도 땅바닥에 납작 엎드리거나 나무껍질 아래로 미끄러지듯 도망친다. 이처럼 신중한 편에다 갑옷으로 무장까지 한 거북이개미는 나무에 서식하는 개미 아즈테카 트리고나(Azteca trigona)가 남겨 놓은 흔적에 교활하게 빌붙어 이용한다. 오래 헤매지 않고도 식량을 찾는 것이다. 식량 앞에 도착한 거북이개미는 닌자처럼 경쟁자 몰래 전리품의 일부를 슬그머니 가로챈다. 하지만 이러한 전략도 위험이 전혀 없는 것은 아니다. 나무 속에서 이렇게 순찰하며 탐색할 때, 개미는 두 종류의 화학적 표지를 사용하는데, 첫 번째는 동료들에게 먹을 것을 찾았다고 알려주는 것이고, 두 번째는 적을 만났다고 경고하는 것이다.

여기서 난점은 거북이개미가 두 메시지를 구분하지 못해서 종종 무모한 시도를 감행한다는 것이다. 위험을 마주한 개미는 허공으로 뛰어든다. 개미가 자살하려는 것은 아니니 안심하시라. 거북이개미는 남다른 표피(carapace)와 납작한 다리로 떨어지는 속도를 늦추고 방향을 바꾸어 제집으로 날아 들어간다.

요약하자면 거북이개미의 전략은 모르는 사람이 슈퍼마켓까지 내놓은 길을 따라가서 그 사람의 장바구니에 든 물건 절반을 슬쩍 빼돌리고, 길을 따라가 보니 위험한 것이 있다면 망토를 두르고 도망치는 것이다.

거북이개미는 정직하진 못해도 현장을 적발당했을 때 도망이라 도 치는 양심 정도는 있다. 인도네시아에 서식하는 개미 폴리라키 스 루피페스(*Polyrhachis rufipes*)의 경우 이웃 개미의 흔적을 몰래 사용할 뿐만 아니라 흠을 잡으며 그 개미를 다그치기까지 한다. 폴 리라키스는 몸 위에 크고 뾰족한 가시가 나 있어서 흔히 가시개미 (*fourmi épineuse*)라고 불리기도 한다. 보통 갈색을 띠는 이 개미는 몸의 일부, 특히 배가 은색 또는 금색 털로 도톰하게 덮여 있는 경 우가 많다. 개미를 집어 들고 그 반짝이는 털을 가까이에서 관찰하 고 싶은 마음이 들 수도 있다. 하지만 그 가시에 손가락을 한 번 찔 리고 나면 다시 시도하고 싶은 생각이 쏙 들어갈 것이다. 가시개미 는 침은 없지만 배 끝의 작고 동그란 구멍에서 나오는 개미산(*acide formique*)을 분비한다. 중국에서는 가시개미를 먹으면 수명이 길 어지고 성기능이 증진되며 근육 생성을 촉진한다고 알려져 있다. 슈퍼히어로가 되고 싶은가? 가시개미 가루는 100그램당 40달러라 는 저렴한 가격에 구매할 수 있다. 100그램이면 2만 마리에 해당하 는 양이다.

폴리라키스 루피페스는 가시개미 중에서도 아마 가장 멋없는 개 미일 것이다. 은빛 털도 없고 흉한 여드름 상처처럼 균열이 잔뜩 있 는 못난 각피(*cuticule*)만 있다. 뾰족한 가시만 빼면 이 개미는 그남 프토게니스 메나덴시스(*Gnamptogenys menadensis*)와 착각할 정 도로 닮았지만, 사실 두 종은 계통학적으로 매우 멀다. 나무에 서식 하는 그남프토게니스 메나덴시스는 침을 가지고 있는 종으로, 땅에 화학적 흔적을 남겨 무리를 모은다. 눈에 보이지 않는 이 흔적은 식 물 위로 이어지는데, 수렵개미는 이 식물을 찢어 달콤한 수액을 뽑 아낸다. 가시개미는 이 귀중한 식량을 얻을 수 있을 만큼 큰턱이 튼튼하지 않기 때문에 그남프토게니스가 남겨 놓은 흔적을 망설임 없이 따라가 초대받지 못한 소풍에 끼어들기도 한다.

날치기를 하다 현장에서 잡힌 가시개미는 곧바로 정면 공격의 대상이 된다. 정면 승부에서 가시개미는 이길 승산이 전혀 없다. 상대는 가시개미를 큰턱으로 붙잡고 그 몸에 제 침을 꽂아 넣는다. 운 나쁜 가시개미는 독침에 쏘이고 몸을 웅크리고 있다가 금세 죽는다. 그러고 나면 여느 먹잇감처럼 집에 옮겨져 잡아먹히게 된다. 이렇게 목숨을 건 정면 승부를 피하기 위해 가시개미는 선제공격을 선호하며, 그남프토게니스가 평화로이 길을 따라 거닐고 있을 때를 노려 지체 없이 덮친다. 가시개미는 민첩하고 교활해서 상대방 뒤쪽에서 다가가 그 위로 뛰어올라 레슬링 선수처럼 가슴과 앞다리를 붙잡는다. 매달린 자세를 함으로써 적수의 침을 피하는 것이다. 가시개미는 상대를 땅에 고정해 두고 더듬이로 때리는데, 흔히 더듬이 권투라고 불리는 행동이다. 그남프토게니스 메나덴시스에게 이 행동은 군락 내의 지배적인 암컷이 가하는 공격을 떠올리게 한다. 실제로 이 개미종은 모든 일개미가 번식할 수 있지만, 실제로 번식의 권리는 권투를 가장 잘하는 일개미에게 돌아간다. 적수의 머리를 망치로 두들기듯 때리면서 가시개미는 상대의 배에도 여러 차례 공격을 가한다. 사방에서 날아드는 공격에 그남프토게니스는 항복하여 배를 땅에 붙이고 더듬이를 뒤로 눕히는 복종의 자세를 취한다. 가시개미는 이러한 공격을 통해 자신의 지배를 공고히 하고, 취약한 정면 승부를 피하며, 무엇보다도 덤으로 먹이를 챙길 수 있다.

정리하자면 가시개미의 전략은 모르는 사람이 슈퍼마켓까지 내어놓은 길을 따라가 출구에서 그 사람을 협박해 장바구니를 빼앗는 것이다.

제3장

두 번째 시련

식량 찾기

향수

앙투안 비스트라크

개미가 어떻게 그토록 빠르게 부엌의 설탕 통의 위치를 파악하는지 궁금해한 적이 한 번쯤은 있지 않은가? 카타글리피스속(Cataglyphis) 개미의 극단적인 예를 한 번 보도록 하자. 폭염에 강한 이 개미는 사하라의 광활한 황무지를 누빈다. 아주 가끔가다 있는 그을린 곤충 몇 마리를 제외하면 이 사막에는 사실상 먹을 게 없다. 화학적 흔적도 지열로 인해 빠르게 증발하기 때문에 사용할 수 없다. 먹이를 찾아 홀로 떠나는 카타글리피스의 상황은 희망이 없어 보인다.

이러한 조건에서 먹이를 찾는 것은 만화책 《별의 아이 토르갈》에 나오는 거인 샤치의 모험을 연상시킨다. 샤치는 '존재하지 않는 금속'을 찾는 임무를 받는다. 여러분도 알겠지만, 성공 확률이 매우 희박한 모험이다. 목표를 이루는 데 999년이나 쓸 수 있었으니 샤치는 불평할 핑계가 부족한 편이다. 카타글리피스에게 주어진 것은 지글거리는 태양에 그을리며 버티는 고작 몇 시간이다.

이 개미가 사막에서 먹이의 위치를 파악하는 데 얼마나 효율적으로 움직이는지 파악하기 위해 연구진은 다음과 같은 실험을 진행했다. 카타글리피스 개미굴로부터 100미터 거리에 5밀리미터 크기의 구운 메뚜기를 내려놓고, 개미가 그것을 찾는다면 찾는 데 걸린 시간을 쟀다. 집 주변 100미터 반경은 3만 1,400제곱미터로, 이는 스타드 드 프랑스의 3.5배에 달하는 면적이다! 카타글리피스가 겨우 1센티미터의 몸길이에 아주 흐린 시야를 가지고 있다는 사실을 고려하면 여러분이 집에서 열쇠 꾸러미를 찾는 것보다 훨씬 더 어려운 일이다.

하지만 메뚜기를 땅에 놓자 등장한 수렵개미가 조그만 메뚜기 사체를 가지고 의기양양하게 집으로 돌아가는 데는 평균적으로 4분밖에 걸리지 않았다. 살펴보아야 할 면적을 생각하면 4분이라는 시간은 기적과도 같다! 사실 이 정도는 카타글리피스에게는 '비교적' 쉬운 일에 속한다. 자연적 조건에서, 즉 연구진이 자애롭게 놓아둔 메뚜기가 없을 때, 개미는 수확 없이 빈손으로 집에 돌아가는 경우도 많다. 3만 1,400제곱미터에 메뚜기 하나면 그날 개미에게 사막은 먹이로 가득 찬 곳처럼 보였을 것이다.

인상적인 실험 결과에 놀라움을 금치 못한 연구진은 묵직한 무기를 꺼내기로 결정했으니, 바로 위성항법 보정시스템(DGPS)이었다. 연구진은 이동식 기지, 안테나, 장대로 이루어진 매우 정교한 장치인 DGPS를 이용하여 개미가 지나간 길을 센티미터 단위로 가까이에서 따라갈 수 있었다. 수렵개미의 구불거리는 길을 일일이 기록하기 위해 연구진은 작열하는 태양 아래 무거운 장치를 짊어지고 몇 날 며칠을 보냈다. 현지인들에게 의심의 눈초리를 받기도 했지만, 연구하다 보면 타인의 판단에 개의치 않을 수도 있어야 하는 법이다. 실험은 그 고생을 감수할 만큼 성공적이었다. 실험을 통해 얻은 개미들의 경로가 예상치 못했던 사실을 밝혀주었기 때문이다. 사냥을 떠나는 카타글리피스는 먹이에 접근할 때 기계적으로 바람이 부는 방향을 따라갔다. 반대로 바람 방향의 상류에 있을 때는 놓여 있는 메뚜기를 보지 못하고 몇 센티미터 지나치기도 했다. 이러한 결과에 따르면 수렵개미는 냄새에 의지하여 아무리 작은 사체라도 거기서 풍겨 나오는 냄새를 맡을 수 있는 것이다! 둘째로 놀라운 것은 수렵개미가 임의의 방향을 따라 이동하는 것이 아니라 바람 방향의 수직 방향으로 나아가는 경향이 있다는 사실이다. 항해에 비유하자면 횡풍을 타고 나아가는 것이다. 바람에 실려 이동하는 냄새는 개미의 경로에 수직 방향으로 퍼져 나가게 된다. 횡풍을 맞으며 걷게 되면 바싹하게 구워진 곤충의 맛있는 냄새를 맡게 될 확률도 매우 높아진다. 사냥 중 냄새를 맡은 개미는 탐스러운 먹잇감이 있는 곳까지 바람을 따라 올라가기만 하면 된다. 바람이 부는 방향을 따라가면 개미는 6미터 넘는 거리에 있는 작은 곤충의 냄새도 맡을 수 있다. 카타글리피스는 (더 차갑긴 하지만) 공기를 들이마시며 냄새로 빙산 위의 바다표범을 찾아내는 북극곰과 비슷하다. 사막과 빙산은 극과 극이지만 때로는 이런 공통점을 갖기도 한다.

후속 연구를 통해 이 개미가 정확히 어떻게 먹이를 찾는지 확인할 수 있었다. 곤충 사체에서 풍겨 나오는 은은한 냄새는 다양한 '네크로몬(nécromone)' 분자로 이루어져 있는데, 네크로몬은 말 그대로 '죽음의 호르몬'을 의미한다. 대부분의 곤충(그리고 일반적으로 대부분의 동물)에게 네크로몬은 혐오감을 준다. 보통 사체에는 온갖 기생충이 모여들기 때문에 놀라울 일은 아니다. 바퀴벌레조차도 네크로몬을 풍기는 천공은 피하는 것으로 알려져 있다. 사냥 중인 카타글리피스는 이와 정반대로 행동한다. 죽음의 냄새에 이끌리는 것이다. 과학계 용어를 써서 말하자면 이 행동은 '네크로포빅(nécrophobique)'이 아니라 '네크로필(nécrophile)'에 속한다.

연구진은 여러 종의 구운 곤충을 연구실로 가져와 네크로몬의 주요 분자 15가지를 추출하고 확인했다. 그리고 사하라로 돌아와 이 분자들을 카타글리피스에게 노출해 각각의 선호도를 시험했다. 연구진은 이를 위해 한 종류의 분자만 들어 있는 용액 한 방울을 적신 압지를 땅에 내려놓고 개미가 이 미끼를 찾아오는지 관찰했다. 실험을 진행한 분자 15종 중 4종이 개미를 유인하는 데 성공했고, 그중 특히 1종이 큰 반응을 얻었다. 바로 리놀레산(acide linoléique)으로, 이 분자 용액은 개미 50마리 중 49마리를 유인했다. 더 놀라운 것은 카타글리피스는 0.2마이크로리터의 용액과 같이 매우 옅은 농도의 분자까지도 감지할 수 있었다. 즉 물 한 방울보다 250배 적은 양을 1미터 거리에서 감지한 것이다!

모든 곤충이 그렇듯 코가 없는 카타글리피스는 더듬이로 냄새를 맡는다. 더 가까이, 아주 가까이에서 들여다보면, 그러니까 전자현미경으로 1,000배 확대해 보면 곤충의 더듬이에는 '후각 감각기(sensille olfactive)'라고 불리는 수천 개의 짧은 털이 퍼져 있다. 각각의 감각기는 정향을 박아 넣은 오렌지처럼 후각 수용체로 점재된 막을 가진 하나 또는 여러 개의 신경 말단으로 이루어져 있다. 이 수용체는 공기 중에 있는 특정한 분자에 끼워지는 독특한 구조의 조그만 단백질이다. 다양한 종류의 수용체는 다양한 종류의 분자에 대응하지만, 각 신경 말단에는 단 하나의 수용체만 존재하므로, 하나의 신경 말단은 특정한 한 종류의 분자에만 반응하게 된다. 사막에 강한 시체 냄새가 퍼져 있다고 상상해 보자. 어딘가에서 리놀레산을 포함한 온갖 기화성 분자가 공기 중에 있다고 생각해 보자. 개미가 더듬이 끝을 세우면 이 분자는 감각기 내부를 관통하여 그에 맞는 수용체와 연결된 신경 세포를 활성화한다. 활성화된 신경 세포는 시체 냄새를 맡았다는 특정한 신호를 뇌로 전달한다. 뇌는 이 신호를 매우 매혹적인 것으로 해석한다(이는 물론 카타글리피스의 뇌에 한정된 이야기다).

개미는 후각이 아주 탁월하다. 더듬이는 보통 400종의 후각 수용체를 가지고 있다. 비교를 위해 이야기하자면 꿀벌의 경우에는 174종, 모기는 74~148종, 인간은 (코안에) 약 350종의 후각 수용체를 가지고 있다. 이는 시각 수용체에 비하면 엄청나게 큰 숫자다. 사실 여러분의 눈에는 색을 판별하는 시각 수용체가 3종(적색, 녹색, 청색)밖에 존재하지 않는다. 여러분의 뇌는 이 3종을 조합하여 여러분이 알고 있는 모든 색상을 재현하는 것이다. 이제 400종의 후각 수용체가 있으면 얼마나 많은 냄새를 구분할 수 있을지 다시한번 상상해 보라! 곤충과 마찬가지로 인간이 맡을 수 있는 냄새의 종류가 색상의 종류보다 훨씬 더 다양한 이유가 바로 여기 있다.

놀랍게도 카타글리피스는 개미 중에서도 하위권에 속한다. 수용체 종류가 198~250개밖에 안 되기 때문이다. 그렇지만 어떤 수용체의 경우 엄청나게 많은 양을 보유하고 있다. 어쩌면 카타글리피스가 리놀레산과 시체 냄새에 보이는 높은 민감성은 이 수용체의 개수에 따른 것일지도 모른다. 이는 아직 증명이 필요한 문제이기는 하다.

어떤 경우든 모든 개체가 처음 집에서 나온 순간부터 리놀레산에 이끌리는 것을 보면 이는 타고난 것으로 생각할 수 있다. 하지만 카타글리피스는 새로운 냄새에 반응하는 법을 배울 수도 있다. 연구진은 구운 곤충이나 사막과는 전혀 관련이 없는 냄새 32종을 가지고 다시 카타글리피스에게 실험을 진행했다. 여지없이, 사냥 중인 수렵개미는 이 낯선 냄새에 반응을 거의 보이지 않았다. 그러자 연구진은 개미가 무척 좋아하는 달콤한 과자 부스러기 더미 옆에서 이 냄새를 풍겼다. 결과는 매우 결정적이었다. 수렵개미에게 단한 번 과자 가루 옆에서 이 냄새를 풍긴 것만으로도 개미는 바로 다음 사냥에서부터 이 냄새를 선호했다. 즉 이 개미는 단 한 번의 시도만으로 낯선 냄새를 달콤한 보상과 연관 지을 수 있었던 것이다. 그뿐 아니라 연구진은 개미가 새로운 향을 열네 개까지 학습할 수 있고 그것을 최소 26일 동안 기억할 수 있다는 사실도 밝혀냈다. 사실 연구진이 열네 개의 냄새만을 대상으로 26일 동안만 실험했기 때문에 이 결과 역시 과소평가되었다고 볼 수 있다. 이 개미는 냄새를 실제로 몇 개까지 외울 수 있을까? 아무도 모를 일이다. 그러나 개미의 뇌가 학습하는 메커니즘에 대한 우리의 이해에 따르면 탐험가 개미는 엄청난 숫자의 냄새를 평생 기억할 수 있을 것으로 예상된다.

카타글리피스는 완벽한 맞춤 장비와 전략을 가지고 탐험을 떠나는 것이니만큼 혈혈단신으로 막막한 모험을 떠나는 샤치와는 처지가 다르다고 할 수 있다. 카타글리피스는 바람의 방향과 미세한 시체 냄새를 찾아내는 후각 능력을 조합한다. 무척 날카로운 후각은 진화를 거치며 사막이라는 서식지에 최적화된 능력으로, 바깥에 처음 나온 순간부터 작동한다. 새로운 냄새를 학습하고 외우며 각 개체는 경험을 거치며 더욱더 효율적으로 움직이게 된다. 이는 사막에 산다는 사실과는 아무런 상관이 없다. 모든 개미는 이처럼 고도로 발달한 후각을 가지고 있고, 여러분의 부엌 찬장에서 풍겨 나오는 옅은 냄새처럼 낯선 냄새도 찾아갈 수 있다.

프레데터

앙투안 비스트라크

후각에 의존하여 사냥하는 카타글리피스가 북극곰과 비슷하다면, 어떤 개미는 호랑이와 비슷하게 매복 사냥을 한다. 바로 하르페그나토스 살타토르(*Harpegnathos saltator*)가 그 예로, 서식지도 호랑이와 비슷하게 남동아시아와 인도의 습윤 지역이다.

이 개미는 외양부터 남다르다. 모든 부분에서 포식자의 면모가 드러난다. 앞을 향해 나 있는 커다란 두 눈은 머리의 대부분을 차지하며 그 아래로는 날카로운 낫 모양의 거대한 턱이 있다. '하르페-그나토스('*gnatos*'는 턱을 의미한다)'라는 이름은 크로노스가 자신의 아버지를 거세할 때 사용했던 신화 속 검을 연상시킨다. 그런 이유에서 이 개미는 '낫개미(*fourmi faucille*)'라고 불리기도 한다. 굽은 모양의 긴 턱은 무는 강도보다 속도에 초점이 맞추어져 있다. 먹잇감을 습격할 때 죽이지 않고 붙잡기 위한 기관이다. 최후의 판결은 다른 쪽에서 이루어진다. 개미는 판사가 법 봉을 내리치듯 단호하게 침을 쏘아 먹잇감을 마비시킨다. 마비는 지속성이 있어 몸이 굳은 먹이는 개미굴에 산 채로 저장되다가 잡아먹힌다. 이 개미에 비하면 호랑이는 관대한 편이다.

낫개미는 더위를 피하는 동시에 빛을 활용하기 위해 해가 뜨거나 질 무렵 홀로 사냥을 떠난다. 이 개미는 풀과 낙엽으로 뒤덮인 열대의 환경 속에 잘 위장한 채로 아주 작은 움직임에도 주의를 기울이며 고양이 걸음으로 이동한다. 주기적으로 휴식을 취하기도 하지만 지나가는 먹잇감에 달려들 수 있도록 경계 태세를 유지한다. 이 개미종은 사실 개미치고 흔치 않은 능력을 지니고 있는데, 바로 도약이다. 훌륭한 시력, 커다란 턱, 능숙한 도약의 조합으로 이 사냥꾼은 다른 개미라면 잡지 못했을 먹잇감을 빠르고 민첩하게 잡을 수 있다. 날고 있는 파리도 잡을 수 있는 정도다. 이러한 적응성 덕분에 이 개미는 다른 곤충은 이용하지 못하는 자원에 접근할 수 있으며, 생태계 내에서 독자적인 위치를 점한다. 개미가 '살타토르'라는 이름을 갖게 된 것도, 탐험하는 박물학자들의 이목을 끌게 된 것도 이 도약하는 능력 때문이다. 이 개미를 향한 감탄이 담긴 기록의 시작은 1851년으로 거슬러 올라간다. 예를 들어 곤충학자 오귀스트 포렐(Auguste Forel)은 이 개미가 1미터 높이까지 뛰는 것을 보았다고 기록했다. 아마도 열정이 대단한 탐험가의 가벼운 과장이 섞인 이야기였을 것이다.

1992년 인도 벵갈루루대학교의 무스타크 알리(Musthak Ali) 교수는 그의 저작에서 특히나 흥미로운 현상을 설명하고 있다. 알리는 자연적인 조건, 즉 재직 중인 대학 내의 공원에서 낮개미의 도약을 800회 가까이 관찰하고 아주 자세히 측정했다. 그는 이 개미가 최소 세 가지의 이유로 도약한다고 설명한다. 먹이를 잡거나, 위험을 느껴서 도망치거나, 의식을 치르기 위해서다. 꽤 기묘한 이 의식에서는 한 개체가 사방으로 뛰어오르기를 반복하면 다른 개미에게도 이 행동이 옮겨가고, 그러면서 함께 있는 모든 개미가 무질서하게 단체로 뛰어오르게 되는데, 이것이 어떤 기능을 하는지는 확실히 밝혀지지 않았다.

여기서 흥미로운 것은 이 세 종류의 도약이 서로 전혀 다른 특징을 가지고 있다는 사실이다. 도약은 그저 도약일 뿐 늘 동일한 운동 반사라고 생각할 수 있지만 전혀 그렇지 않다. 도망칠 때 낫개미는 보통 7센티미터 이상을 뛰어오르며, 그 높이가 21센티미터에 달할 때도 있다. 하지만 먹잇감을 향해 달려들 때는 보통 5센티미터 이하로 낮게 뛰는 경향을 보인다. 높이 뛸 수 있음에도 먹잇감을 잡을 때 더 높이 뛰지 않는 이유에 대해 의문이 드는 것도 당연하다. 그 답은 포획에 성공하는 횟수를 헤아려 보면 알 수 있다. 뛰는 높이가 낮을수록 먹잇감을 잡을 확률이 높아진다. 뛰는 높이가 2센티미터일 때 개미는 사실상 100퍼센트의 확률로 포획에 성공했고, 6센티미터일 때는 50퍼센트의 확률이었으며, 12센티미터 이상일 때는 무엇이 되었든 잡을 확률이 거의 없었다. 그래도 15센티미터를 뛰어오르며 먹잇감을 잡으려 노력한 낙관적인 개미가 두 마리 있었으니, 비록 성공하진 못했지만 응원의 박수를 보내 주자. 인간처럼 개미 중에도 다른 개미보다 야망이 더 큰 개미가 있는 모양이다.

낮은 높이의 도약이 더 효과적인 이유는 여러 가지가 있을 것이다. 먼저 먹잇감의 관점에서 보면 20센티미터의 '거대한' 도약을 하게 되면 포식자가 자기에게 다가오는 것을 발견할 시간이 더 길어진다. 모든 차이를 참작해도 20센티미터는 개미 몸길이의 열 배가 넘는 길이다. 호랑이가 사슴을 향해 20미터 거리에서 달려든다고 생각해 보라. 사냥에 성공할 확률은 아주 낮을 것이다. 그 외에 단순하게 동적인 이유도 존재한다. 높은 도약은 더 높은 순발력을 요구하기 때문에 동작을 더 조절하기 어렵다. 구슬치기할 때와 똑같이, 이론적으로는 공을 더 멀리 던질 수 있다 해도 먼 거리에서 조준하는 것이 더 어렵다. 마지막으로, 높이 뛰게 되면 착지 시에도 대개 속도가 더 빠르기 때문에 조절이 더욱 어려워진다. 최대한 멀리 뜀을 뛰면서 짧은 거리를 뛸 때처럼 우아하고 정확하게 착지해 보라. 낫개미는 때로 착지를 완전히 잘못 하는 바람에 데굴데굴 구르기도 한다. 알리는 이를 두고 'poorly coordinated landings', '균형이 형편없는 착지'라고 표현했다.

하지만 이러한 사실 외에 낫개미가 사냥할 때 높은 도약을 꺼리는 이유를 설명해 줄 가장 근본적인 이유는 다른 데 있을지도 모른다. 실제로 개미가 사냥감 포획에 성공하기 위해서는 먹잇감과 자신 사이의 거리를 예상하는 능력이 필요하다. 그러나 이러한 정보를 얻기란 쉽지 않다. 문제를 제대로 이해하기 위해 입체감을 파악하는 우리의 시각에 대한 기본적인 이야기를 잠시 해 보자. 우리 인간은 어떤 물체를 파악할 때뿐만 아니라 연속적인 방식으로 거리를 파악한다. 세상이 우리에게 너무도 자연스럽게 삼차원으로 보이는 이유다. 세상은 삼차원 공간이기 때문에 너무 당연한 사실처럼 여겨질 수도 있겠지만, 가까이에서 들여다보면 우리가 입체감을 파악하는 감각은 엄청나게 복잡한 두뇌 정보 처리 능력을 요구한다. 입체감과 관련하여 우리의 두뇌는 매초 예상할 수도 없을 정도로 많은 수의 지표를 철저히 분석하고 재조합한다. 이 작업의 규모가 어느 정도인지 가늠할 수 있도록 빠르게 몇 가지를 이야기해 주자면, 시점, 수정체 조절, 결 기울기, 투영, 운동 시차(mouvement de parallaxe), 대기 원근법, 물체 간의 맞물림, 상대적, 절대적, 일상적 크기, 지평선 대비 높이, 그리고 마지막으로 부등과 수렴 등의 양안(binoculaire) 지표 등이 있다. 이 모든 것이 우리가 깔끔하고 매끄럽게 보는 데 이용된다. 주변을 둘러보라, 그리고 그 결과물을 감상해 보라!

하지만 개미의 경우에는 어떨까? 아직 알 수 없다. 그렇지만 개미의 어떤 움직임을 보면 개미가 거리를 재는 방식을 유추해 볼 수는 있다. 예를 들어 기간티옵스 데스트룩토르의 경우 이 잎사귀에서 저 잎사귀로 뛰어다니는데, 이 행동은 무척 흥미롭다. 개미는 뛰어오르기 전 1초 정도 그 자리에 딱 멈춰 선다. 여섯 개의 다리는 고정한 채 작은 진자처럼 몸을 좌우로 흔들다가 옆에 있는 잎사귀로 뛰어오른다. '운동 시차'라고 부르는 현상을 이용하는 아주 좋은 예시다. 머리를 움직여 물체의 입체감을 파악하는 것이다. 직접 이를 시험해 볼 수 있는 방법이 있다. 책을 얼굴 앞에 들고 머리를 왼쪽에서 오른쪽으로 기울이면 뒤에 보이는 벽과 다르게 책의 상(image)이 움직이는 것처럼 보일 것이다. 운동 시차는 차를 타고 이동할 때 창문 밖으로 멀리 보이는 경관이 가까이 있는 물체보다 더 느리게 움직이는 것처럼 보이는 이유를 설명해 준다. 간단히 이야기하면 우리가 움직일 때 가까운 물체일수록 더욱더 우리의 시야 내에서 이동하게 된다. 따라서 이렇게 '눈에 보이는' 움직임은 우리에게 물체의 거리에 대한 정보를 주고, 우리의 뇌는 입체감에 대한 표상을 만들어 내기 위해 그 움직임을 연속적인 방식으로 해석한다.

운동 시차의 이점은 눈이 하나밖에 없어도 작동한다는 것이다. 이와 관련된 일화로 개미 연구의 세계적 선구자 중 한 명인 E. O. 윌슨(E. O. Wilson) 교수는 한 인터뷰에서 자신이 어린 시절 한쪽 눈을 잃었고, 그로부터 몇 년 후 머리를 좌우로 빠르게 흔드는 습관을 갖게 되었으며, 그러한 행동을 통해 무의식적으로 입체감에 대한 표상을 다듬을 수 있었다고 이야기한 바 있다. 그가 개미에 흥미를 갖게 된 계기 중 하나일 것이다.

그런데 눈이 두 개인 개미의 양안 시각은 어떨까? 많은 동물이 두 개의 눈으로, 두 가지 다른 시점으로 세상을 본다. 인간의 두 눈은 평균적으로 6센티미터의 간격을 두고 떨어져 있다. 이러한 거리로 인해 각 눈은 서로 약간 다른 상을 전달하게 된다. 실험을 하나 해 보자. 책을 얼굴 앞에 들고 한쪽 눈만 감았다가 뜨고, 다음에는 다른 쪽 눈만 감으며 책을 바라보라. 우리의 망막에 투영된 두 이미지 간의 작은 차이는 '양안 부등(disparité binoculaire)'이라고 불리는 현상으로, 우리의 뇌에 감지되어 우리를 둘러싸고 있는 공간의 입체감을 만들어 내는 데 기여한다. 물리적 이유는 운동 시차와 같지만, 두 눈을 이용함으로써 머리가 움직이지 않아도 입체감에 대한 정보가 즉각적으로 주어진다. 우리는 이를 '입체시(vision stéréoscopique)'라 부른다.

입체시는 매우 정확한 거리 예상을 가능하게 함으로써 가장 뚜렷한 입체감을 전달한다. 입체시 덕분에 우리는 10미터 거리에서도 10센티미터의 입체감 차이를 알아볼 수 있다. 이는 거리가 가까울 때 훨씬 더 효과가 크다. 바늘구멍에 실을 꿸 때는 한쪽 눈을 감아 보라.

이상하게도 입체시의 기능은 1838년에 이르러서야 알려졌다. 영국 과학자 휘트스톤(Wheatstone)은 최초의 입체경을 만들면서 이 현상을 소개했다. 그의 입체경은 시리얼 사은품으로 주던 녹색 필터와 적색 필터가 끼워져 있는 안경과 비슷했다. 이 안경의 목적은 각각의 눈이 서로 약간 다른 (평면의) 이미지를 시각화하여 입체적인 것을 보는 듯한 착각이 들게 하는 것이다. 11세기의 알하젠(Alhazen)이나 16세기의 케플러(Kepler), 데카르트(Descartes), 다빈치(Da Vinci)와 같은 사상가들은 양안 부등과 입체감의 관련성을 이미 알고 있었지만, 이상하게도 당시에는 누구도 이러한 방향으로 접근하지 않았다. 2세기의 프톨레마이오스(Ptolémée)는 특히 시각에 관해 연구하며 입체시 이론에 필요한 모든 자료를 가지고 있었음에도 그 자명함을 알아차리지 못했다. 당대에는 수많은 사상가가 시지각(perception visuelle)이 눈에서 나오는 광선으로 인한 것이지 그 반대가 아니라는 유출(extramission)설을 믿었다. 그러나 그들에게 돌을 던질 수는 없는 것이, 우리가 사는 이 시대에도 자료는 성행하는 이론에 비추어 수집되고 해석되지, 그 반대는 성립하지 않기 때문이다.

놀라운 사실은 휘트스톤의 연구가 있고 130년이 흐른 뒤 1970년이 되어서야 인간 외의 동물에게 입체시가 있다는 사실이 증명되었다는 것이다. 아무도 관심을 두지 않는 주제기 때문이었을 것이다. 처음 증명된 동물은 우리와 가까운 동물인 마카크(macaque)였다. 수많은 동물종이 입체시를 이용한다는 것은 이제 잘 알려진 사실이다. 입체시는 특히 고양이와 올빼미를 대상으로 많이 연구된다.

다른 때와 비슷하게, 동물에게 정교한 능력이 존재한다는 사실은 무척추동물의 경우 더욱 강하게 부정된다. 하지만 1983년, 곤충도 먹잇감을 잡기 위해 입체시를 활용한다는 사실이 밝혀졌다. 이 특별한 곤충은 바로 사마귀다.

연구진은 이를 아주 명쾌하게 증명해 냈다. 이 실험은 잠시 짚고 넘어갈 필요가 있다. 연구진은 실험 대상인 사마귀를 위해 아주 작은 3D 안경을 만드는 정성까지 기울였다. 필터는 적색과 녹색이 아니라 청색과 녹색이었는데, 사마귀는 개미와 같이 적색을 잘 구분하지 못하기 때문이다. 제 머리에 꼭 맞는 3D 안경을 착용한 사마귀는 머리를 아래로 두세끔(사마귀가 사냥할 때 선호하는 자세) 놓였고, 그 앞으로는 멀리 떨어져 사마귀의 다리가 닿지 않는 곳에 화면을 설치했다. 이 화면에서는 녹색 점과 청색 점을 보여주었는데, 각각의 점은 3D 안경을 쓴 사마귀의 눈에 한 쪽씩만 보였을 것이다. 두 점 사이의 거리를 다양하게 조절함으로써 머릿속에서 점이 하나로 합쳐져 입체적으로 보이도록 조작하는 것이 우선 이론상으로는 가능한 일이었다. 즉 3D 영화처럼 화면 점이 화면 앞에 둥둥 떠 있는 듯한 환영을 만들어 낼 수 있었다는 것이다. 물론 이는 사마귀가 입체시를 가지고 있다는 전제하에 가능했다. 이 작은 포식자는 화면에 보이는 움직임에 매우 큰 관심을 보였고, 매우 인상적인 실험 결과가 나왔다. 먹잇감이 손에 닿을 거리에 있는 것 같이 보이도록 두 점 사이의 거리를 조정하자, 사마귀는 무언가를 낚아채듯 다리를 휘둘렀다. 환영이 보인다는 증거였다. 사마귀는 계속해서 휘두르는 동작을 반복하다 결국 그만두었는데, 아마도 만져지는 것이 허공뿐인 데에 당혹감을 느꼈을 것이다.

입체시는 눈과 관련하여 두 가지 특징을 필요로 한다. 첫째로 두 개의 상이 보이는 차이가 충분하도록 두 눈이 서로 떨어져 있어야 하며, 둘째로 동물이 자기 앞에 무엇이 있는지 두 눈으로 동시에 볼 수 있도록 시야의 일부가 앞으로 집중되어 있어야 한다는 것이다. 실제로 사마귀의 눈은 머리 측면 양쪽 끝에 달려 있고 앞을 향해 있다. 그런데 낫개미도 이와 똑같은 특징을 가지고 있다. 사마귀와 낫개미가 모두 먹잇감과 자신 사이의 거리를 아주 정확히 예상해야 하는 포식자라는 사실은 얼마나 신기한 우연인가! 그러니 낫개미도 입체시를 사용할 확률이 매우 높다.

낫개미는 머리가 작아 두 눈 사이의 거리도 1센티미터에서 1.5센티미터밖에 되지 않는다. 실제로 이 사냥꾼이 입체시를 사용한다면, 눈 사이가 짧다는 사실은 삼각측량법(triangulation)에 따른 물리적 이유로 가까운 거리에서는 입체감을 아주 잘 파악하지만, 먼 거리에서는 금세 어려움을 느낄 것이다.

이 개미가 20센티미터나 뛰어오를 수 있음에도 먹잇감을 잡을 때는 짧게 뛰는 것을 선호하는 이유가 이 때문일지도 모른다. 실제로 충분히 가까이 있는 먹잇감의 거리와 위치는 개미에게 명확하

게 3D로 보일 것이다. 이처럼 진화 과정에서 식이는 시각을 근본적
으로 바꾸어 버리기도 한다!

체이스

오드레 뒤쉬투르

세상에서 제일가는 무리 사냥꾼을 떠올리라면 여러분은 늑대를 꼽겠지만, 사실은 그렇지 않다. '뭉치면 강하다'라는 말은 이번에 소개할 개미를 위해 만들어진 것처럼 보일 정도다.

유랑개미(*fourmi nomade*) 도릴루스속(*Dorylus*) 개미는 진정한 의미의 집단 사냥을 한다. 이 개미는 운전사개미(*fourmi conductrice*), 시아푸(*Siafu*)개미, 군대개미 또는 아프리카 마냥개미라는 이름으로도 알려져 있다. 이처럼 많은 별명은 이 개미의 유명세를 잘 보여준다. 아프리카에서 마냥개미는 대개 경외의 대상이다. 마냥개미의 군락에는 최대 2,000만 마리가 살기도 하는데, 이는 벨기에 인구와 비슷한 규모다. 벨기에와 다른 점은 군락의 모든 개체가 같은 어머니를 갖는다는 점이다. 마냥개미의 여왕개미는 몸길이가 5센티미터로 이제까지 알려진 개미 중 가장 크다. 이 여왕개미는 1년에 최대 5,000만 개의 알을 낳을 수 있다. 틀어놓은 수도꼭지처럼 알을 계속해서 쏟아내는 것이다. 수개미는 '소시지 파리'라는 별명을 가지고 있는데, 다른 개미종과는 달리 튼튼한 몸을 가지고 있기 때문이다. 일개미의 경우 짙은 붉은색을 띠고 단단한 외피는 번쩍거리니 개미 학계의 페라리라고 할 수 있겠다. 갑옷 같은 외피는 여러분의 신발 밑창보다 훨씬 더 단단하다. 무시무시하고 위협적인 전사를 연상시키는 이 개미의 외양은 거리를 유지하는 게 상책일 거라며 경고하는 듯하다.

아프리카가 원산지인 이 개미는 땅속이나 동물 사체 냄새 속에 야영 막사(bivouac)를 꾸린다. 사자가 먹다 남긴 영양은 마냥개미 군락에 사성급 호텔과도 같다. 가까이에 있는 모든 것을 집어삼키는 이 개미는 같은 장소에 몇 달 이상 머무르는 법이 없다. 먹이를 찾는 2,000만 개의 입을 상상해 보라! 집 주변에 있던 식용 가능한 모든 것을 해치운 마냥개미는 길을 떠나 며칠을 걷다가 새로운 야영 막사를 마련한다. 집 근처의 슈퍼마켓에 재고가 바닥날 때마다 40킬로미터 거리의 다른 곳으로 이사 다녀야 하는 삶을 상상해 보라!

마냥개미는 식량을 찾기 위해 매일 무장 공격대를 내보낸다. 식량 수색을 위해 환경을 탐색하러 떠날 때 스카우트가 아니라 수천 마리가 함께 바깥으로 나오는데, 어마어마한 마그마가 분출하는 것처럼 쏟아져 나온다. 이 개미 무리를 조금 더 가까이에서 들여다보면 한 가지 사실이 눈에 띈다. 마냥개미는 어떤 시력 기관도, 심지어 홑눈(ocelle)조차 없어 아무것도 보지 못한다. 완전무장을 하고 초행길을 나선 수렵개미들은 먹잇감을 찾겠다는 일념으로 땅 위를 마구잡이로 쓸어버린다. 마냥개미가 가진 성공의 열쇠는 그들의 숫자다. 영영 길을 잃을 위험이 큰 마냥개미는 동료들과 절대 멀어지지 않는다. 접촉을 유지한 채 전진하는 마냥개미는 길을 내고 집단의 단결성을 유지하기 위해 지나온 길 위로 페로몬을 남긴다. 빛이 어슴푸레 들 무렵 식구들과 사냥하러 간다고 생각해 보자. 이때 가장 먼저 취해야 할 전략은 공포 영화와는 반대로 함께 모여 있는 것 아니겠는가?

집단의 선봉에 선 개미들은 짧은 거리를 가는 동안 다소 불규칙하게 전진하다 무리 뒤쪽으로 물러나 또 다른 개미들이 선두를 맡게끔 자리를 양보하고, 이 흐름은 계속 반복된다. 전진하는 행렬은 되직한 진흙처럼 어디론가 흘러간다. 모든 개체는 서로 구별하기 어려울 정도로 아주 가까이 붙어 있다. 병정개미(fourmi soldat)라고도 불리는 가장 체격이 좋은 개미들은 행렬의 측면에 선다. 개미들은 서로 위로 올라타면서 빽빽이 쌓여 서커스의 곡예사들처럼 층층이 탑을 이룬다. 이 무더기 꼭대기에 있는 전사들은 턱을 위쪽으로 치켜들며 위협적인 자세를 취한다. 행렬을 이룬 개미들은 사바나에 흐르는 물길을 연상시키는 길과 길의 가장자리를 이루는 벽과 통로를 만든다. 개미 수백만 마리가 끝없이 흐르는 물처럼 이동하는 이 행렬은 시속 약 20미터의 속도로 이동하며 하루에 400미터까지 가기도 한다.

다소 광적인 이 공습에서 개미들은 곤충, 파충류, 움직이지 못하는 모든 생물을 죽이며 길에서 마주친 모든 동물을 사냥한다. 마냥개미 군락은 하루 만에 50만 마리 이상의 곤충을 죽이기도 한다! 19세기의 몇몇 탐험가의 기록에 의하면 범죄자들을 처형하는 잔혹한 방법 하나가 마냥개미 무리에 노출하는 것이었다고 한다. 한 개미학자는 가나를 여행하던 중 어머니가 밭을 돌보는 사이 나무 아래 두었던 아기를 개미들이 죽일 뻔한 모습을 보았다고 이야기하기도 했다. 가나에 사는 서아프리카의 아샨티(Ashanti)족에 따르면, 비단뱀이 너무 많이 먹어 움직이기 힘들어지면 마냥개미들에게 공격당하기 쉬우므로 거한 식사를 하기 전에는 개미가 주변에 있는지 미리 둘러본다고 한다. 개미를 발견하지 못하면 식사를 하지만 한 마리라도 보일 경우 그토록 바라던 진수성찬을 포기한다는 것이다. 마냥개미의 깨물기 공격이 가공할 위력을 자랑하는 것은 사실이다. 턱을 이용해 손가락에 매달린 마냥개미를 떼어내기란 매우 어렵다. 마냥개미의 무는 힘은 엄청나서, 어떤 아프리카 부족은 벌어진 상처를 닫기 위해 의도적으로 개미에게 물리기도 한다. 개미를 봉합 도구로 사용하는 것이다.

19세기 중앙아프리카 마롯세에서 7년간 체류했던 외젠 베갱 (Eugène Béguin) 목사는 자신의 회고록에서 '세우루이(séouroui)'라는 별명을 붙여 준 이 개미와 관련한 공포스러운 경험에 관해 이야기한 바 있다. 그는 이렇게 기록했다.

"세우루이는 집을 짓지도 않고 오로지 먹기 위해 사는 것처럼 보인다."

그는 한밤중에 개미들에게 공격당한 것도 여러 번이었으며, 작은 당나귀 한 마리, 송아지와 거위 여러 마리를 잃기도 했다고 밝혔다. 베갱 목사는 호기심에 쥐를 몇 마리 잡아 마냥개미의 사냥 행렬 가운데에 놓아 본 적도 있다고 고백했다. 그가 묘사한 장면은 믿기 어려울 정도로 폭력적이다.

"동물을 공격할 때 이 개미들은 가장 먼저 머리를 파고들어 콧구멍과 눈, 귓속을 꽉 채워 들어간다. 이내 먹잇감을 질식시키고 나면 여유롭게 먹어 치우기 시작한다. 다음날 남아 있는 것은 뼈뿐이다."

저명한 의사이자 탐험가, 작가였던 데이비드 리빙스턴(David Livingstone)의 기록에도 두려움이 묻어난다. 1864년 그는 이렇게 썼다.

"우리가 매일 같이 보는 이 불그스름한 개미들은 서양에서는 운전사개미라고 부른다. 이 개미들은 엄지손가락 너비의 촘촘한 행렬을 이루어 길을 지난다. 인간에게서도, 다른 동물에서도 이보다 더 호전적인 기질은 보지 못했다. 이 개미들에게 우연히라도 다가가는 것은 카수스 벨리(casus belli)와 같다. 대열에서 빠져나온 개미 몇 마리는 턱을 벌린 채 몸을 세우며 당신 위로 달려들고, 턱을 뻗어 맹렬하게 물어뜯는다. 사냥을 하다 보면 이 개미 행렬의 한가운데 발을 딛고는 했다. 사냥감을 찾는 데 몰두하느라 개미들에 대해서는 생각지도 못하고 있던 우리는 어느새 머리부터 발끝까지 개미들로 뒤덮여 갉아 먹히고 있었다. 개미들은 피부를 붙잡고 몸을 이리저리 돌려가며 물어뜯는 데 열중한다. 이 깨물기 공격은 정말 고통스러워서 제아무리 용감한 남자라도 이 무쇠 이빨 같은 턱으로 피부를 물고 있는 개미들을 떼어내기 위해 옷을 벗어 던지며 달아날 수밖에 없다.”

지리학자이자 인류학자인 크리스티앙 세뇨보(Christian Seigno-bos)의 탐방기에 따르면 마냥개미는 숭배의 대상이 되기도 한다. 카메룬과 나이지리아를 경계 짓는 만다라 산맥에 사는 모푸(Mofu)족은 마냥개미를 ‘자글라박(jaglavak)’이라고 부르는데, ‘곤충들의 왕자’라는 뜻이다. 모푸족은 집에 침입한 흰개미들을 쫓기 위해 마냥개미를 이용한다. 모푸족은 이 개미 군락을 발견하면 수천 마리를 빼돌려 바가지나 토기에 가둬 놓는다. 개미들을 잡은 이들이 마을에 돌아오면 사람들은 손뼉을 치거나 돌멩이로 나무 조각을 때리는 등 다양한 방식으로 개미들을 환영한다. 집안의 가장은 이렇게 이야기한다.

“오늘 아주 대단한 손님이 오셨습니다.”

그리고 개미들에게 흰개미들을 잡아주길 부탁한다. 모푸족은 밤에 자고 있을 동안 개미들이 콧속으로 들어와 자신들을 해칠까 걱정하면서 개미들에게 너그러움을 베풀어 마을 사람들과 동물들은 공격하지 말고 살려줄 것을 진중하게 부탁한다. 그리고 난 뒤 땅 위에 황토로 그려놓은 동그라미 안에 개미들을 내려놓는다. 이 동그라미는 흰개미가 있는 곳을 향해 황토로 그려진 길로 이어진다. 모

푸족은 이 개미들이 작업하는 모습을 본 적은 없지만, 2~3주 뒤에
는 흰개미도 개미도 사라진다고 이야기한다.

매복

앙투안 비스트라크

먹잇감이 여러분에게 오길 기다리면 되는데 사냥을 왜 하겠는가? 엑타톰마 뤼둠(*Ectatomma ruidum*)이 할 법한 생각이다. 철저하게 무장한 아프리카 마냥개미와는 달리 이 개미는 대단한 외양을 자랑하지는 않는다. 밤색을 띠고 9밀리미터를 넘지 않는 몸과 평범한 턱, 특별할 것 없는 눈을 가진 엑타톰마는 감탄을 터뜨릴 만한 점을 찾을 수 없다. 이 개미를 포유류에 비교하자면 여우가 떠오른다. 수수한 외양에 비해 꾀가 많기 때문이다.

먼저 엑타톰마는 생태학적 성공이 무엇인지를 아주 잘 보여준다. 이 개미는 열대 아메리카 전역과 여러 우림, 사바나, 해안 지역에서 볼 수 있다. 50~200마리로 이루어진 군락은 어렵지 않게 찾을 수 있다. 어떤 곳에서는 1헥타르에 군락이 1만 1,200개까지 있는 경우도 있는데, 1제곱미터에 군락이 한 개 이상 존재한다는 이야기이다. 여우와 마찬가지로 이 개미의 성공 비결은 전문적 지식이 아니라 기회주의다. 실제로 다양한 생태계에서 살아남기 위해서는 적응 능력이 중요하다. 이 개미는 지역과 계절에 따라 식이도 매우 다양하다. 기본적으로는 육식성이지만, 먹이의 종류는 자기 몸무게보다 세 배는 더 나가는 커다란 풍뎅이부터 열 배는 가벼운 작은 유충까지 무척 다양하다. 먹잇감이 살아 있는지 죽어 있는지, 혼자 찾아 냈는지 다른 개미에게 가로챘는지는 중요하지 않다. 엑타톰마는 가던 길에서 찾은 것이 무엇이든 취한다. 수렵개미는 곡식이나 과일 조각, 꽃꿀 등을 구해 단백질성 식이에 약간의 당을 보충하기도 한다. 이 채집-사냥꾼은 어떤 종류의 지형에도 적응할 수 있긴 하지만 땅 위에 자리를 잡는다. 땅에 발을 붙이고 살 뿐 우듬지 쪽을 탐험하지는 않는다는 것이다. 이 개미의 욕심에 유일한 한계가 바로 이 부분일 것이다.

이처럼 놀라운 유연성을 고려한다면, 엄청난 수의 엑타톰마 무리가 방목장이나 커피, 카카오, 옥수수 농장 등 인간에 의해 변화된, 즉 '인간화'된 환경에서 발견되는 것도 놀라운 일은 아니다. 덧붙여 말하자면 씨앗을 퍼뜨리거나 모든 잠재적 기생충의 영역을 청소하는 능력 덕분에 이 개미는 이러한 농업 시스템에서 중요한 생물적 방제제 역할을 한다.

하지만 이러한 유연성을 어떻게 설명할 수 있을까? 여러 연구에서 엑타톰마가 보이는 개별 행동의 다양성에 주목한다. 대체로 이 개미는 홀로 사냥을 떠난다. 이 개미는 시야가 매우 좁아 겨우 1~2센티미터 거리에 있는 먹잇감만 알아볼 수 있는데, 이마저도 먹잇감이 움직일 때의 이야기다. 사냥에 나선 개미는 술래잡기하듯 양 옆으로 벌어진 더듬이로 주변을 더듬거리면서 느리게 갈지자걸음을 걷는다. 그러다 한쪽 더듬이가 침입자와 닿으면 형국은 아주 빠르게 바뀐다. 이 사냥꾼은 표적을 향해 빠르게 다가가 더듬이를 딱붙인 뒤 턱으로 표적을 움켜잡는다. 이다음에 개미가 무엇을 할지는 먹잇감의 무게에 따라 다르다. 무게가 가벼울 때 개미가 쓰는 방법은 땅에서 먹잇감을 들어 올린 뒤에 배를 다리 사이 아래로 굽혀 침을 쏘는 것이다. 먹잇감이 들어올리기 너무 무거울 때는 개의치 않고 땅에 먹잇감을 그대로 둔 채 옆쪽으로 침을 쏘려고 노력한다.

한 연구진은 열대 지방에 사는 엑타톰마의 사냥 행동을 관찰했는데, 그 결과 사냥 시 공격 행동이 각 개체의 개인적인 경험과 큰 상관성을 보인다는 사실이 밝혀졌다. 예를 들어 흰개미 병정개미의 반격 등 부정적인 경험을 했던 사냥꾼 개미의 경우 다른 먹잇감에 침을 쏘려고 할 때 특별히 신중한 모습을 보였다. 어떤 개체는 적의 사정거리 바깥에서도 더듬이와 다리를 안전히 뒤쪽으로 향하게 둔다. 확정적이고 선천적인 방식을 고집하지 않고 계속해서 새로운 것을 배우는 것이다.

엑타톰마는 임기응변에도 능하다. 예를 들어 어떤 개체들은 경쟁자의 집에 침입해 식량 저장고를 터는 일도 주저하지 않는다. 이보다 더 대담한 개체들의 경우에는 바퀴벌레처럼 자기보다 스무 배는 더 무거운 먹잇감에 달려들기도 한다. 반응이 매우 빠른 바퀴벌레는 초속 50센티미터 이상으로 움직일 수 있는데, 엑타톰마보다 열 배는 빠른 것이다. 여러분을 이 상황에 대입시켜 보자면, 키가 6미터에 무게는 1.5톤이 나가고, 시속 200킬로미터로 달릴 수 있는 괴물이 여러분 앞을 지나간다고 상상해 보라. 그리고 이제 그 괴물을 공격해 보라! 개미가 물면 바퀴벌레는 보통 미친 듯이 달리기 시작하지만, 이 작은 사냥꾼은 계속 매달려 있을 수 있다. 물론 공포에 휩싸여 내달리는 거대한 먹잇감의 움직임 때문에 거칠게 흔들리긴 하겠지만, 경험이 많은 개미는 먹잇감의 다리와 가슴 사이 표피가 가장 여린 연결부에 정확히 침이 꽂히게 자세를 잡는 데 성공한다. 1분 정도 지나고 나면 바퀴벌레는 속도를 줄이다 피로와 침독 때문에 푹 쓰러지고 만다. 이렇게 개미는 멋진 전리품을 얻게 되는 것이다!

이번에는 아주 독특한 엑타톰마 뤼둠 군락에 대해 알아보자. 이 군락은 유전적으로 달라서가 아니라 환경적인 측면에서 독특하다. 이 개미 군락은 꼬마꽃벌과(halicte)에 속하는 5밀리미터 크기의 작은 벌 라시오글로숨 움브리펜네(*Lasioglossum umbripenne*)가 사는 지역에 서식한다. 꼬마꽃벌과는 2,000종이 넘는 다종다양한 벌을 포함한다. 프랑스에 서식하는 꼬마꽃벌은 단독 생활을 하지만, 다른 곳에 서식하는 종은 우리가 아는 꿀벌처럼 복잡한 사회를 이루고 산다. 중앙아메리카에 서식하는 라시오글로숨 움브리펜네의 경우 보통 트여 있는 환경에서 1~100마리로 구성된 군락을 이루어 산다. 땅을 파서 만드는 집에서 바깥으로 이어지는 유일한 구멍은 작은 흙 무더기 꼭대기에 한 번에 딱 한 마리가 다닐 수 있을 정도의 크기로 뚫려 있다. 일벌은 낮 동안 이곳으로 나고 들며 꽃가루와 꽃꿀을 군락에 가져온다. 이 벌은 작은 구역에 아주 많이 모여 살기도 한다. 테니스 코트만 한 면적에 집이 수천 개나 모여 있는 경우도 있는데, 1제곱미터에 30개의 집이 모여 있는 꼴이다. 활용할 줄 아는 이에게는 아주 유용한 식량 자원이다. 하지만 닭장의 여우처럼 엑타톰마 튀둠의 굴이 이미 이 벌집 속에 자리를 잡고 있는 경우도 있다.

한 연구진은 엑타톰마와 꼬마꽃벌의 이웃 관계를 연구하기 위해 파나마로 향했다. 첫째로 놀라운 사실은 꼬마꽃벌과 함께 사는 엑타톰마 군락은 평균적으로 보통 군락보다 개체 수가 세 배나 많다는 것이었다. 실제로 이 개미들은 아주 잘 먹고 있었다. 일반적으로 사냥꾼 개미 여덟 마리 중 한 마리만이 먹잇감을 가지고 돌아오는 데 반해, 꼬마꽃벌과 사는 개미의 경우 두 마리 중 한 마리가 사냥에 성공해 돌아왔다. 물론 대부분의 경우 그렇게 잡아 온 먹잇감은 꼬마꽃벌이었다! 이를 위해 이 작고 꾀바른 개미는 새로운 사냥 행동을 배우고 단련한다. 바로 매복이다.

매복은 아주 전문적인 능력이 필요하므로 매복을 할 수 있는 것은 몇몇 개체뿐이다. 엑타톰마가 집에서 나올 때 매복하는 개미는 금세 알아볼 수 있다. 매복 전문가는 다른 개체들처럼 길 잃은 먹잇감을 찾기 위해 주변을 둘러보기보다는 꼬마꽃벌의 집으로 곧장 향한다. 매복 행동은 중요한 지점에 자리를 잡고 먹잇감이 오기를 기다리며 부동을 유지하는 것이 특징이다. 이 개미의 전략도 바로 이것으로, 꼬마꽃벌 집 입구 앞에 버티고 서서 기다리는 것이다.

연구진은 끈기를 발휘하여 1,500회가 넘는 개미의 매복을 관찰했다. 여기서도 역시 놀라운 행동의 다양성이 관찰되었다. 매복 전략은 개미마다 차이가 있었다. 어떤 사냥꾼은 집 입구에서 2센티미터 떨어진 지점에 자리를 잡고 독특한 자세를 취했다. 땅에 납작 엎드려 큰턱을 벌리고 더듬이를 입구 쪽으로 향하게 둔 채 벌이 나오면 바로 달려들 태세를 취하는 것이다. 또 어떤 개미는 이런 수고까지는 하지 않고, 무사태평한 태도로 가만히 서 있기도 한다. 다른 개미는 집 입구에 더 가까이 서서 구멍의 양쪽을 향해 더듬이를 세우고 있는 것을 선호하기도 한다. 저마다 자기만의 스타일이 있는 것이다!

매복할 때 가장 힘든 것은 기다림이다. 평균적으로 엑타톰마는 언제까지고 기다리지는 않고, 싫증을 내기까지 6초밖에 기다리지 못한다. 그 결과 매복의 80퍼센트는 벌이 개미의 더듬이 끝을 닿기도 전에 끝이 난다. 인내력이 이 개미의 강점은 아닌 듯 보일 수도 있겠다. 하지만 이 개미는 패배를 인정하지 않는다. 99퍼센트의 경우 꼬마꽃벌 집을 떠나는 이유는 다른 벌집과 또 다른 벌집으로 향하기 위해서다. 개미는 이 작업을 필요한 만큼 반복하기 때문에 50번이나 자리를 옮길 때도 있다. 참을성이 부족하다기보다는 사실 하나의 전략인 것이다. 강 낚시와 마찬가지로 안 좋은 터에서 죽치고 있기보다는 주기적으로 터를 바꾸는 게 낫다는 것이다. 어쨌든 꼬마꽃벌 집은 넘치도록 많으니까!

드디어 귀가 중인 벌이 등장해도 매복하던 개미가 승부에서 이길 확률은 아주 낮다. 벌은 쏜살같이 빠르게 집으로 들어가기 때문이다. 게다가 벌은 대부분 쉽게 속지도 않는다. 벌은 매복하고 있는 포식자의 존재를 알아차리고 잡히지 않기 위해 일련의 행동을 시작한다. 어떤 벌은 들어가기 전에 빠르게 지그재그를 그리며 날거나 개미의 뒤쪽에서 집을 향해 이동하기도 하고, 멀리에서 착지하여 걸어서 집에 들어가기도 한다. 아예 착지를 포기하는 가장 안전한 방법을 택하기도 한다. 이러한 행동의 변주로 인해 개미는 한 가지 공격 기술을 고집할 수 없게 되고, 개미 스스로 다양하게 변화하게 된다. 어떤 사냥꾼 개미는 벌을 발견한 것이 너무 기쁜 나머지 빙그르르 돌다가 비행하며 가까이 다가온 벌을 잡으려 시도하기도 한다. 어떤 벌은 개미가 이렇게 방심한 틈을 타 집에 들어가기도 하기 때문에 이는 아주 비효율적인 행동이다. 반면 다른 개미는 집 입구 앞에서 주의를 집중하고 부동을 유지하기도 하지만, 그 때문에 뒤쪽에서 다가오는 벌을 잡을 확률은 극히 낮다. 어떤 전략도 완벽하진 않은 것이다.

더 드물긴 하지만 어떤 개미는 집에서 나오는 벌을 잡으려고 시도하기도 한다. 특히 입구의 양쪽을 향해 더듬이를 세우고 있는 사냥꾼 개미가 선택하는 전략이다. 이 개미는 아주 큰 인내심을 발휘하여 평균적으로 (6초가 아니라) 8초 동안 자리를 지킨다. 이 모든 것이 피식자-포식자 역학 관계의 복잡성과 엑타톰마의 유연성을 아주 잘 보여준다. 90퍼센트의 엑타톰마는 매복 끝에 먹잇감을 놓치지만, 이곳저곳에서 운을 시험해 보는 수밖에는 없다.

개미가 꼬마꽃벌을 잡는 데 성공하는 10퍼센트의 경우에 초점을 맞추어 보자. 사냥꾼 개미가 벌에게 침을 쏠 준비를 할 때 일은 복잡해진다. 작고 가벼운 꼬마꽃벌을 잡은 한 엑타톰마는 순진하게도 평소 쓰던 방법을 시도한다. 먹잇감을 들어 올려 그 아래쪽으로 침을 쏘는 것이다. 개미의 실수! 벌은 민첩하기 때문에 50퍼센트의 확률로 탈출에 성공한다. 이와 관련해서도 연구진은 기존과는 다른 방법을 발견하며 놀라움을 금치 못했다. 가벼운 먹잇감을 드는 게 아니라 여섯 개의 다리로 벌을 우리에 가두듯 졸라서 침을 쏘는 것이다. 이 방법은 거의 100퍼센트의 성공률을 보였다! 개미가 벌을 옮기기 편한 자세를 잡으려고 벌을 잠시 놓아주는 경우에야 벌에게 탈출할 수 있는 희박한 가능성이 주어졌다. 하지만 꼬마꽃벌에게는 안타까운 일이지만 경험이 많은 개미는 그런 작업 없이 벌에게 자유를 향한 마지막 희망도 주지 않은 채 곧장 먹잇감을 끌고 집으로 돌아갔다.

마지막으로 연구진은 드물게 벌집 입구에 머리를 집어넣는 시도를 하는 사냥꾼 개미를 관찰했다. 이 행동은 언뜻 보기에도 그리 효과적이지도 않았지만 위험하기까지 했다. 실제로 50퍼센트의 경우 이 무모한 개미는 소스라치게 놀란 듯 갑작스레 머리를 빼고 몇 초간 경련하듯 몸을 떨다가 배를 다리 사이로 숙이고 제 군락으로 돌아가 몸을 피한다. 아마도 꼬마꽃벌 침에 쏘였을 이 개미는 그날 동안은 두문불출할 것이다. 엑타톰마는 이처럼 학습을 한다. 꼬마꽃벌의 집에 머리를 넣는 건 아마도 아마추어적인 면을 보여주는 행동일 것이다. 초심자, 아니면 적어도 매복에 대해서 아는 바가 별로 없는 개체가 재래의 사냥 관습을 재현하는 시도였을 가능성이 있다. 또 연구진은 이처럼 순진한 개체는 꼬마꽃벌에 침을 쏘거나 벌을 옮기기 전 잠시 놓을 때 고전적인 자세를 사용하는 경향이 있음을 발견하기도 했다. 간단히 말해 초심자의 실수라는 이야기다. 결론적으로 이런 아마추어 개미는 벌집에 머리를 집어넣는 시도를 (더 이상) 하지 않는 개미보다 두 배 더 낮은 성공률을 보인다.

이러한 현장 관찰은 이 작은 개미가 가진 놀라운 유연성을 보여 준다. 각 개체는 학습하고 경험한 사건을 서로 관련지으며 전문성을 키운다. 이 개미의 행동은 여러 가지 사실을 증명해 준다. 엑타톰마는 흙 무더기를 벌의 존재와 연관 지을 수 있다. 또한 꼬마꽃벌 집 입구에 머리를 집어넣는 등 유익하지 못하고 위험할 수도 있는 행동을 삼갈 수 있다. 더듬이를 뒤로 접거나 다리를 고정한 채 부동을 유지하는 것처럼 먹잇감의 종류와 지난 경험에 따라 다양한 반응을 보일 수도 있다. 그리고 가장 흥미로운 점 하나는 이 개미가 매복 동안 흐르는 시간을 정확히 예측할 수 있다는 사실이다. 자리를 옮겨야겠다고 갑작스레 결정하는 6~8초라는 시간 동안 개미가 처한 환경에는 어떤 변화도 일어나지 않는다. 이 개미의 극소한 뇌는 어떻게 이토록 정확한 시간적 차원을 구성하는 것일까? 현재로서는 아무도 알지 못한다.

전체적으로 보면 이 매복조 개미의 삶은 다름 아닌 실패의 연속이라고 할 수 있다. 매복이 성공으로 이어질 확률은 5퍼센트도 되지 않는다. 이전에 살펴본 낫개미처럼 전문적인 포식자가 공격에 성공할 확률이 80퍼센트에 달하는 데 비해서는 훨씬 뒤떨어지는 면이 있다. 하지만 강 낚시를 할 때와 같이, 성공의 열쇠는 반복에 있다. 그리고 하루의 마지막에는 군락의 80퍼센트가 매복을 통해 먹잇감 포획에 성공한다. 일련의 매복은 평균적으로 15분을 넘어가지 않으며, 이 때문에 이처럼 독특한 생태계 속에 엑타톰마 뤼둠이 존속할 수 있는 것이다.

이처럼 벌이 많은데 왜 보다 더 전문적인 포식자가 이런 진수성찬을 즐기지 않는지 의아할 수도 있겠다. 완벽하게 위장한 채 잠복할 줄 알고, 감각적, 외형적으로 필요한 모든 것을 가지고 있으며, 시도하는 족족 꼬마꽃벌을 잡을 수 있는 이상적 행동이 무엇인지 날 때부터 알고 있는 포식자는 왜 존재하지 않는 것일까? 그 이유는 아마도 과거에는 이 작은 벌의 활동 양상이 안정적이지 않았기 때문일 것이다. 이 벌들은 연주기(*cycle annuel*)에 따라 1년 동안 네다섯 달밖에 활동하지 않고, 매해 매번 다른 곳에 집을 새로 짓는다. 이러한 불연속성 때문에 꼬마꽃벌을 사냥하는 매복 특화 포식자 종이 살아남을 수 없었을 것이다. 그에 따라 이 작은 벌을 마음껏 잡아먹을 기회가 생기면 활용할 줄 알지만 그러한 시기에만 의존하지는 않는 기회주의자에게 돌아갈 수 있었던 것이다. 꼬마꽃벌이 없어지면 엑타톰마는 다른 것을 찾을 것이다. 매복 중이던 수렵 개미조차 다른 사냥 가능성을 열어 놓는다. 어떤 섭리에 의해 다른 종류의 먹잇감이 개미가 가던 길에 주어진다면, 이 매복 전문가는 먹잇감을 공격할 일정을 바꾸는 데 주저하지 않을 것이다. 주어진 것이라면 무엇이든 이용할 줄 알아야 한다.

이제 엑타톰마가 왜 여우처럼 평범한 외양을 가졌는지를 설명할 수 있게 되었다. 이 개미의 기회주의적 전략은 다목적의 외형이 필요하다. 만약 내일 어떤 환경을 마주하게 될지 알 수 없다면 거대한 쇠톱보다는 스위스 칼을 챙기는 편이 좋다. 주어진 일에 가장 효율적인 장비는 아니겠지만 대부분 상황에 맞추어 사용할 수 있기 때문이다. 물론 유연한 사고를 위해서도 더 좋은 도구일 것이다.

겟어웨이

오드레 뒤쉬투르

매복 사냥은 집단으로도 이루어질 수 있지만, 집단 매복 사냥을 할 때는 서투른 실수로 먹잇감을 놓치지 않으려면 약간의 결집이 필요하다.

남아메리카 열대림에는 체크로피아(Cecropia) 또는 트럼펫나무 (arbre trompette)라고 부르는 식물과 떼려야 뗄 수 없는 관계를 이루고 사는 개미 아즈테카 안드레에(Azteca andreae)가 있다. 몸길이가 1밀리미터를 넘어가는 경우가 드문 이 개미는 심장 모양 머리를 가지고 있다. 케어베어처럼 귀여운 외양에 마음을 놓지 마시라. 이 개미는 교활하고 호전적이다. 아즈테카는 트럼펫나무 속에 군락을 이룬다. 여러 가구가 사는 아파트처럼 격막(closion)으로 나뉜 절간(entre-nœud)이 있는 나무줄기를 파고 들어가 자리를 잡는다. 어떤 방은 식량을 저장하는 데 이용되고, 어떤 방은 어린이집처럼 애벌레를 모아두는 데 쓰이는데, 이 방의 경우 일개미의 휴식 공간으로도 사용된다.

이렇게 호화로운 집에 사는 대신 아즈테카는 경호원 역할을 맡는다. 줄기와 나뭇잎 위를 온종일 활발히 순찰하며 침입자로부터 집을 지킨다. 순찰하고 돌아오는 길에 의도가 불순한 다른 곤충을 마주치면 개미는 날카로운 큰턱으로 침입자를 빠르게 공격한다. 침입자가 너무 강력할 때는 경보 페로몬을 발산해 위협 가까이에 있는 순찰대원을 모집한다. 순찰대원들의 반복되는 공격에도 침입자가 떠나지 않으면 개미들은 엉덩이를 들어 토사물과 산패한 버터 같은 냄새가 나는 화학적 물질을 뿜는다. 이 악취를 한 번 맡고 나면 아무리 완강한 곤충이라도 삼십육계 줄행랑을 치기 마련이다.

아즈테카는 나무가 표출하는 괴로움의 신호에도 반응한다. 이제 막 갉아 먹힌 나뭇잎은 근처를 배회하던 수렵개미가 맡을 수 있는 휘발성의 화학 물질을 배출한다. 게걸스러운 초식 동물의 존재를 확인한 순찰대 개미는 페로몬 흔적을 남기며 집으로 들어간다. 그러고 나면 개미 한 무리가 굴에서 나오고, 화학적 흔적을 따라 거슬러 올라간 뒤 원인 제공자를 확인하기 위해 피해가 일어난 곳을 둘러본다.

식물은 개미에게 편안한 안식처일 뿐만 아니라 식당이기도 하다. 나뭇잎 아래쪽마다 잎꼭지(pétiole)와 나무줄기가 만나는 지점에는 밀생모(trichilium)라고 부르는 기관이 있는데, 개미는 털이 나 있는 이 기관에서 나오는 당분이 풍부한 물질을 무척 좋아한다. 또한 나뭇잎 밑면에서는 지질이 풍부한 반투명의 작은 액체 방울들이 나온다. 하지만 개미가 균형 잡힌 영양을 섭취하고 굶주린 애벌레의 허기를 달래 주기 위해서는 신선한 고기가 필요하다. 하지만 식물의 꽃꿀에는 대개 단백질이 부족하므로 개미는 다른 방법으로 단백질을 구해야 한다.

아즈테카는 잠복의 여왕이다. 먹잇감을 잡기 위해 아즈테카는 잎사귀 밑면의 가장자리를 따라 나란히 몸을 숨긴다. 줄지어 잠복한 채, 턱을 벌리고 언제든 돌격할 태세를 갖추고 끈기 있게 기다린다. 나뭇잎 하나로도 매복 중인 개미 수백 마리가 숨어들기에는 충분하다. 나뭇잎 아래 선 개미는 무게를 견디기 위해 갈고리 모양의 발톱을 나뭇잎에 있는 고리 모양 섬유질에 끼운다. 개미는 벨크로(velcro, 'vel'은 벨루어, 'cro'는 갈고리를 의미한다)를 사용하기 위해 1950년 조르주 드 메스트랄(Georges de Mestral)의 발명을 기다릴 필요가 없었던 것이다! 잠재적 먹잇감이 잎사귀 윗면에 착지하면 그 떨림을 느낀 개미 몇 마리가 튀어올라 먹잇감을 다리로 움켜잡고 허공에서 뒤집히도록 자기 쪽으로 당긴다. 나뭇잎에 안정적으로 매달려 있는 개미들이 허공에서 먹잇감을 붙잡고 있는 동안 다른 동료 개미들은 불쌍한 먹잇감을 공격하고 사지를 절단한다. 연구진은 이 전략이 얼마나 놀라운 것인지 밝혀냈는데, 개미의 몸무게는 1밀리그램을 넘기지 못하는 반면 먹잇감의 몸무게는 개미 몸무게의 1만 배인 10그램에 달하는 것도 있었기 때문이다. 연구진은 이 개미의 힘을 시험하기 위해 곤충과 동전을 나일론 실 끝에 매달아 놓고 매복 중인 개미가 미끼를 물게끔 가볍게 건드렸다. 그 결과 이 연약해 보이는 개미는 혼자서 제 몸무게보다 7,000배나 무거운 물체를 지탱할 수 있었는데, 10센트 동전 하나의 무게였다. 여러분이 대왕고래 세 마리를 번쩍 치켜들고 서 있는 동안 100여 명의 사람들이 고래를 조각내려고 분주히 움직이는 모습과 비슷할 것이다.

어떤 수렵개미는 먹잇감을 잡기 위해 기지를 발휘하기도 한다. 한 생물학 연구진은 개미가 만든 멋진 덫을 소개하는 아주 놀라운 논문을 발표했다. 반투명한 주황색을 띤 몸에 희멀건 털이 덮여 있는 몸길이 2밀리미터의 개미 알로메루스 데체마르티쿨라투스(Allomerus decemarticulatus)는 비교적 무해해 보인다. 속지 마시라, 남아메리카가 원산지인 이 곤충은 고문자개미(fourmi tortionnaire)라고도 불린다. 이 개미는 중세 시대의 고문실을 연상시키는 덫을 만든다. 히르텔라 피소포라(Hirtella physophora)라는 식물에만 서식하는 이 개미는 거대한 먹잇감을 잡기 위해 식물 위에 덫을 설치한다. 먼저 개미는 곰팡이 균사체(mycélium)와 식물의 털, 게워낸 타액을 이용해 갱도를 짓는다. 균사체의 가는 실은 덫에 핵심적인 요소로, 물성이 유리 섬유와 비슷해 구조를 더 단단하게 만들어 주기 때문이다. 여기 사용되는 곰팡이 케토티리알레스(Chaeto-thyriales)는 이 식물에 자연적으로 서식하지 않기 때문에 개미들은 이 곰팡이를 대물림하며 정성껏 기른다. 정리하자면 식물은 벽돌과 기반을 제공하고, 곰팡이는 회반죽으로 쓰이며, 개미는 육체노동을 하는 것이다.

갱도가 지어지고 나면 개미들은 작은 구멍을 여러 개 뚫고, 성벽의 총안 뒤에 선 궁수처럼 구멍 뒤쪽으로 들어가 큰턱을 쩍 벌린 채 자리를 잡는다. 이 상태로 개미들은 참을성 있게 먹잇감을 기다린다. 보통 식물 줄기는 뾰족한 털로 덮여 있어 곤충이 착지하기 어렵다. 개미는 덫을 만들 때 이 털을 뽑아 먹잇감에 안전해 보이는 착지 지점을 만들어 준다. 영리한 눈속임인 것이다. 개미들은 곤충이 덫 위에 앉으면 곧바로 더듬이와 다리로 먹잇감을 잡는다. 이렇게 잡혀 꼼짝할 수 없게 된 먹잇감은 중세의 바퀴 고문처럼 잡아 늘어진다. 그러면 개미들은 무방비 상태의 먹잇감 위로 달려들어 물고 침을 쏘아 마비시킨다. 생선회처럼 작은 조각으로 잘린 먹잇감은 개미굴로 옮겨져 잡아먹힌다. 이 전략으로 수렵개미는 자기보다 1,800배나 무거운 큰 먹잇감도 잡을 수 있다. 흥미로운 것은 이 고문자개미가 먹잇감을 잡고 고정하는 데 능하기는 하지만, 덫에서 나와 먹잇감을 해체하는 때에는 특히나 무사태평해진다는 사실이다. 그 때문에 먹잇감은 도륙당할 위험을 감수하고 달아나는 경우가 많다. 그렇게 되면 개미는 메뚜기 다리 한쪽에 만족해야 하는

것이다. 그 다리도 개미보다 열두 배는 크니, 시장기를 해결할 수는
있을 것이다.

제4장

세 번째 시련

식량 활용하기

천국의 수확

오드레 뒤쉬투르

덫을 놓는 것은 군락 전체를 먹일 식량을 구할 수 있는 강력한 방법이다. 그러나 농한기나 기상 조건이 나쁠 때는 사냥감이 부족한 날이 오기도 한다. 식량 보급을 안정화하는 한 가지 방법은 직접 식량을 기르는 것이다. 1만 년 전 신석기 시대, 인간은 자신과 수많은 종의 생활 양식을 완전히 바꾸어 놓게 될 활동, 농업을 발전시켰다. 수렵과 채집을 그만두고 원예를 시작한 생물은 호모 사피엔스만이 아니었다. 개미들은 5,000만 년도 더 전에 이러한 전환을 이루었다! 개미의 농업은 단순 재배부터 집약 농업까지 매우 다양하다.

플로리다 수확개미(fourmi moissonneuse)라고도 불리는 포고노미르멕스 바디우스(Pogonomyrmex badius)는 몸길이 7~9밀리미터에 수염이 있는 붉은색 개미다. 이 개미는 긴 수염을 이용해 모래와 작은 씨앗을 운반한다. 참고로 이 붉은색 개미의 침 공격은 그 유명세만큼 극도로 고통스럽다. 곤충학자 데이비드 레이(David Wray)는 1938년 남긴 사적인 기록에서 자기 경험을 공유했다.

"개미 여러 마리가 내 손목에 침을 쏘았고, 몇 분이 지나면서 약 5센티미터 지름의 부위에 강렬한 통증이 느껴졌다. 피부는 짙은 붉은색으로 변했고 통증 부위에서는 끈끈한 액체 분비물이 나왔다. 통증 부위가 타는 것처럼 뜨거워졌고 끔찍한 통증이 해가 질 때까지 하루 종일 지속되었다.”

곤충의 침에 쏘인 뒤 그 고통에 점수를 부여하는 슈미트 통증지수(échelle de douleur Schmidt)를 만든 저스틴 슈미트(Justin Schmidt)는 플로리다 수확개미 침의 쓰라린 느낌을 “대담하고 가차 없다”고 표현했다. 그에 따르면 이 개미는 내향성 발톱을 치료하는 전기 드릴을 연상시킨다. 하지만 안심하시라, 이 개미는 전혀 공격적이지 않아 침에 쏘이려면 개미굴 위에서 삼바 춤이라도 열심히 춰야 할 것이다.

플로리다 수확개미는 볏과(graminée) 식물이 많은 모래질 지역에 산다. 개미굴은 잔가지와 다지류(mille-patte) 배설물, 자잘한 숯 조각으로 둘러싸여 있어 알아보기 쉽다. 여기서 숯 조각이 어떤 기능을 하는지는 아직 알려지지 않았다. 최대 2미터까지 깊게 뻗어 있는 개미굴에는 방이 100여 개 있는데, 각 방은 엘리베이터 통로처럼 하나의 통로로 연결되어 있다. 수렵개미는 높은 층을 차지하고, 그 아래 수렵개미가 씨앗을 30만 개까지 저장하는 곡창이, 그리고 가장 아래쪽에는 애벌레, 여왕개미, 보모개미가 산다. 인간으로 치면 깊이 250미터의 카브레스핀 동굴 같은 구조물을 파 만드는 것과 같다. 놀라운 것은 이렇게 복잡한 건축물을 지었음에도 이 개미는 개의치 않고 1년에 네 번까지도 이사한다는 사실이다. 겉보기에는 특별한 이유도 없이 4미터 떨어진 곳에 새로 자리를 잡기도 하는데, 이때 새집을 꾸밀 숯 조각과 다지류 배설물을 챙겨 떠난다. 더 놀라운 사실은 개미굴을 짓고, 애벌레들을 옮기고, 굴을 꾸미는 데까지 고작 6일밖에 걸리지 않는다는 것이다. 지금 사는 집에서 500미터 이동해서 살기 위해 석 달마다 집을 새로 짓는다고 생각해 보라.

수렵개미들은 주변에서 씨앗을 시간당 60개꼴로 모아 창고에 저장한다. 군락에서 가장 큰 개미들은 방아 역할을 맡는다. 씨앗을 까고, 으깨고, 짓씹어 빵을 만든다. 이렇게 만들어진 빵은 군락의 식구들에게 나누어진다. 포고노미르멕스 바디우스 굴 200개를 조사한 연구진은 이 개미들이 모든 크기의 씨앗을 모으지만, 껍질을 까고 먹는 것은 길이가 1.5밀리미터를 넘지 않는 작은 씨앗뿐이라는 사실을 발견했다. 이 '작은' 씨앗은 인간으로 치면 야자 열매 크기로, 이 열매껍질을 이로 까는 것과 같다. 수확개미들이 이렇게 분류 작업을 하고 나면 아주 큰 씨앗들이 창고의 한가운데 쌓이게 된다. 이 씨앗들은 껍질이 개미의 튼튼한 큰턱으로도 까기 어려울 정도로 질겨서 먹을 수 없는 것들이다. 이 씨앗 중 가장 큰 것은 길이가 4밀리미터에 달하는데, 수렵개미 몸길이의 절반에 해당하는 크기다. 이렇게 큰 씨앗들은 저장한 씨앗의 50퍼센트를 차지할 때도 있다. 수확개미가 큰 씨앗을 거의 사용하지 않는다면, 왜 그렇게 큰 씨앗을 모으고 저장하는 걸까? 플로리다 수확개미의 기발함을 깨닫기 위해서는 그 씨앗들이 개미굴 안에서 싹이 틀 때까지 기다려야 한다. 사실 이 곡물 창고는 발아가 촉진되기에 이상적인 습도와 온도 조건을 갖추고 있다. 발아가 시작되면 씨앗은 금이 가고 자연적으로 트이게 된다. 껍질이 뚫리면 개미들은 이 거대한 씨앗을 빨아 수많은 조그만 빵들을 만들 수 있게 되는 것이다. 기다리는 자에게 복이 있나니!

하지만 씨앗으로 새로운 종자식물을 얻을 수 있다면 씨앗을 먹을 이유가 어디 있겠는가? 휠러장다리개미(Aphaenogaster rudis)는 북아메리카 개미로, 수많은 식물의 생존이 이 개미에게 달려 있다. 사실 개미의 학명만 놓고 보면 환경 보호가보다는 가능한 피하고 싶은 전염병을 연상시키기는 한다. 이 개미는 부식 중인 나무 속에 굴을 짓는데, 북아메리카의 어떤 숲에는 면적 1제곱미터당 한 개 이상의 개미굴이 존재하기도 한다. 몸길이 4밀리미터 이하의 휠러장다리개미는 긴 다리와 호리호리한 적갈색의 몸을 가졌다. 우아한 자태를 자랑하는 이 개미는 오페라 극장의 어린 무희처럼 총총걸음으로 씨앗을 찾아 숲 바닥을 거닌다.

휠러장다리개미는 당질, 단백질, 지질이 풍부하게 들어 있는 육질성 덩어리인 유질체(élaïosome)가 붙어 있는 씨앗만 선별하여 채집한다. 굴에 들어오면 개미는 이 부속물을 씨앗에서 떼어내 애벌레들에게 준다. 유질체를 떼어낸 씨앗은 개미에게 더 이상 어떤 흥미도 끌지 못한다. 살구씨처럼 하찮은 쓰레기가 되는 것이다. 천성적으로 정리 정돈을 좋아하는 이 개미는 이제 씨앗을 가지고 굴 밖에 나와 어느 정도 걷다가 숲 바닥에 씨앗을 내려놓는다. 개미굴 근처의 토양은 대개 아주 비옥하므로 씨앗은 싹을 틔워 아주 좋은 조건에서 새로운 식물로 자랄 것이다. 휠러장다리개미는 북아메리카 전체 삼림 면적에서 나오는 씨앗의 3분의 2를 채집한다. 만약 이 개미가 이 숲에서 사라진다면 어떤 야생화는 개체 수가 50퍼센트 감소할 것으로 예상된다. 그 이유는 간단하다. 씨앗은 스스로 움직일 수 없는데, 떨어져 나온 나무 아래서 발아하지 않으려면 이동할 수단이 필요하기 때문이다. 현재 이 개미에 의존하여 씨앗을 전파하는 식물은 1만 종 이상으로, 그중엔 우리가 잘 알고 있는 제비꽃도 있다. 하지만 주의할 점은 전파 활동은 무료가 아니기 때문에 식물은 맛있는 승차권, 바로 유질체를 씨앗과 함께 가지고 있어야 한다는 것이다! 아름다운 백합과 식물 푸슈키니아(Puschkinia)와 같은 어떤 식물들은 가짜 승차권을 내밀면서 개미를 공짜로 이용할 수 있는 수단을 개발하기도 했다. 유질체의 화학적 신호를 모방하는 씨앗을 만드는 것이다. 이 위조가들의 씨앗은 개미에게 영양적 이익을 주지 않고도 채집되고 저장된 뒤 전파된다.

연구진은 어떤 개미의 경우 자발적으로 씨앗을 키운다는 사실을 밝혀냈다. 상류층 자제 같은 이름을 가진 개미 필리드리스 나가사우(*Philidris nagasau*)는 300만 년도 더 전부터 스쿠아멜라리아(*Squamellaria*)의 씨앗을 심고 수확해 왔다. 주 서식지인 피지섬의 초기 정착 농부라고 할 수 있다. 스쿠아멜라리아는 나무에 붙어서 자라는 착생 식물이다. 이 식물은 겨우살이와 달리 숙주의 수액을 빨아먹지는 않지만, 숙주를 빛을 쬐기 위한 받침대처럼 이용한다. 성숙기에 접어든 스쿠아멜라리아는 털로 덮인 거대한 종양 덩어리처럼 생겼는데, 이 위에서 잎이 가는 줄기가 무성하게 자라난다. 피지섬에서는 '나무의 고환' 또는 '악마의 불알'이라는 별명으로 불리기도 한다. 이 거대하고 동그란, 품격은 좀 떨어지는 이 기관은 사실 나무의 원줄기가 부풀어 오른 것이다. 이를 열어보면 서로 좁은 통로로 연결된 여러 개의 구멍에 수천 마리의 개미가 살고 있는 모습을 볼 수 있다.

스쿠아멜라리아가 씨앗을 만들면 개미들은 서둘러 씨앗을 수확한 뒤 조금 떨어져 있는 나무껍질 틈에 씨앗을 심는다. 그리고 나면 혹시 나타날지도 모르는 도둑을 쫓아내기 위해 씨앗을 심어놓은 곳을 쉬지 않고 지킨다. 씨앗이 발아하면 어린싹은 동그랗고 속이 빈 물사마귀처럼 생긴 조직을 만든다. 그러면 개미들은 그것을 뚫고 들어가 제 배설물을 거름으로 주며 필요한 영양분을 제공한다. 축구공 크기만큼 자라는 식물은 개미 군락에게 또 다른 굴을 제공한다. 개미들은 이렇게 정원사처럼 나무 여러 그루 위에서 10여 개의 스쿠아멜라리아를 '재배'하고, 스쿠아멜라리아 속에는 25만 마리 이상의 개미가 살게 된다. 이 집들은 화학적 흔적으로 연결되어 있고, 수렵개미는 이를 따라 밤낮으로 왕래한다.

개미들은 생애 동안 평생 숙주에 거름을 주고 초식 동물로부터 숙주를 악착같이 보호한다. 그 대가로 숙주는 제 경호원들에게 꽃 안 꿀샘(nectaire floral)에서 달콤한 주전부리와 집을 제공한다. 스쿠아멜라리아 100여 개를 지도화한 연구진은 개미들이 닥치는 대로 씨앗을 심는 게 아니라는 사실을 증명했다. 탁월한 정원사로서 이 개미들은 볕이 잘 드는 곳을 고르고 너무 그늘진 곳에 씨앗을 심는 것은 철저하게 피했다. 연구진은 개미의 행동을 이해하기 위해 다소 빈약한 밧줄에 의지한 채 나무를 타고 스쿠아멜라리아를 더 가까이에서 관찰했다. 그 결과 양지에서 자란 식물은 음지에서 자란 식물보다 열 배 더 많은 당질을 생산한다는 사실을 알아냈다. 개미들은 바보가 아니다!

조그만 정원사 필리드리스 나가사우와 식물 스쿠아멜라리아 사이의 떼려야 뗄 수 없는 관계는 시간의 흐름에 따라 양쪽 모두에게 되돌릴 수 없는 것이 되었다. 둘 사이에 이혼은 절대 불가능해진 것이다. 개미는 이제 스스로 굴을 지을 수 없으므로 숙주가 사라지면 평생을 집 없이 살아가야 할 것이다. 마찬가지로 스쿠아멜라리아는 초식 동물로부터 자신을 지키는 능력을 잃었기에 경호원이 사라지면 수많은 곤충의 공격 끝에 몇 달도 되지 않아 궤멸하고 말 것이다.

버섯 속으로

오드레 뒤쉬투르

이제까지 살펴본 개미의 농업 기술은 원예로 요약된다. 지금부터는 버섯재배개미(*fourmi champignonniste*), 잎꾼개미(*fourmi coupeuse de feuilles*), 파라솔개미(*fourmi parasol*)로도 불리는 아타속(*Atta*) 개미의 집약 농업에 대해 알아보자. 이 개미가 농업의 대가라는 것은 의심의 여지가 없는 사실이다. 아타는 미국 최남단부터 앤틸리스 제도를 거쳐 아르헨티나와 우루과이 북부까지 걸친 신대륙의 습한 열대림에 서식한다. 주홍빛의 이 개미는 크기가 다양한데, 대형(*major*), 중형(*medium*), 소형(*minor*), 초소형(*minime*)으로 구분할 수 있다. 대형 개미는 초소형 개미보다 200배 무겁고 머리도 열 배나 크다. 여러분의 형제자매가 머리 크기가 2미터에 티라노사우루스처럼 1만 2,000킬로그램이나 나간다고 상상해 보라. 저녁 식사에 자주 초대하겠는가?

아타의 성체 군락에는 한 마리의 여왕개미가 낳은 수백만 마리의 개체가 함께 산다. 이 거대한 가족이 공유하는 최대 8,000개의 방은 터널을 통해 서로 연결되어 있다. 방이 다섯 개인 오스만 양식 아파트 한 채만 한 개미굴도 있다.

이 거대한 개미굴에서 뻗어 나온 길고 긴 고속도로는 인간들이 닦아놓은 산책로를 연상시킨다. 밤낮으로 이 길 위를 오가는 개미들은 나뭇잎 조각이나 풀잎을 양산처럼 들고 다닌다. 멀리서 보면 잔디밭이 강물처럼 흘러가는 듯 보이기도 한다. 그 큰길을 몇백 미터 정도 따라가 보면 레몬 농장 한가운데에 이르곤 한다. 그리고 그곳에서 나무마다 이발을 해 주는 데 여념이 없는 우리 개미 친구들을 볼 수 있다!

수렵개미는 머리가 불균형적으로 크며 강력한 큰턱 근육이 머리의 3분의 2를 차지한다. 이러한 기형적 비율은 특히 대형 개미에게서 많이 나타난다. 머리가 너무 비대한 나머지 늘 앞으로 고꾸라질 것 같은 인상을 준다. 하지만 걱정은 접어 두시라, 아타의 큰턱은 면도칼처럼 날카로워서 질긴 잎을 자르거나 억센 줄기를 자르기에 좋다. 개미는 큰턱 한쪽을 나뭇잎에 닿게 두고, 날을 진동시켜 사용하는 전기칼처럼 왕복 운동을 한다. 이 마체테 같은 무기를 상대하기에 인간의 피부는 너무 연약하니 대형 개미가 셔츠 속으로 들어가지 않도록 조심하시라. 커팅기도 이 개미에겐 실력으로 밀린다. 어떤 수렵개미들은 아주 전문적인 절단 기술을 가지고 있기 때문이다. 낮 동안 내내 나무 위에 앉아 개미들이 전정기처럼 놀라운 속도로 나뭇잎을 자르면, 동료들은 그 나무 아래에서 기다리다가 바닥에 떨어지는 나뭇잎들을 운반한다. 한 예로 트리니다드섬의 레몬 농장 나무들은 단 하루 만에 벌거숭이가 되기도 한다. 아타가 열대 아메리카 지역에서 발생시킨 피해액은 10억 달러에 달할 것으로 예상된다. 1820년 프랑스 생물학자 제오프루아 생틸레르(Geoffroy Saint-Hilaire)는 잎꾼개미의 노략 실력에 감명받아 다음과 같은 말을 남기기도 했다. "브라질이 아타를 죽일 것인가 아니면 아타가 브라질을 죽일 것인가!"

단 하루 동안 무려 14만 개의 나뭇잎 조각이 개미굴 문턱을 넘는

다. 1년간 모이는 나뭇잎은 470킬로그램으로, 나뭇잎으로 축구장 면적에 달하는 0.5헥타르를 덮을 수 있는 양이다! 수렵개미는 통로를 이용하여 수확물을 옮기고, 창고 방에 저장한 뒤 곧바로 다시 길을 떠난다. 나뭇잎 조각은 작은 개미들에게 맡겨져 지름 1~2밀리미터의 더 작은 조각으로 잘린다. 더 약한 개체들은 남는 찌꺼기를 씹고 액체 배설물을 섞어 작은 녹색 공 모양으로 빚는다. 정원사개미(fourmi jardinière)로 불리는 아주 작은 개미들은 카펫처럼 깔린 나뭇잎 위에 갓버섯속(lépiote)의 일종인 버섯을 심는다. 이 버섯은 개미가 손수 만든 퇴비 위에서 아주 빠르게 증식한다. 정원사개미들은 버섯이 다공성의 스펀지 모양으로 자라나 통로를 통해 연결되도록 쉼 없이 버섯을 다듬으며 버섯의 성장을 조절한다. 연구진은 개미들이 실험실에서 버섯 관리를 소홀히 하자, 기둥에 갓이 달린 보통 버섯의 모양을 띠게 된다는 사실을 발견했다.

버섯 재배실은 개미굴 위로 난 굴뚝 덕분에 자연적으로 따뜻한 방을 차지한다. 개미는 이 굴뚝이 산소를 들여보내고 버섯 재배로 발생한 이산화탄소와 메탄을 배출할 수 있도록 바람의 방향에 따라 꾸준히 수리한다. 굴의 온도와 습도를 조절하기 위해 굴뚝의 모양과 수도 조절된다. 원자력 발전소 없이도 이 모든 것이 가능한 것이다!

이 버섯 재배실에서 개미는 공길리디아(gongylidia)라는 즙과 영양이 많은 돌기(excroissance)를 수확한다. 버섯을 과실수처럼 기르는 것이다. 훌륭한 농부로서 개미는 작물에 비료를 사용하는데, 바로 자기의 배설물이다. 놀랍게도 버섯에는 병원체가 없다. 이러한 청결도가 유지되는 것은 버섯을 돌보는 데 시간을 쏟는 정원사개미들의 조금은 편집증적인 면 덕분이다. 정원사개미들은 큰턱을 이를 잡는 참빗처럼 사용하여 외부 곰팡이의 균사와 포자를 떼어

낸다. 세균성 전염병과 기생충의 공격에 대항하기 위해 개미들은 가슴에 있는 분비샘에서 만들어지는 항산화 물질을 이용한다. 안타깝게도 이 모든 노력으로도 몰아내기 힘든 앙숙이 있으니, 바로 기생 곰팡이 에스코봅시스(*Escovopsis*)다. 이 무시무시한 적수는 아주 짧은 시간에 버섯 재배실을 장악하고 군락을 끝장낼 수 있는 힘을 가지고 있다. 이 끔찍한 곰팡이를 내쫓기 위해 정원사개미들은 작디작은 아군에게 도움을 요청하는데, 바로 박테리아다. 박테리아는 개미 각피의 작은 굴곡 사이마다 살며 개미 분비샘의 분비물을 먹고 산다. 우리 몸의 겨드랑이 아래에도 우리가 흘리는 땀으로 배를 채우는 미생물들이 살고 있다. 우리 농부 개미의 몸에 사는 세균은 에스코봅시스를 무찌르는 항생 물질을 만들어 낸다. 버섯 재배실에서 일하는 개미들은 때로 이 박테리아를 덮어쓰고 있을 때도 있는데, 그 모습이 영화 〈스카페이스〉에서 백색 가루로 분칠했던 토니 몬태나를 연상시키기도 한다. 정원사개미 한 마리에는 최대 19종의 박테리아가 산다. 약품 상자에 빗댈 만한 이 박테리아는 수백만 년 동안 엄마로부터 딸에게로 전해 내려온 것이다. 인류의 경우에는 1928년 알렉산더 플레밍(*Alexander Fleming*)의 페니실린 발견 이후 1950년에서야 항생제 사용이 보편화되었으니, 조금 밀리는 감이 있다.

항생 물질을 살포한 뒤에도 에스코봅시스가 계속 커지면 개미들은 망설임 없이 이 침입자의 포자를 뿌리째 뽑아 먹어 치운다. 그러고는 통로로 달려 나가 쓰레기장 방으로 직행하여 먹은 것을 뱉어 낸다. 안타깝게도 이 방에 들어온 개미들은 다시 나갈 수 없다. 군락 내에서 모든 감염병을 막는 과정에서 세균으로 가득 차게 된 이 방에 들어온 개미들은 다시 버섯 재배실로 돌아가지 못한다. 새로 들어온 개미들은 이미 그 방에 있던 동료들 옆에서 쓰레기장의 입구에 놓인 모든 종류의 폐기물을 처리하게 된다. 그렇게 죽을 때까지 청소부 역할을 맡는 것이다. 쓰레기 처리는 잎꾼개미에게 매우 위험한 일로, 군락에서 가장 나이가 많은 일개미들이 맡는다. 우리와는 전략이 다르다고 볼 수 있다. 어린 새싹들이 아니라 죽음의 신을 스쳐 간 이들에게 가장 위험한 일을 맡기는 것이다.

잎꾼개미는 작물의 상태에 늘 주의를 기울인다. 한 실험에서 연구진은 강력한 살진균제를 머금은 나뭇잎 조각들을 수렵개미들이 다니는 길 근처에 두었다. 연구진은 특별히 아타가 유독 좋아하는 식물 스폰디아스 몸빈(Spondias mombin)을 골랐다. 수렵개미들은 이런 속셈은 꿈에도 모른 채 독이 묻은 나뭇잎 조각들을 굴까지 운반했다. 다음날 시험을 반복하던 연구진은 뜻밖의 장면을 보게 되었는데, 개미들이 전날에는 그처럼 좋아하던 나뭇잎 선물에 싫은 내색을 보이는 것이었다. 이 실험은 수많은 연구진에 의해 여러 식물종을 가지고 여러 번 반복되었지만 결과는 항상 동일했다. 약 열두 시간이 흐르고 나서 수렵개미들은 독이 묻은 식량을 단호하게 내버렸다. 몇 개월에 걸쳐 군락의 행동을 관찰하던 연구진은 개미들이 자신들이 좋아하던 나뭇잎 조각을 20주가 넘도록 거부하는 모습을 확인했다. 개미들이 교훈을 얻은 것이다!

현재로서는 이 개미들이 특정한 식물종을 가져가지 않게 된 메커니즘이 무엇인지는 알려지지 않았다. 과학자들의 가설은 정원사개미들이 나쁜 곰팡냄새를 식별할 줄 알며, 동료들이 최근에 가져온 식량 냄새와 나쁜 곰팡냄새를 연관 짓는 능력이 있다는 것이다. 개미굴에서 수렵개미는 재배실 안으로 들어오는 경우가 매우 드물어, 정원사개미가 버섯과 수렵개미 사이를 중개하는 역할을 한다. 버섯이 약해지는 징후를 보이면 정원사개미는 독이 묻은 나뭇잎 조각을 더 이상 사용하지 않고, 이 조각은 쓰레기장으로 옮겨진다.

정원사개미가 자기의 수확물에 내비치는 떨떠름한 기색을 본 수렵개미는 독이 묻은 나뭇잎 조각을 가져오길 멈추고 새로운 식물을 찾게 되는 것이다.

또한 연구진은 이러한 학습이 사회적으로 강화될 수도 있음을 밝혔다. 실험실에서 연구진은 독을 묻히는 동안 수렵개미 중 일부를 따로 빼놓았다. 연구진은 이 개미들에게 페인트로 점을 찍은 뒤 굴로 돌려보냈다. 이 개미들은 독이 묻은 줄도 모른 채 나뭇잎 조각을 군락으로 열심히 날랐다. 그러자 순진하게 독을 운반하던 이 개미들은 버섯 재배실에 도착하기도 전 개미굴로 돌아가는 길에서 독에 대해 알고 있던 동료들에게 호되게 질책당했다. 이 개미들은 운반하던 개미를 더듬이로 때리는가 하면 큰턱으로 물고 있던 나뭇잎 조각을 빼앗아 땅에 던졌다! 일장 연설을 들은 수렵개미들은 수확 활동을 멈추었다.

잎꾼개미와 잎꾼개미가 재배하는 버섯 간의 상호의존성은 절대적이기 때문에 서로가 다른 한쪽 없이 살아갈 수 없다. 아타는 엄마로부터 딸에게로 버섯을 물려주며 농업을 영속해 왔다. 공주개미는 혼인 비행을 하기 직전 버섯 재배실에 가서 버섯 섬유 뭉치를 떼어 입안에 소중히 보관한다. 그리고 굴을 떠나 한 마리 또는 여러 마리의 짝을 찾아 비행한다. 수태한 어린 여왕개미는 수직으로 굴을 판 뒤 그 바닥에 버섯 섬유를 토해내어 첫 번째 정원을 만든다. 버섯은 여왕개미의 알과 액체 배설물을 거름으로 삼아 첫 번째 일개미들이 태어날 때까지 증식한다. 2~3년 후, 군락은 200만 마리의 개체와 1,000여 개 이상의 정원을 갖게 된다. 로크포르 저장고도 저리 가라 할 규모다!

이처럼 대단한 업적을 보면 베르트 횔도블러(Bert Hölldobler)와 에드워드 윌슨이 잎꾼개미를 다룬 저서에서 남긴 말이 진정으로

와닿는다.

"다른 태양계에서 온 자들이 100만 년 전에 지구를 탐사했다면, 아마도 잎꾼개미의 군락을 보고 지구 역사상 가장 진보한 사회라고 생각했으리라……."

선악의 정원

오드레 뒤쉬투르

잎꾼개미는 버섯의 먹이를 모으기 위해 생명의 위협을 무릅쓰고 한 해에 수 킬로미터를 다닌다. 다음과 같은 질문이 떠오른다. "슈퍼마켓 안에서 살면 되는데 뭐 하러 매일 같이 슈퍼마켓에 가겠는가?" 긴 타원형 눈과 고혹적인 눈빛을 가진 땅벌 크기의 개미 프세우도미르멕스 페루기네우스(*Pseudomyrmex ferrugineus*)는 이처럼 편리한 전략을 선택했다. 이 개미는 돌아오지 못할지도 모르는 위험천만한 모험을 떠나지 않는다. 외모는 세련되었을지 몰라도, 이 중앙아메리카 개미는 당신이 괴롭히면 망설임 없이 침을 쏠 것이다. 이전에 보았던 슈미트 고통 지수에서 이 개미의 침 공격은 "스테이플러로 찍히기"와 같다는 평을 받았다. 우리 동료 중 한 명도 한 원정에서 이 개미에게 쏘인 적이 있다. 아무것도 모른 채 나뭇잎 하나를 만지던 그는 5초도 지나지 않아 소리를 지르며 거칠게 손을 뗐다. 이 매혹적인 외모의 개미가 준 고통에 놀라서였다.

'쇠뿔' 아카시아 위에 사는 이 개미는 '도마티아(*domatie*)'라고 불리는 나무 가시 아래쪽에 불룩하게 나온 곳 위에 집을 짓는다. 이 집은 비교적 널찍하고 안락하지만, 물이 금세 스며드는 경향이 있다. 열대성 강우가 내리는 동안 도마티아는 빠르게 잠겨 개미는 안

락한 집을 떠나야 하는 신세가 된다. 바깥으로 나오면 개미는 아주 독창적인 방식으로 물을 퍼낸다. 물을 마셔서 길어내는 것이다. 배가 터질 정도가 되면 개미는 들이붓듯 마셨던 물을 입이 아니라 항문으로 내보낸다. 이 과정이 그리 빠르지는 않지만, 손 닿는 곳에 양동이가 있지 않다면 할 수 있는 걸 해야 하지 않겠는가.

개미는 아카시아를 '베드 앤드 브렉퍼스트'처럼 이용한다. 아카시아는 쉽게 떨어지는 작은 돌출물인 '벨트체(corp beltien)'를 만든다. 수렵개미는 단백질과 지질이 풍부한 벨트체를 채집한다. 작은 씨앗을 닮은 이 기관은 잎사귀 끝에 달려 있다. 벨트체는 개미가 사는 아카시아에서만 만들어진다. 또한 아카시아는 잎으로 이어지는 잎꼭지 꿀샘이 발달해 있다. 작은 유방 모양의 이 기관에서는 꽃꿀이 분비되며 수렵개미는 이 주변에서 목을 축인다. 아카시아의 이러한 선물은 작은 손님들에게 필요한 모든 영양분을 제공하는 셈이다. 하지만 이 땅 위에 공짜란 없는 법, 개미들은 집과 끼니를 받는 대가로 초식 동물로부터 나무를 지켜 준다. 개미는 아주 미세한 진동이라도 느껴지면 빠르게 달려가 움직임의 주범을 확인한다. 만약 그 움직임이 염소로 인한 것이었다면, 개미들은 자신보다 200배는 큰 염소에게 달려들어 침을 쏘며 쫓아낸다. 만약 브라키오사우루스처럼 키가 23미터 정도 되는 동물이 우리 집을 뜯어먹고 있다면, 우리는 열쇠도 챙기지 않고 황급히 집을 떠날 것임이 틀림없다. 아카시아를 맛나게 뜯고 있는 것이 새끼 염소가 아니라 메뚜기일 경우에는 개미들이 잡아먹는다. 종일 단것만 먹다 보면 메뚜기목(orthoptère) 스테이크만큼 맛있는 별식도 없다.

우리 개미 친구들은 아카시아를 위한 치료사 역할도 한다. 개미의 다리에는 항생 물질을 분비하는 박테리아가 살고 있는데, 개미들이 매일 나무 위를 오갈 때 이 물질이 분사된다. 이러한 살균 물질 덕분에 아카시아는 박테리아 프세우도모나스 시린게(*Pseudo-monas syringae*)를 효과적으로 물리칠 수 있다. '박테리아성 혹병(*chancre bactérien*)'이라고도 불리는 이 박테리아는 식물의 껍질부터 침투하여 점차 전체를 망가뜨린다. 개미들은 이러한 경비원업무 외에도 원예사 역할까지 도맡는데, 주기적으로 나무에서 내려와 주변을 탐색하면서 제가 사는 아카시아가 햇빛, 영양분, 물 등을두고 경쟁할 가능성이 있는 모든 식물을 확인한다. 개미들은 잠재적 경쟁자의 뿌리를 뽑거나 자기의 숙주에 그늘이 지지 않도록 주변 나무의 잎사귀를 거침없이 다듬는다.

오랜 시간 동안 박물학자들은 이 개미와 아카시아의 동맹 관계가 공생적 본능이며 양쪽 모두 이 이러한 연합을 통하여 이익을 얻는다고 생각해 왔다. 이 동반자 관계가 공생의 모범적인 예시처럼언급되는 일도 많았다. 하지만 최근 한 연구진은 결속 관계처럼 보이는 이 관계가 겉모습에 불과하다는 사실을 발견했다. 사실 개미는 이 관계에서 포로와도 같은 처지로, 나무의 지배하에 살아간다는 것이다. 프세우도미르멕스 페루기네우스는 대부분 개미와 다르게 여러분이 설탕에 넣곤 하는 자당을 소화하지 못한다. 자당이 소화될 때 자당의 분자는 두 가지 필수 당인 포도당 분자와 과당 분자로 분해된다. 많은 장기가 지방과 단백질을 에너지원으로 사용할수 있지만, 뇌 같은 기관은 포도당만 사용할 수 있다. 이처럼 기묘한 특이성을 두고 연구진은 다양한 아카시아종이 분비하는 물질을분석했다. 우리 개미 친구들에게는 다행스러운 우연일까? 프세우도미르멕스가 집으로 사용하는 아카시아의 꽃꿀만이 자당이 아닌포도당과 과당을 함유하고 있었다.

왜 이 개미는 자연에도 아주 흔한 자당을 소화하는 능력을 잃게된 것일까? 기발한 연구진은 이 현상을 더 잘 이해하기 위해 어린 단계의 애벌레를 관찰해 보기로 했다. 아주 놀랍게도 어린 애벌레들은 자당을 아주 잘 소화할 수 있었다. 개미들은 나이를 먹으면서 이 능력을 잃게 되는 것이었다. 이와 같은 현상은 새로운 것은 아니다. 유당불내증 있는 사람을 한 번도 본 적 없다는 사람이 있을까? 이 별난 현상을 두고 연구진은 아카시아의 꽃꿀을 한 번 더 분석하되 이번에는 효소 함량에 집중했다. 분석 결과 아카시아 꽃꿀에는 자당 소화를 완전히 억제하는 효소인 키티나아제(chitinase)가 함유된 것으로 밝혀졌다. 개미는 애벌레들에게 꽃꿀을 먹임으로써 자신도 모르게 애벌레들도 숙주에 영원히 의존하도록 만들었던 것이다. 아직도 프세우도미르멕스와 아카시아가 동반자 관계라고 말할 수 있을까? 그보다는 오히려 배후 조종, 아니, 인질극에 가까운 관계다!

위험한 관계

앙투안 비스트라크

　우리는 학교에서 식물이 햇빛을 통해 에너지를 만들고 초식 동물에게 먹이로 이용되며 이 초식 동물은 또 육식 동물에게 먹힌다고 배운다. 육식 식물이 그토록 흥미로운 이유도 아마 이러한 법칙에 완전히 어긋나기 때문일 것이다. 대표적인 육식 식물 중 하나인 네펜테스(*Nepenthes*)는 섬세한 장식의 항아리를 연상케 하는 멋진 주머니를 가느다란 줄기가 정교하게 지탱하는 모양의 열대 식물이다. 이 식물은 색깔만 멋질 뿐 아니라 아주 감미로운 향기를 풍기며, 가까이 다가오는 곤충에게 꽃꿀을 조금 내어주기까지 한다. 이 식물에 매혹되는 곤충은 아주 많지만, 안타깝게도 입구 가장자리가 매우 미끄러운 이 주머니는 소화 효소가 가득한 산성의 액체로 차 있다. 수많은 개미가 그렇게 주머니의 밑바닥에 가라앉아 그 알록달록하고 아름다운 무덤에서 천천히 소화되고 만다. 이 식물은 주머니 내벽을 통해 소화된 물질을 흡수하며 다음 먹잇감을 끈기 있게 기다린다.

　18세기부터 탐험가들은 네펜테스에 사로잡혀 있었다. '네펜테스('ne'는 없음을, 'penthos'는 슬픔을 뜻한다)'는 말 그대로 '슬픔이 없음'을 의미한다. 식물학의 거장 칼 폰 린네는 호메로스의 《오디세이아》의 한 대목에 빗대어 이 식물의 이름을 붙였다. 이 대목에서 네펜테스는 납치당한 헬레네가 큰 슬픔을 잊도록 만드는 물약으로 나온다. 린네는 다음과 같이 설명한다.

"긴 여행 끝에 이 놀라운 식물을 찾은 식물학자 중 경탄해 마지 않을 이가 어디 있겠는가? 조물주의 감탄스러운 이 작품을 한 번 들여다보기만 해도 그 매력에 과거의 고통은 모두 잊힐 것이다!"

린네가 소화되는 중인 개미가 아니었다는 사실은 분명하다! 사실 그 시대에는 이 식물의 육식 습성은 아직 알려지지 않았다. 물이 담긴 이 신기한 주머니는 목마른 모험가에게 숲이 선사하는 물 한 잔처럼, 때로는 자연이 인간에게 주는 또 다른 선물처럼 여겨지기도 했다. 당대 한 박물학자의 말을 인용해 보겠다.

"뿌리는 햇볕의 도움을 받아 땅의 수분을 빨아들이며, 이 수분은 식물 안으로 올라왔다가 줄기들과 잎맥들로 다시 내려가고, 이 자연의 도구 안에 저장되었다가 인간의 필요를 충족하기 위해 사용된다."

한 세기가 흘러 다윈의 시대에는 '네펜테스의 황금기'라고 할 수 있을 정도로 네펜테스는 유럽 전역에서 대인기를 누렸다. 온실에 네펜테스를 가지고 있는 것이 유행이었으며, 수많은 탐험가가 과시하듯 새로운 종들을 묘사했다. 그중 한 명이 프레데릭 윌리엄 버비지(Frederick William Burbidge)로, 그는 보르네오 숲의 늪지로 모험을 떠났다가 신기한 모습을 보게 된다. 1880년에 출간한 저서에서 그는 네펜테스 비칼카라타(Nepenthes bicalcarata)라는 아름다운 자줏빛의 주머니와 속이 빈 줄기를 가진 종에 대해 묘사하며 이 줄기 안에 각진 머리를 가진 주황빛의 작은 개미가 살고 있다고 이야기했다. 이 개미는 100년이 지난 후 캄포노투스 슈미치(Camponotus schmitzi)라는 이름을 갖게 된다.

실제로 이 육식 식물의 줄기에는 부풀어 속이 비어 있는 주머니가 달려 있어서 개미는 작은 입구를 뚫기만 해도 군락을 위한 이상적인 집을 얻을 수 있다. 식물-숙주는 '도마티아'라고 불리는 기관을 가지고 있어 개미가 자신의 줄기에 살게끔 유도한다. 개미에게 돌아오는 이익은 바로 알 수 있다. 개미 처지에서는 집 열쇠를 쥐여 준 것이나 마찬가지다! 하지만 대개 공짜는 아니다. 식물은 도마티아를 만들어 낼 에너지가 필요하므로 결국 자연 선택에서 우위를 점하기 위해서는 그 대가로 조력을 받아야 한다. 네펜테스가 개미와 거래에서 얻을 수 있는 이익은 무엇일까?

버비지의 관찰 후 몇 년이 지난 1904년, 이탈리아 식물학자 오도아르도 베카리(Odoardo Beccari)도 보르네오섬을 방문하고 한 가지 가설을 제시한다. 개미가 주머니 속으로 들어온 곤충을 사냥하기도 하지만 스스로 주머니 밑바닥으로 들어가 숙주에게 조공을 바친다는 것이다. 언뜻 보기에는 그럴듯한 이 가설에는 한 가지 문제점이 있는데, 왜 네펜테스에 항상 같은 개미종이 사는지를 설명하지 못한다는 것이다. 소화의 대상이 되는 데에 특별한 적응이 필요한 것은 아니기 때문에, 어떤 개미든 (이것을 합의라고 부를 수 있다면) 이러한 합의를 따를 수 있는 것은 사실이다. 반대로 개미가 주머니 가까이에서 지내지 않는 경향을 띠게 된다면 식물에게 어떤 이익도 되지 않기 때문에 이 거래도 끝나고 말 것이다. 따라서 이 가설은 성립되지 않는다.

그로부터 77년 뒤인 1981년, 현재 캘리포니아대학교에 교수로 재직 중인 존 톰슨(John Thompson)은 새로운 이론을 제시했다. 바로 '개미 영양(myrmecotrophie)'의 한 예일 수 있다는 것이다. 이 용어는 말 그대로 개미(myrmeco)에 의한 영양 섭취(trophie)를 의미하는데, 식물이 개미가 버린 찌꺼기를 통해 영양을 취한다는 개념을 뜻한다. 당시 어떤 개미들이 먹고 남은 찌꺼기를 식물 속에 있는 흡수성 내벽으로 된 특별한 공간에 놓아둠으로써 자신의 식물-숙주와 공생하며 살아간다는 사실이 밝혀졌기 때문이다. 퇴비를 만드는 부엌 뒷방에 식물성 폐기물을 가져다 버리면 집이 더 커지고 튼튼해지는 것이다. 생활하는 방은 흡수성 소재가 아니라 더 단단한 내벽으로 되어 있어 개미는 사생활을 보장받을 수 있다. 미래의 친환경 주거에 대해 논할 때 고려해 볼 만한 아이디어다. 이 현상은 아주 기발한 방법을 통해 발견되었다. 연구진은 개미들에게 방사성 음식물을 먹여 영양 성분이 이동하는 경로를 추적했다. 며칠 동안 개미들 몸속에 있던 방사성 이온은 찌꺼기로 옮겨졌고, 그 뒤에 식물 조직을 통해 흡수되고 소화되었다. 식물은 작은 손님들에게 숙소를 제공하는 대가로 꾸준히 식량을 공급받는 것이다.

안타깝게도 우리 왕개미속(Camponotus) 개미와 네펜테스가 이러한 교환과는 관련이 없음은 오늘날 주지의 사실이 되었다. 육식 식물의 도마티아는 '퇴비 방'이 없고, 개미들은 식물 속에 음식 찌꺼기를 버리지도 않으며, 오히려 그와 반대로 개미들이 식물 속에 있는 쓰레기를 배출해 주기까지 한다. 그러니 답은 다른 곳에 있는 것이 분명하다.

9년 후, 횔도블러와 윌슨은 저서 《개미》에서 세 번째 가설을 내놓는데, 1,500쪽 분량의 이 책은 개미에 대한 바이블로 꼽힌다. 그들의 가설은 단순했는데, 식물이 숙소를 제공하면 개미는 그 대가로 식물을 뜯어 먹으려는 나쁜 초식 곤충을 사냥하여 제 점심으로 먹는 것이다. 식물과 개미 사이에 이루어지는 선의의 교환은 아주 흔하다. 자신의 식물-숙주를 보호하는 개미는 대개 식물 위를 돌아다니는 모든 낯선 대상에게 매우 공격적이다. 그러나 이 가설 또한 우리가 보고 있는 육식 식물의 경우에 문제가 있다. 네펜테스는

"내 아름다운 주머니 위로 산책이나 하다 가셔요"라고 말하는 듯, 곤충을 유인하려는 것이지 사냥하려는 것은 아니다. 잠재적 먹잇감이 다가오면 막아서며 성을 내는 보초병을 두는 것은 식물에게는 재앙과도 같을 것이다.

휠도블러와 윌슨의 책이 막 출간되었을 때, 이와는 완전히 다른 가설 하나가 젊은 호주 대학원생 찰스 클라크(Charles Clarke)의 머릿속에 싹트고 있었다. 네펜테스를 다루는 논문에 필요한 실험을 하기 위해 보르네오섬으로 떠난 그는 이 개미가 육식 식물과 예상 밖의 관계를 맺고 있다는 사실을 발견했다. 1995년 발표된 그의 논문에 따르면, 개미들은 식물 곁을 절대 떠나지 않고, 위험한 주머니 위를 돌아다니는 데 엄청나게 많은 시간을 보낸다. 이는 위험할 뿐만 아니라 아주 이상한 일인데, 왜냐하면 개미들이 식량을 다른 곳에서 찾을 필요가 없음을 의미하기 때문이다. 이 논문에 언급된 더 놀라운 사실은 개미들이 주머니의 미끄러운 내벽 위도 뛰어다니며 안쪽 면까지 돌아다닌다는 것이다! 또 인상적인 것은 개미들이 주머니 속 산성 액체에 직접 들어가 함정에 빠진 다양한 곤충을 잡는다는 사실이다. 개미들은 능숙하게 표면 장력을 뚫고 들어가 내벽을 따라 걷거나 수생 동물처럼 물속을 헤엄치며 주머니 깊은 곳을 살핀다. 이 개미들은 30초 이상 잠수할 수도 있다. 당연히 주머니 내벽을 거슬러 오르는 데도 전혀 어려움이 없으며 표피에서도 식물의 소화액으로 인한 부식은 전혀 보이지 않는다.

희생양의 몸이 수면 위에 떠올라 위치가 확인되면, 개미는 소화액에 뛰어들어 큰턱으로 사체를 물고 뒷걸음으로 올라오며 수면 밖으로 끌어낸다. 이 무거운 짐을 5센티미터 길이의 미끄러운 내벽을 따라 끌어올리는 작업은 무리를 지어 이루어지는데, 열두 시간이 넘게 이어지기도 한다! 개미들은 반쯤 소화된 사체를 내벽 위쪽에 있는 주름 아래로 옮기고 평화로이 절단한 뒤 잡아먹는다. 언뜻 개미들이 숙소 제공에 만족하지 못하고 숙주의 식사를 훔치는 것처럼 보인다! 균형이 잘 맞지 않는 관계처럼 보이는 상황이다. 왜 이 식물은 이처럼 교활한 개미들을 받아들이고 좀도둑질을 하도록 놔두는 걸까?

클라크는 흥미롭게도 개미들이 빈대, 바퀴벌레, 거대 개미같이 커다란 전리품은 격렬한 수중 전투를 방불케 함에도 가로채지 않는다는 사실을 발견했다. 그는 다음과 같은 실험을 하게 된다. 먼저 숲에서 500제곱미터 내에 분포한 네펜테스 비칼카라타 주머니 82개의 위치를 확인한다. 모기가 들끓는 늪지에서 린네가 200년 전 이야기했던 것처럼 하루의 고통을 잊게 해 주는 네펜테스를 찾기만을 바라는 그의 모습이 연상된다. 그가 고른 주머니 82개 중 개미가 사는 것은 45개뿐이었다. 이 젊은 과학자는 다음으로 이 주머니의 먹잇감이 될 캄포노투스 기가스(Camponotus gigas)를 채집했다. 몸길이가 3센티미터 정도 되는 이 거대한 개미는 조그만 캄포노투스 슈미치보다 여섯 배 크다. 그는 불쌍한 운명의 거대 개미들을 냉동시켜 잠재운 뒤, 82개의 네펜테스 주머니에 표본을 하나씩 넣었다. 그러고 난 뒤 매일 모든 개체를 찾아가 거대한 먹잇감이 빠져나왔는지 또는 잘 소화되었는지 관찰했다. 5일이 지나자, 개미가 살지 않는 주머니 속 액체 위로는 여전히 먹잇감이 떠 있는 모습을 볼 수 있었다. 반면 개미가 살고 있는 주머니에서는 먹잇감이 절반 이상 사라져 있었다. 개미들이 성대한 잔치를 벌인 것이다.

이 젊은 연구자가 발견한 더 놀라운 사실은 개미가 살지 않는 주머니 중 약 4분의 1에서 먹잇감의 사체가 떠올랐을 뿐만 아니라 액체가 뿌연 색으로 변하고 자극적인 냄새를 내며 부패했다는 것이다. 실제로 어떤 주머니는 스스로 소화할 수 있는 것보다 더 많은 먹잇감이 잡히면 액체의 산소 농도를 줄이는데, 이로 인해 주머니가 죽게 될 수도 있다. 식물 전체로 보면 치명적이지는 않지만, 주머니가 부패하는 것은 골치 아픈 문제로 식물에게도 큰 피해가 가는 것은 분명하다. 하지만 캄포노투스 슈미치가 주머니에 살면 이러한 부패는 사실상 아예 일어나지 않는다. 개미가 식물에게 아주 큰 도움을 베푸는 셈이다. 주머니 속에 빠진 큰 먹잇감을 끌어냄으로써 진수성찬도 즐기고 주머니의 건강도 지켜 주는 것이다.

이어 많은 추가 연구가 진행되었고, 오늘날에는 이 개미와 식물의 관계가 그보다 훨씬 더 심층적이라는 사실이 밝혀졌다. 사실 이 육식 식물은 아주 큰 양보를 하고 있다. 다른 네펜테스종과 달리, 네펜테스 비칼카라타의 주머니는 미끄러운 수액을 거의 분비하지 않는데, 이는 아마도 동반자인 개미들이 더 편안히 이동할 수 있도록 하기 위함으로 보인다. 그 대신 개미들은 깨끗한 상태를 유지하고 다른 곤충이 미끄러져 들어가기 좋도록 주머니의 표면을 주기적으로 청소해 준다.

함정의 효율을 최고로 높이기 위해 개미는 교활한 기술을 이용한다. 식물과 공생하며 사는 다른 개미종과는 달리 이 개미는 순찰을 전혀 하지 않고 자신의 식물을 탐색하러 온 낯선 곤충에게 놀라울 정도로 우호적인 태도를 보인다. 반대로 침입자가 공교롭게도 주머니의 안쪽 테두리를 향해 가면 매우 공격적으로 행동하여 다리를 깨물거나 발을 헛디뎌 넘어가게 만든다. 이렇게 떨어진 희생양이 다시 올라오지 못하고 소화액에 얌전히 잘 빠지는지까지 잘 확인한다. 이 개미가 존재함으로써 주머니에 잡히는 먹잇감은 세 배로 늘어난다.

사실 이 소화액이 그리 효과적이지 않을 때도 있다. 네펜테스 비칼카라타의 소화액은 다른 네펜테스종의 소화액보다 산도와 점도가 낮은데, 개미들이 손상 없이 소화액에서 헤엄을 칠 수 있는 것도 이 덕분이다. 이렇게 네펜테스 비칼카라타는 육식 식물이라고 불러도 될까, 하는 의문이 들 정도로 잡은 먹잇감을 소화하고 영양분을 흡수하는 능력을 크게 줄이게 된 것이다. 실제로 이 네펜테스종은 개미가 살지 않으면 주머니가 있든 없든 같은 속도로 자란다. 다르게 말하면 개미가 살지 않는 주머니는 에너지원이 되지 못하고, 이 개체는 육식 식물이 아닌 식물처럼 일반적인 잎을 통해서만 성장할 수 있다는 것이다. 반면 개미가 사는 주머니는 식물의 에너지 소화력이 좋아지며 큰 이익을 얻게 된다. 개미가 미끄러운 내벽 위쪽에서 먹잇감을 잡아먹으면 토막 나고 소화가 진행된 찌꺼기는 주머니에 버려진다. 개미는 소화되지 않는 커다란 먹잇감을 제거함으로써 주머니의 부패 위험을 방지할 뿐만 아니라 식물에게 훨씬 더 흡수하기 좋은 영양분을 제공하는 것이다. 즉 네펜테스는 소화하기 힘든 커다란 날고기 스테이크가 아니라 소화하기 좋은 다진 고기를 제공받게 된다. 개미는 스스로 위액을 분비함으써 식물의 소화 과정에서 분명한 역할을 맡게 되는 것이다.

찌꺼기가 개미의 집이 아닌 주머니 안에 버려졌다는 사소한 차이를 제외하면 이 현상도 개미 영양의 일종이니, 전반적으로 봤을 때 톰슨은 진실에서 그리 멀지 않은 곳에 있었던 것이다. 어떤 경우에는 이 개미도 초식 동물로부터 식물을 보호하기 때문에 횔도블러와 윌슨 역시 틀리지 않았다고 볼 수 있다. 앞서 보았듯이 캄포노투스 슈미치는 침입자가 제 주머니 안쪽 테두리에 접근하지 않는 이상 공격적인 태도를 보이지 않는다. 반면 2007년 한 연구진은 이 법칙에도 예외가 존재한다는 사실을 증명하기도 했다. 연구진이 개미들을 식물에서 분리하자, 바구미 한 마리가 네펜테스의 잎을 맛보려고 긴 코를 갖다 대는 듯하더니 아직 성장 중인 작은 주머니 싹에 구멍을 냈던 것이다! 반면 개미들이 있는 주머니에서는 바구미도 몸을 사려야 했다. 연구진에 의하면 개미들은 이 바구미를 다른 곤충과 구분할 수 있었을 뿐만 아니라 이 침입자가 식물에 착지할 때 일어난 진동에도 반응을 보였다. 이 바구미의 존재를 알아채지 못했을 때도 개미들은 바구미로 인해 손상된 네펜테스가 풍긴 냄새만으로도 전투 준비 반응을 보였다. 특히 이 냄새가 특정 네펜테스종에서 날 때 더 큰 반응을 보였는데, 이는 개미들이 자신의 식물 숙주와 긴밀한 관계를 맺고 있음을 잘 보여준다. 바구미를 알아본 개미들은 경보 페로몬을 분비하고 침입자를 향해 집단 공격에 들어갔다. 작은 전투원들보다 다섯 배는 커다란 이 침입자는 특별히 겁을 먹지는 않았지만, 식사 내내 괴롭힘을 당하다 결국 도망쳐야 했다. 매우 드물기는 하지만 개미들은 주머니 밑바닥에서 침입자를 쫓아내기도 했다. 먹는 놈이 먹힌 것이다!

네펜테스 애호가라면 육식 식물 관리가 쉽지 않다는 사실을 알 것이다. 하지만 캄포노투스 슈미치는 놀라운 적응을 통해 훌륭하게 그 일을 해냈다. 수백만 년간의 공진화(coévolution)로 얻어진 이러한 전문성으로 이 개미는 풍족한 숙소와 식량이 보장된 환경을 누릴 수 있게 되었고, 자신만이 세력권을 주장할 수 있는 곳을 갖게 된 것이다. 반면 행동의 특수성으로 인해 자신들의 식물 없이는 살아갈 수 없게 된 것처럼 보인다. 네펜테스 비칼카라타의 경우에는 개미 없이도 살 수 있지만, 성장이 제한적이며 성숙기에 도달하는 개체가 드물다. 반면 이 작은 동반자들과 함께 사는 네펜테스의 기관은 완전해지며 수명과 성장도 놀라운 수준에 이른다. 길이가 20미터까지 자라기도 하는데, 다른 네펜테스종과는 비교도 할 수 없는 기록이다. 린네가 이 식물에게 붙여 준 이름이 잘 어울린다는 사실을 인정할 수밖에 없겠다. 자립성을 잃고 때로는 소화 불량으로 고생하기도 하지만, 그 생물학적 성공을 보면 후회 없이 그 모든 고통을 잊을 수 있을 터다.

마농의 샘

오드레 뒤쉬투르

인간들과 마찬가지로 개미들의 농업도 가축 사육을 포함한다. 장미 나무에게는 아주 불행스러운 일이지만 많은 개미종이 진딧물을 키운다. 화석에 따르면 개미와 진딧물의 이러한 협력 관계는 300년 전엔 점신세(*Oligocène*) 초기부터 시작되었다. '검은정원개미(*fourmi noire des jardins*)'라는 이름으로도 알려진 개미 라시우스 니게르(*Lasius niger*)는 프랑스에서 가장 흔한 목축개미(*fourmi bergère*) 중 하나다. 유럽과 북아메리카에 사는 이 개미종은 기후가 온화한 환경에서 서식한다. 병정개미나 잎꾼개미처럼 특별한 개미에 비하면 비교적 평범한 개미이기도 하다. 우리 실험실에 들어와서 검은정원개미를 볼 수 있겠느냐고 묻는 사람은 아무도 없다. 쌀 한 톨만 한 크기에 평범한 갈색을 띠는 이 개미는 침을 쏘지도, 예리한 큰턱이나 뾰족한 침을 가지고 있지도 않다. 하지만 이 개미종은 수많은 연구자의 흥미를 끌며 장래의 개미학자를 즐겁게 하기도 한다. 라시우스 니게르 군락은 여러분도 단돈 15유로에 인터넷으로 구매할 수 있다!

검은정원개미는 진딧물을 돌보는 남다른 재능으로 유명하다. 진딧물은 흡관충류(*insect suceur*) 중 하나로, 실내 식물과 실외 식물 모두에서 자주 볼 수 있는 곤충이다. 당질은 풍부하지만 단백질은 비교적 적은 수액을 먹고 사는 진딧물은 필요한 단백질 영양분을 충족하기 위해 엄청난 양의 수액을 먹는다. 그러고 나면 진딧물은 과도하게 섭취한 당을 방울 형태로 배출하는데, 이 액체를 우리는 흔히 감로(*miellat*)라고 부른다. 진딧물의 항문에서 나오는 이 진득한 진액은 개미가 좋아하는 음식물 중 하나다. 개미는 진딧물의 배를 쓰다듬어 감로를 짜내기도 한다.

진딧물과 개미 사이의 공생 관계는 두 주체 모두가 이 합의에서 이익을 얻음에 따라 가능하다. 진딧물이 군말 없이 제 배설물을 제공하면 개미는 그 대가로 가축이 잘 먹고 안전히 지낼 수 있도록 돌본다. 여러분의 장미 나무가 더 이상 영양분이 풍부한 수액을 제공할 수 없게 되면, 개미는 제 진딧물을 근처의 다른 장미 나무로 옮긴다. 진딧물 무리를 공격하려는 무당벌레 같은 포식충이 보이면 목축개미는 공격적으로 쫓아낸다. 개미는 '위생 및 안전' 조사관 역할까지 도맡아 진딧물과 진딧물의 알이 병원체에 오염되지 않도록 늘 확인한다. 개미는 쉼 없이 진딧물을 씻기고, 아주 사소한 것이라도 감염 징후가 보이면 진딧물을 격리하며, 진딧물이 기생충에 감염되었을 때 주저하지 않고 잡아먹는다. 곰팡이가 슬까 봐 나뭇잎이 깔린 바닥에 널려 있는 허물을 줍기도 한다. 일상적인 점검을 하는 동안 개미는 포식자가 제 진딧물 무리에 알을 낳아놓은 것을 발견하면 망설임 없이 먹어 치우거나 바깥으로 치워 버린다.

우리가 기르는 소에 애정을 느끼듯 개미는 제 진딧물을 무척이나 아낀다. 개미는 제 진딧물을 알아보며, 자기가 키우는 것은 잡아먹기를 꺼린다. 반면 경쟁 관계에 있는 군락의 진딧물 무리를 잡아먹는 데에는 전혀 거리낌이 없다. 목축개미는 진딧물을 쓰다듬을 때 제 냄새를 묻힘으로써 제 진딧물을 다른 개체와 구별한다. 개미는 늘 가축의 크기를 조절하며, 번식이 너무 빨리 진행되면 실속이 없는 개체를 가차 없이 희생시킨다. 한 개미 군락에서는 진딧물을 하루에 150마리까지 죽이기도 하는데, 이는 평균적으로 진딧물 무리의 5퍼센트에 해당한다. 젖소들과 마찬가지로 진딧물도 여러 종이 있고, 감로의 질, 생산량, 번식 능력, 성장 속도 등에 따라 구별된다. 야무진 개미는 더 능률이 좋은 가축을 위해 자기가 키우던 진딧물을 스스럼없이 내버린다. 새로운 가축을 데려오기 편하도록 키우고 있던 진딧물 무리를 먹는 목축개미도 있다!

보통 굶주린 약탈꾼의 공격이 반복되면 여러분의 장미 관목은 약해지고 수액의 질 역시 크게 낮아진다. 이와 같은 조건에서 진딧물은 날개를 발달시켜 살고 있던 장미 나무를 버리고 근처의 다른 장미 나무로 옮겨 간다. 개미는 제 요깃거리가 다른 세상으로 떠나려는 모습을 그리 고운 시선으로 보지 않는다. 그래서 개미는 우리가 닭에게 하는 것처럼 가축이 날기 전에 날개를 잘라 버린다. 개미는 진딧물에게 이완 작용이 있는 화학 물질을 사용하기도 한다. 그러면 진딧물은 온순해지고 이동할 때도 더 느려진다.

여러분도 진딧물이 장미 나무가 잎을 떨구는 겨울에는 사라졌다가 봄이 오면 마법처럼 다시 나타나는 모습을 십중팔구 보았을 것이다. 사실 가을에 기온이 낮아지면 개미는 진딧물알을 옮겨 굴속의 방으로 이사시킨다. 이 방에서 진딧물 알은 이상적인 온도와 화목한 분위기를 즐긴다. 봄에 진딧물 알이 부화하면 목축개미는 이 알을 다시 여러분의 장미 나무로 옮긴다. 하지만 이 수액을 빨아먹는 몹쓸 진딧물을 보호하는 개미를 박멸하기 전에 잠시 기다려 보시라. 진딧물이 배설한 감로를 먹은 개미는 진딧물 배설물로 심해지는 검은 곰팡이나 그을음병과 같은 몇 가지 식물병을 예방해 주기도 한다. 이러한 병원체는 잎사귀를 질식시키고 여러분의 장미 나무들의 성장을 크게 저해할 수도 있다. 두 가지 해악 중 하나를 고르라면 작은 것을 선택해야 하지 않겠는가.

잠수종과 나비

오드레 뒤쉬투르

곤충이 자신만의 가축 무리를 가질 수 있다는 것은 꽤나 놀라운 사실이다. 이제부터는 가축을 위해 축사까지 짓는 개미에 대해 알아보자. 이와 관련하여 생태학자 개리 로스(Gary Ross)는 목수개미 캄포노투스 아트리쳅스(Camponotus atriceps)에 대한 흥미로운 이야기를 들려준다. 멕시코와 중앙아메리카의 열대 지역에 사는 이 개미는 오래된 나무 그루터기나 울타리 말뚝, 집의 들보 안에 굴을 짓는다. 밤이면 들과 여러분의 부엌으로 다니며 달콤한 주전부리를 찾는다. 나비 전문가인 개리 로스는 멕시코 베라크루스의 산타마르타 화산 비탈에 서식하는 아나톨레 로시(Anatole rossi) 표본의 행동을 연구하던 중이었다. 그가 이 개미와 만나게 된 것은 꽤 우연적 계기에 의해서였다.

아나톨레 로시는 작은 대극과(Euphorbiaceae) 식물 위에 알을 낳는다. 알에서 부화하여 나온 애벌레는 나뭇잎 안쪽 면 위로 비단 카펫을 짜고 낮 동안 그 위에서 몸을 피한다. 그리고 밤이 되면 나타나 나뭇잎을 먹어 치운다. 로스는 애벌레가 낮 동안 사라졌다가 밤이 오면 마법처럼 나타나는 모습을 종종 보았다고 이야기한다. 비단 카펫 옆으로 옮겨 갔을 것으로 생각한 그는 잎사귀를 하나하나 자세히 확인해 보았지만 허사였다. 그는 탐색의 영역을 넓혀 관목의 하단을 살펴보기 시작했다. 유감스럽게도 애벌레는 여전히 보이지 않았다. 며칠 낮 동안 애벌레를 찾아 바닥을 기어다니던 개리는 그곳에서 밤을 보내는 한이 있어도 잎사귀를 갉아 먹느라 바쁜 애벌레 한 마리 앞에서 꼼짝하지 않고 기다려 보기로 했다. 그제야 그는 이 애벌레가 혼자 있는 게 아니라는 사실을 확인했다. 이 애벌레는 개미들과 함께였다. 이 박물학자는 처음에는 이 개미들이 애벌레를 저녁으로 먹으려는 의도로 접근한다고 생각했다. 하지만 몇 초 뒤, 애벌레가 얌전히 잎사귀를 먹는 동안 개미들이 더듬이로 애벌레를 쓰다듬는 모습을 볼 수 있었다. 날이 밝자 이 박물학자의 눈에 놀라운 광경이 눈에 들어왔다. 개미들이 애벌레를 데리고 식물을 떠나 아주 작은 땅굴로 들어가는 것이었다. 그러고는 작은 흙덩어리로 안쪽에서 굴의 입구를 막았다. 로스는 얼이 빠져 밤을 새운 탓에 헛것을 본다고 생각했다. 식물에 가까이 다가간 그는 식물 아래에 저마다 땅굴이 있고 그곳에 애벌레 1~3마리가 개미 몇 마리와 함께 있는 모습을 발견했다! 이 장면에 매료된 그는 더 머무르며 이 이상한 조합에 관한 연구에 시간을 할애하기로 결심하게 되었다.

　로스는 관찰을 통해 애벌레의 몸통 앞쪽에 난 돌기에서 개미를 끌어당기는 페로몬이 분비된다는 사실을 발견했다. 몸통 뒤쪽에는 목축개미가 접촉하면 펼쳐지는 두 개의 촉수 기관도 있다. 개미가 더듬이로 쓰다듬으면 애벌레는 촉수 말단에서 달콤한 액체 방울을 분비한다. 애벌레가 이처럼 달콤한 향기를 풍기면 개미는 애벌레의 등 위로 달려들어 그토록 좋아하는 감로를 빨아먹는다. 배를 채운 개미는 식물 아래쪽 땅속으로 피난처를 짓는다. 이 땅굴이 지름 1.5센티미터에 깊이 2센티미터가 되면, 개미는 다시 애벌레에게 돌아가 톡톡 두드리며 식물에서 내려올 것을 권유했다. 그렇게 애벌레가 땅으로 내려오면 목축개미는 애벌레를 축사 역할을 하는 땅굴로 밀어 넣은 뒤 안쪽에서 입구를 봉인하고 낮 동안 제 가축과 함께 은거에 들어가는 것이었다. 땅거미가 지면 목축개미는 입구를 열고 식물 위에 올라가 포식자가 있지는 않은지 둘러본다. 다른 곤충이나 거미를 마주치면 개미는 그 즉시 상대를 강력한 큰턱으로 붙잡고 식초를 연상시키는 냄새의 개미산을 뿌린 뒤 서둘러 내쫓는다. 순찰이 끝나고 나면 목축개미는 애벌레를 이끌고 축사에서 나와 식물로 올라와서 먹이를 먹인다. 여명이 밝기 직전 애벌레는 다시 축사로 옮겨져 다시 낮 동안 갇히게 된다.

로스는 개미들이 겨울이 다가오면 깊이가 15센티미터가 되도록 축사를 넓힌다는 사실을 발견했다. 터널을 이렇게 깊게 파는 이유는 아마도 애벌레를 추위로부터 막기 위함일 것이다. 겨울 동안 애벌레는 휴식에 들어가는데, 먹이를 먹기 위해 때때로 나타나다가 완전히 움직임을 멈추고 번데기를 만든다. 개미는 파수꾼처럼 번데기 곁에서 지내며 번데기가 변태할 때까지 지킨다. 개미는 식사를 하러 갈 때만 집을 떠나는데, 애벌레가 번데기 안에 갇혀 있을 때는 감로를 내지 않기 때문이다. 또한 개미는 다른 동료들과 자주 교대를 한다. 로스는 개미에 페인트로 점을 찍어 교대가 48시간마다 이루어진다는 사실을 밝혀냈다. 놀랍게도 목축개미는 자신도 모르게 수십 년 동안이나 이 나비를 필멸의 운명으로부터 지켜준 것으로 드러났다. 로스에 따르면 실제로 이 지역에서는 봄마다 식물의 생장을 촉진하기 위해 관목을 태웠기 때문에, 의도치는 않았지만 관목에 살고 있던 나비 번데기가 모두 불타기도 했다. 이 축사에 들어갔던 개체들만이 이 불구덩이를 피할 수 있었던 것이다.

이리하여 나비는 불지옥과 죽음을 피할 수 있게 도와준 목수개미와 협약서에 도장을 찍게 된 것이다.

제5장

네 번째 시련
식량 운반하기

무게를 견뎌라

앙투안 비스트라크

이 지구상에 존재하는 단 하나의 단봉낙타 야생 개체군이 어디에 서식하는지 알고 있는가? 바로 호주다. 인간에 의해 수입된 이래로 단봉낙타는 이 척박한 대륙에서 빠른 속도로 증식했는데, 호주 덤불 지대 주민들에게 심각한 문제가 될 정도다. 그런 이유에서 이 지역에서는 식용 판매를 위해 단봉낙타를 죽이는 것이 합법이다. 이 지역의 식당 메뉴판에서는 단봉낙타 고기로 만든 '낙타 파이'를 찾아볼 수 있다. 이론상으로는 소총 한 자루면 낙타를 도살할 수 있다. 하지만 우리 호주 친구들의 고생이 시작되는 때는 이 작업이 끝나고 나서이다. 가장 가까운 식당까지 500킬로그램의 사체를 어떻게 옮길 것인가? 전 세계에서 수십억 마리의 개미가 이와 똑같은 문제를 매일 같이 마주한다. 자신보다 더 무거운 먹잇감을 잡는 것이 실리적이기는 하지만 집으로 옮길 수도 있어야 하지 않겠는가. 단독으로 활동하는 수렵개미의 경우 전리품을 운반하기 위해 의지할 것이라곤 자기의 능력뿐이기에 더욱더 어려운 문제다. 수렵개미가 선택하는 해결책은 단순하다. 바로 힘을 쓰는 것이다.

미디어에서 종종 비추어지는 개미들은 제 몸무게보다 100여 배, 1,000여 배 더 무거운 것을 든다. 사실 이 주제를 다룬 몇 안 되는

138

연구는 그보다는 대단치 못한 결과를 보여준다. 언론의 혼동은 몇몇 개미들이 아주 무거운 하중을 드는 게 아니라 버틸 수 있다는 사실에서 비롯된다. 베짜기개미(fourmi tisserande)가 식탁 가장자리에 매달려 어린 새 한 마리를 큰턱으로 붙들고 있는 유명한 사진도 있지 않은가. 이는 평균 체격의 성인이 에어버스 A320 항공기를 건물 한 채 높이에서 이로 물어서 들고 있는 것과 같다. 짐을 땅에서 들어 큰턱으로 물고 허공에서 든다고 했을 때 그 결과는 그리 인상적이지 못하다. 개미는 '고작' 제 몸무게의 6~8배에 해당하는 무게를 감당할 수 있기 때문이다. 그래도 모든 차이를 고려해 보았을 때, 그 정도의 힘이라면 70킬로그램의 호주인이 죽은 단봉낙타 한 마리를 들고 식당까지 가기에는 충분하다.

개미의 문제는 거대한 물건을 들어 올리는 것 자체보다는 들고 이동하면서 균형을 잃지 않는 것이다. 단봉낙타 한 마리를 겨우겨우 들고 나면 무게 중심의 위치가 크게 달라지지 않겠는가. 개미는 균형을 유지하기 위해 다리를 평소보다 훨씬 더 넓게 벌려 보지만 여전히 역부족이다. 무거운 전리품을 운반하던 개미가 갑작스레 균형을 잃으며 공중으로 튕겨 나가고, 거대한 짐은 바닥에 으스러지는 모습을 드물지 않게 볼 수 있다. 수렵개미의 삶이 늘 쉽지만은 않다.

짐이 짊어질 수 없을 만큼 너무 무거울 때 개미는 다른 전략을 취하게 된다. 큰턱으로 물체를 움켜잡고 뒤쪽을 향해 끌어당기는 것이다. 여러분이 소파를 옮길 때 쓰는 방법과 똑같다. 그런데 과연 이 방법이 어느 정도 효율적일까? 1965년 영국 헐대학교의 한 연구자가 던진 질문이다. 그의 연구 대상은 얼룩개미(Formica lugubris)로, 북유럽 침엽수림에 서식하며 갈색과 검은색을 띠는 작은 개미다. 이 개미 군락은 길가에 보이는 소나무잎으로 돔 형태의 집을 짓는다. 하지만 불개미속(Formica) 개미 중 여러 종이 이런 유형의 집을 짓기 때문에 얼룩개미가 맞는지 확인하려면 개미의 머리에 난 털의 분포를 살펴보아야 한다. 이 연구자가 특별히 얼룩개미를 선택한 것은 이 개미가 영국 전역에 널리 퍼져 있어 자신의 대학 바로 옆에 있는 아름다운 공원에서 실험을 진행할 수 있기 때문이라는 타당하고 단순한 이유에서였을 것이다. 45쪽 분량 저작의 한 항목에서 그는 이 개미의 견인력을 측정하는 데 사용한 매우 기발한 방법을 설명한다. 살이 통통한 먹잇감에 매어놓은 가는 실을 유리 섬유로 만든 수평 막대에 묶고 개미가 미끼를 발견할 때까지 기다린다. 먹잇감이 들 수 없을 정도로 무거우므로 개미는 뒤로 걸으며 끌기를 시도한다. 그러면 먹잇감에 달린 실이 늘어나면서 유리 섬유가 저항을 일으키며 휘기 시작하고, 개미가 끌어당길수록 저항도 더 커진다. 벽에 걸어 놓은 고무줄을 당길 때 뒤로 물러날수록 고무줄이 더 단단해지는 것과 같은 원리다. 가장 힘껏 당겼을 때 고무줄의 길이를 재면 여러분이 낼 수 있는 견인력의 크기를 계산할 수 있다. 실험 결과, 8밀리그램의 작은 개미들이 낼 수 있는 견인력은 개미 몸무게의 40배에 달하는 무게인 300밀리그램이었다. 이는 70킬로그램의 호주인이 단봉낙타 다섯 마리하고도 반 마리를 망태기에 담아 끄는 것과 마찬가지다. 파이를 많이 만들고 팔 수 있는 양이다. 이 실험에서 개미의 견인력을 제한하는 요인은 바닥에 다리를 지지하는 문제였던 것으로 보인다. 장력이 최고에 달한 섬유에 매달린 먹잇감을 잡아당기던 개미는 결국 미끄러져 앞으로 나동그라졌다. 큰 충격에도 불구하고 개미 대부분은 포기하지 않았다! 필사적으로 미끼를 붙드는 개미에 흥미를 느낀 연구자는 핀셋으로 개미의 뒷다리를 잡고 턱의 힘을 측정했다. 그의 설명에 따르면 1,000밀리그램(개미 몸무게의 125배)에 달하는 힘에도 개미는 먹잇감을 놓지 않았다! 잠시 이 실험을 인간으로 바꾸어 설명해 보겠다. 다리에 8톤(단봉낙타로 치면 열여섯 마리)이 나가는 매머드를 달고 턱을 쓸 순 없으니 팔로 봉에 매달려 있는 인간을 상상해 보라! 물론 인간은 그 무게를 버티게 되면 몸이 찢어질 테니 매머드와 분리되고 말 것이다.

개미의 힘이 인상적이긴 하지만, 모든 것은 관점의 문제다. 여기서 제대로 이해할 필요가 있는, 직관에 반하는 자연 현상이 하나 등장한다. 여러분의 몸무게는 몸의 체적(부피)에, 근력은 몸의 넓이(표면적)에 따라 달라진다. 그 결과, 몸의 크기를 키우면 근육의 성능은 몸무게가 느는 속도보다 느리게 늘어난다. 페더급 역도 세계 챔피언 엄윤철이 150센티미터대의 작은 키에도 자기 몸무게의 세 배나 되는 무게(169킬로그램)를 드는 반면, 197센티미터의 중량급 챔피언 라샤 탈라카제(Lasha Talakhadze)가 자기 몸무게의 1.5배(264킬로그램)를 가까스로 들어 올리는 이유가 바로 여기 있다. 물론 264킬로그램도 단봉낙타 반 마리 정도 되는 무게이기는 하다.

헤라클레스를 연상케 하는 개미의 힘은 개미가 사는 축소형의 세계에서는 물리 법칙이 우리가 사는 세계에서와는 다르게 적용된다는 사실에 근거한다. 소우주(microcosme)에서는 모든 것들이 넓은 표면과 작은 부피를 가지고 있는데, 물 한 방울도 끈끈한 방울처럼 변하고 개미의 표피가 거의 불멸의 것이 되는 것도 바로 이런 이유에서다. 이 현상을 가리켜 '규모 효과(effet d'échelle)'라 부른다. 그러니 곤충과 인간의 능력을 직접적으로 비교하는 것은 부당하다고도 볼 수 있겠다. 하지만 이러한 비교는 개미의 재능을 찬양하기 위해서가 아니라 개미의 세계를 더 잘 이해하도록 도와준다는 점에서 흥미롭다. 이 세계에서 개미는 아주 강한 몸과 거인의 힘을 가진, 기가 막히게 놀라운 페로몬을 사용하는 슈퍼히어로다. 사실 이렇든 저렇든, 그저 흥미롭지 않은가.

    이제 여러분은 개미 한 마리가 가진 능력에 대해서도 알게 되었다. 다음 장에서는 수렵개미들이 식량을 집으로 가져오기 위해 고안해 낸 천재적인 방법들을 살펴보자.

반지 원정대

오드레 뒤쉬투르

우리는 개미가 집단 사냥에 뛰어나며 제 몸무게보다 1만 배나 더 무거운 먹잇감을 쓰러뜨릴 수도 있다는 사실을 확인했다. 전리품을 획득한 개미는 굶주린 동료 수천 마리가 기다리고 있는 집까지 먹잇감을 옮겨야 한다. 수렵개미의 힘이 엄청나긴 하지만, 혼자서는 지렁이나 도마뱀 한 마리도 옮길 수 없다. 두 가지 방법이 있다. 그 자리에서 먹잇감을 조각내어 굴로 나르거나 조를 이루어 함께 옮기는 것이다. 종과 결집도에 따라 운반 과정의 효율성은 다소 달라진다.

미친개미(fourmi folle)라는 이름으로도 알려진 파라트레키나 론기코르니스(Paratrechina longicornis)는 무시무시한 사냥꾼이다. 이 개미의 학명은 몸통만큼 긴 더듬이 길이에 기원한다. 별명은 덥수룩한 털이 아니라 어수선하게 이동하는 모습 때문에 붙었다. 미친개미는 상상 속의 괴물에게 쫓기는 것처럼 마구잡이로 방향을 바꾸며 아주 빠른 속도로 움직인다. 열대 아프리카가 원산지인 것으로 추정되며, 전 세계에 온화한 기후를 가진 지역에 널리 퍼져 있다. 사는 곳에 있어서는 그리 까다롭지 않아 쓰레기와 오물, 썩은 나무, 보도, 전선관 속에 산다. 기회주의적으로 행동하는 이 개미는 먹을 수 있는 것이라면 무엇이든 굴로 가져온다.

이스라엘 바이츠만 연구소의 연구진은 놀라운 장면을 목격한 뒤 미친개미의 집단 운반 문제를 연구하기로 했다. 대학 캠퍼스의 고양이들에게 먹이를 준 어느 날 오후, 마법에 걸린 것처럼 생명을 얻어 잔디 위를 동분서주하는 사료 알갱이들을 발견한 것이다. 다가가 보니 미친개미 무리가 이 수상한 광경의 원인이었다. 몇 분간 관찰한 결과, 연구진은 이 사료 도둑들이 큰 갈지자걸음을 걸으며 굴로 돌아간다는 사실을 발견했다. 그때 한 가지 질문이 그들의 머릿속을 스쳤다. 사료 한 톨을 여럿이 함께 옮기면서 어떻게 방향을 잡는 걸까? 스무 명 남짓의 친구들과 함께 이로 코끼리 한 마리를 물어 옮긴다고 상상해 보라. 코가 코끼리를 향해 있으니 길을 보기 매우 어려워진다. 무리를 지어 먹잇감을 옮기려면 개미들은 합을 맞추고 힘을 합쳐 굴을 향해 가야 하는 중대한 도전을 해야 한다.

이 집단 운반 현상을 연구하기 위해 연구진은 가장 먼저 수렵개미들의 가슴에 페인트로 조심스레 점을 찍어 각 개체를 구분했다. 그러고 난 뒤 치리오스 시리얼을 개미들에게 주었다. 고양이 사료를 쓰는 의견은 금세 폐기되었는데, 캠퍼스 안을 돌아다니는 고양이들이 진행 중인 실험을 먹어 치우고는 했기 때문이다. 개미들은 이 반지 모양 시리얼을 발견하고는 주변을 둘러싸더니 큰턱으로 붙든 채 다 함께 굴 방향을 향해 끌고 갔다. 짐을 옮기는 동안 개미는 여러 차례 뒤로 물러나 무리와 멀어지기도 했다. 그러다 무리가 방향을 잃는 모습이 보이면 떨어져 있던 개미는 빠르게 무리에 합류하여 시리얼을 물고 권위적인 리더처럼 개미굴 방향으로 강하게 끌어당겼다. 이 개미의 고집에 체념한 다른 개미들은 새롭게 주어진 방향을 향해 보조를 맞추어 움직였다. 축구팀과는 다르게 미친개미들은 20초마다 주장을 바꾼다. 실제로 리더를 자청했던 개미는 다시 금세 짐꾼 역할을 맡고, 동료 개미 중 한 마리가 다음 작업에서 리더 역할을 맡는다. 이 운반 시스템에서 어떤 개미들이 두뇌로서 행동하면 나머지 개미들은 근육 역할을 담당한다. 미친개미들은 집단으로서 아주 훌륭하게 기능하지만, 이는 오로지 무리가 열 마리 이상일 때만 가능하다. 그렇지 않은 경우 개미들은 저마다 다른 방향을 향하고 무리는 방향을 잃게 된다. 연구진은 종종 미친개미 몇 마리가 지원군 없이 시리얼을 옮기려고 하면서 시리얼 위에 앉아 광분한 듯 끌어당기는 모습을 발견하기도 했다.

초원이나 대학 캠퍼스처럼 트여 있는 환경에 사는 미국 숲개미(fourmi des bois) 포르미카 인체르타(Formica incerta)의 대장 역할은 더 안정적이다. 아무리 애를 써도 혼자서는 옮길 수 없는 먹잇감을 발견한 개미는 굴로 돌아가 무리를 모은다. 발견한 먹잇감의 무게를 제대로 파악하지 못한 개미는 충분한 수의 무리를 모으지 못할 때도 있다. 그럴 때는 다시 굴로 돌아가 동료들을 추가로 모집해야 한다. 안타깝게도 처음 동원된 무리는 리더가 없어 얌전히 기다리지 못하고 뿔뿔이 흩어지기도 한다. 두 번째 부대를 데리고 먹잇감 근처에 돌아온 대장은 자리를 뜬 부대원들을 데려오기 위해 다시 또 무리를 두고 떠나야 하고, 이렇게 끝없는 하루가 이어지기도 한다. 이 개미종에서는 대장만이 무리를 움직이고, 대장만이 도움을 구하러 갈 수 있다. 무리를 인도하려면 대장은 먹잇감 운반의 시작부터 끝까지 자리를 지켜야 한다. 리더라는 역할을 제외하면 이 개미에게 특별한 점은 전혀 없다. 다음날이면 다른 대장이 모집하는 무리의 일원이 되어 여유를 즐기게 될 수도 있다.

집단 운반의 전문가는 남아시아가 원산지인 약탈개미(fourmi maraudeuse) 파이돌로게톤 디베르수스(Pheidologeton diversus)다. 이 종의 일개미 중 병정개미라고 불리는 개체들은 가장 작은 일개미들보다 열 배 더 큰 머리를 가지고 있으며, 몸무게도 500배 더 무겁다. 공룡만 한 자매들과 찍은 가족사진을 상상해 보라. 약탈개미 군락은 수십만 마리로 이루어져 있고, 이 개미들은 기질이 사나워 길에서 마주치는 모든 생물체를 공격한다. 약탈개미의 깨물기 공격은 무시무시하다. 사냥을 떠나는 약탈개미는 고속도로를 닦으며 일렬종대로 이동하는데, 이때 길 위에 있는 모든 방해물을 옆으로 밀어내며 벽을, 때로는 아치형 통로를 만들며 길을 보호한다. 약탈개미는 제 몸무게보다 1만 배 더 무거운 먹잇감도 땅 위로 끌기보다는 들어 올리는 것을 선호한다. 우리가 여럿이서 소파를 옮길 때처럼 약탈개미도 먹잇감을 들어 올리고 운반할 때 저마다 조금씩 다른 임무를 수행한다. 앞쪽에 선 개미들은 뒷걸음을 걸으며 짐을 뒤쪽으로 끈다. 뒤쪽에 있는 개미들은 앞을 향해 걸으며 짐을 민다. 가장자리에 선 개미들은 무리가 움직이는 방향으로 몸을 살짝 기울인 채 게처럼 옆으로 걷는다. 역할 분배가 처음에는 혼란스러워 보이지만, 어느 순간 마법처럼 움직임이 단정하고 정돈된다. 이 행렬에 가까이 다가가면 작은 개미들이 먹잇감 위에 앉아 있는 모습이 보인다. 무임승차를 하는 것처럼 보이기도 한다. 하지만 속지 마시라, 이 개미들은 허공을 휘저으며 제 일용할 양식을 필사적으로 훔치려 드는 육식성 파리로부터 먹잇감을 지키는 중이다!

어떤 개미는 먹잇감을 짊어지는 것보다 땅 위로 끄는 것을 선호한다. 렙토게니스 치아니카테나(*Leptogenys cyanicatena*)가 그 예로, 캄보디아에서 볼 수 있는 개미다. 청색의 광이 도는 몸에 뾰족한 침을 가진 이 개미는 무리를 지어 사냥한다. 렙토게니스의 공격대에는 수백 마리까지 동원된다. 완전무장을 한 이 특공대원들은 다지류를 아주 좋아하지만, 지렁이나 달팽이에도 만족한다. 다지류는 튼튼하고 분절된 외골격(*exosquelette*)으로 아주 작은 위협에도 몸을 둥글게 말아 자신을 보호할 수 있어 개미가 다지류를 공격하는 경우는 드물다. 또한 꽤 공격적이기도 해서 위협을 느끼면 적을 향해 머리에서 사이안화물(cyanure)을 내뿜는다. 그리고 결정적으로, 다지류는 개미보다 최대 2,000배 더 무겁다. 이것이 도전이 아니면 무엇이겠는가!

이 다윗과 골리앗의 대결을 더 잘 이해하기 위해 연구진은 개미와 다지류 간의 접전을 다수 관찰했다. 식량을 찾아 종횡무진으로 움직이는 렙토게니스의 공격대를 발견한 연구진은 개미 부대의 경로에 거대한 다지류 한 마리를 놓아두었다. 처음엔 개미 몇 마리가 다지류에게 다가와 조심스레 더듬이로 만져본 후 뒤로 물러나 기다리자, 다른 개미들이 먹잇감을 둘러싼다. 어떤 움직임도 감지하지 못한 다지류는 다시 발걸음을 뗀다. 그러자 개미 한 마리가 갑작스레 그 앞에 다가오더니 다지류의 앞다리를 집중적으로 공격하기 시작한다. 다지류는 반사적으로 몸을 돌리다 제 아킬레스건을 드러내고 만다. "아뿔싸" 하기도 전에, 단 한 번의 움직임에 매복 중이던 사냥꾼들이 모두 달려들어 먹잇감의 급소인 수많은 다리 사이사이에 집중포화를 퍼붓는다. 다지류는 꽁무니를 휘두르며 크게 꿈틀거린다. 개미들은 요란한 로데오 경기를 하듯 다지류에 매달리고, 가장 끈질긴 개미들이 남는다. 20분쯤 지나자 다지류는 슬슬 힘이 빠지는 기미를 보이고, 우리 카우걸들은 안장 위를 지키고 있거나 땅에 떨어졌다가도 빠르게 다시 말에 올라탄다. 수백 방의 침을 맞고 기진맥진 마비가 된 다지류는 끝내 항복한다. 승리다! 먹잇감을 움직일 수 없게 만들었지만 어떻게 옮길지가 여전히 문제다. 여럿이서 대왕고래를 옮겨야 한다고 상상해 보라. 어떻게 할 것인가?

렙토게니스는 유일무이의 기발한 방식을 개발했다. 10여 마리의 개체들이 먹잇감을 큰턱으로 물어 더듬이와 다리 높이까지 든다.

그리고 먹잇감에 매달려 있던 개미들의 밑마디(hanche)를 다른 개미들이 잡고 매달리면 이를 반복하여 최대 50여 마리의 개미로 이루어진 긴 사슬이 만들어진다. 동시에 여러 개의 사슬이 만들어지기도 한다. 이 현상은 자기 조립(auto-assemblage)의 일종으로, 여러 요소로 구성된 무질서한 시스템이 조직적인 구조를 갖추게 되는 과정이다. 이 경우에는 100여 마리의 개미들이 그 요소가 되겠다. 어떤 개체들은 사슬에 참여하지는 않지만, 길의 방해물을 제거하여 먹잇감을 운반하는 행렬의 전진을 돕는다.

견인 세계 기록을 보고 있자면 인간 역시 온갖 종류의 기계를 끈다는 사실을 깨닫게 된다. 〈왕좌의 게임〉의 '마운틴'으로 알려진 배우 하프토르 줄리우스 비요른손(Hafthor Julius Björnsson)은 45톤에 달하는 미 공군 수송기 록히드 C-130 허큘리스를 25미터 움직이는 데 성공했다. '킹 투스(King Tooth, 왕의 이)'라는 별명을 가진 말레이시아의 라타크리슈난 벨루(Rathakrishnan Velu)는 이로 260톤의 기차를 3미터 끌었다. 하지만 이 기계들은 다지류와 달리 모두 바퀴가 달려 있었다. 사체를 옮기는 것은 훨씬 더 어려운 일이다. 2018년에는 7톤 무게의 혹등고래가 아르헨티나 해변에 좌초된 채 발견되었다. 고래를 10여 미터 옮기는 작업은 소요 시간만 28시간이었으며, 구조원 30명, 굴착기 1대, 배 1척이 이 작업에 동원되었다…….

전기톱 학살

오드레 뒤쉬투르

식량의 집단 운반이 늘 최선의 해결책은 아니며, 특히 식량과 개미굴 사이가 멀고 길이 험한 경우는 더욱더 그렇다. 실제로 여럿이 함께하는 작업은 방해물을 만났을 때, 무엇이 되었든 마천루처럼 높다고 느낄 개미에게는 무척 어려워진다. 이사를 하면서 할머니가 물려주신 아주 소중한, 하지만 금방이라도 부서질 것 같은 찬장을 5층까지 옮길 때 분위기가 어땠는지 떠올려 보라. "이거 정말 분해 안 되는 거 맞아?" 이 질문을 몇 번이나 들었던가. 실제로 때로는 식량을 그 자리에서 자르고 여럿이서 저마다 한 조각씩 옮기는 것이 더 효율적일 때도 있다.

밀드리개미속(*Crematogaster*) 개미는 아주 복잡한 환경인 나무 속에 살며 조각 운반을 선택했다. 이 개미는 '곡예사개미(*fourmi acrobate*)'라는 별명으로 많이 불린다. 곡예사개미는 아주 작은 위협에도 발목마디(부절, *Tarse*)를 돋우어 서서 심장 모양의 배를 수직으로 세우며 아주 흥미로운 광경을 보여준다. 카메룬이 원산지이며 '사피(*Tsapi*)'라는 별명을 가진 이 개미는 겉모습으로만 판단하면 안 된다는 교훈을 우리에게 상기시켜 준다. 무해하게만 보이는 사피개미의 영역을 뜻하지 않게 침범한 메뚜기의 관점에서 본 이 개미는 야만 그 자체다.

사피개미는 자기가 살고 있는 나무의 가지 위를 돌아다니며 먹 잇감을 쫓는다. 그러다 메뚜기 한 마리를 맞닥뜨리면 그 위로 달려 들어 한쪽 다리를 물어뜯는다. 우리의 집요한 사냥꾼은 메뚜기를 움켜잡은 채 안쪽으로 휘어진 발톱과 매우 발달한 욕반(arolium)으 로 나무에 매달린다. 욕반은 발목마디의 두 개의 발톱 사이에 있는 점착성이 있는 쿠션 같은 기관으로, 개미가 더 잘 달라붙을 수 있 게 해 준다. 개미가 중력의 영향을 받지 않고 여러분의 천장을 기어 다닐 수 있는 이유가 여기 있다. 먹잇감은 격렬히 저항하며 움직이 지만 사피개미는 나무에 매달리고, 안정적으로 자세를 잡고 나면 배를 들어 올려 다른 개미들에게 먹잇감을 발견했다고 알리는 경 보 페로몬을 분비한다. 주변에 있다가 냄새를 맡고 흥분한 개미들 은 사방으로 뛰어다니기 시작한다. 몇 초 뒤 흥분이 잦아들면 개미 들은 정신을 차리고 냄새의 근원지를 향해 빠르게 달려간다. 전장 에 도착한 개미들은 불쌍한 메뚜기에게 달려들어 다리와 더듬이를 잡고 반대 방향으로 잡아당겨 땅에 쓰러뜨린다. 먹잇감의 다리를 십자로 벌린 채 고정시키고 나면, 개미 몇 마리가 위로 올라타 주 걱 모양의 침으로 독을 바른다. 이 의식을 치르고 나면 메뚜기는 완 전히 마비되고, 절단 작업이 시작된다. 개미들은 늘 다리와 더듬이 를 가장 먼저 자른다. 그렇게 해야 먹잇감이 깨어나더라도 줄행랑 을 치기 힘들기 때문이다! 다음으로는 몸통을 카르파초 자르듯 작 은 조각으로 절단한다. 프레디 크루거도 고개를 내저을 잔혹함이 다. 먹잇감이 움직일 수 없게 되고 조각조각 분해될 때까지 4분이 안 걸리는 때도 있다. 먹잇감의 껍질이 단단할 경우 이 형벌의 시간 은 훨씬 더 길어지기도 한다. 메뚜기가 분해되고 나면 개미들은 저 마다 조각을 하나씩 들고 굴로 가지고 온다. 잎과 가지가 복잡하게

얽혀 있는 환경에 사는 사피개미에게 언제 마취에서 깨어날지 모를 먹잇감을 여럿이 함께 운반하는 것보다는 메뚜기 다리 하나를 혼자 옮기는 것이 더 쉬운 방법임은 인정할 수밖에 없는 사실이다.

식량을 옮기기 전에 자르는 것이 좋은 전략이기는 해도, 굴과 식량이 있는 곳 사이의 거리가 멀 때도 있으므로 종일 왔다 갔다 하기가 불편할 수 있다. 굴에서 200미터 넘게 떨어진 곳에서 식량을 가져오는 아타(잎꾼개미)가 그런 경우다. 우리로 치면 굴에서 20킬로미터 떨어진 빵집까지 걸어가는 것과 같다. 빵 하나를 사려면 매번 마라톤을 뛰어야 한다고 상상해 보라. 아타는 해결책을 찾았다. 바로 계주를 하는 것이다! 개미들 간 식량 전달에는 두 가지 방법이 있다. 첫째는 수렵개미가 나무에서 자른 잎사귀 조각을 자르고 길에서 만난 동료에게 직접 전달한 뒤 곧바로 다시 다른 조각을 자르러 돌아가는 방법이다. '공 나르기 놀이' 방식이다. 둘째는 직접 전달하지 않고 몇 미터 걸어 나와 길가에 놓아두는 방법이다. 이때 수렵개미는 나뭇잎 조각을 아무 데나 두지 않고 다른 조각이 쌓여 있는 곳에 조심스레 내려놓는데, 이렇게 식량 무더기가 쌓인다. 이 나뭇잎 더미가 '교대 지점'으로 이용되면서 다른 수렵개미는 식량이 있는 곳까지 갈 수고를 덜게 된다.

흥미로운 사실은 나뭇잎 더미가 처음에는 우연으로 만들어진다는 것이다. 잎꾼개미가 다니는 길에는 발길이 끊이지 않고 아주 많은 왕래가 이루어진다. 이런 곳에서 사고는 불가피하게 일어난다. 다른 개미와 부딪힌 개미는 들고 있던 짐을 떨어뜨리고, 혼잡한 교통 상황에서 짐을 잃어버리기도 한다. 그러면 개미는 새 나뭇잎 조각을 자르러 다시 식량이 있는 곳으로 돌아간다. 그렇게 길가에 나뭇잎 조각이 버려져 있으면, 지나가던 다른 개미는 제가 들고 있던 조각을 이번에는 의도적으로 그 위에 올려놓는다. 집단 채집의 최적화로 이어지는 눈덩이 효과의 좋은 예다.

아타는 실험실에서 도주할 때도 이 방법을 백분 활용한다. 어느 날 아침, 필자는 잠이 덜 깬 눈으로 실험실에 들어오며 차단기를 찾아 벽을 더듬고 있었다. 별안간 '바삭'하는 소리가 들렸다. 필자가 개미 10여 마리를 밟은 것이다. 이럴 수가! 필자는 실험실 바닥에 놓여 있던 아타 콜롬비카(Atta colombica) 군락 쪽으로 급히 향했다. '바삭, 바삭, 바삭', 바닥이 온통 개미로 덮여 있었다. 개미굴을 확인한 필자는 개미굴이 담긴 상자 한쪽 모퉁이에 개미들이 밤새 쌓아놓은 나뭇잎 조각 산을 발견했다. 개미들은 불쑥 등장한 필자를 보고 당황하기는커녕 필자를 계단 삼아 올라타더니, 망설임 없이 허공으로 뛰어내린 뒤 착지했다. 처음에는 식량 운반 용도였던 적응 행동이 실험실에서는 아주 멋진 탈출 방법으로 탈바꿈한 것이다.

도둑맞은 키스

오드레 뒤쉬투르

개미는 메뚜기 고기를 좋아하기는 하지만 우리처럼 잡식성이기도 해서 꿀이나 꽃꿀도 좋아한다. 하지만 액체 형태의 식량은 근처에 양동이라도 있지 않은 이상 운반하기도 나누어 가지기도 어렵다. 하지만 우리가 알고 있듯, 개미는 이 문제를 해결할 수 있는 열쇠를 가지고 있다.

많은 개미종이 위를 두 개 가지고 있다. 첫 번째 위는 자기의 위고, 두 번째 위는 사회위(estomac social)다. 음식물은 모이주머니(jabot)에 축적되거나 개체의 위로 이동하여 소화가 된다. 수렵개미는 동료 개미에게 식사를 나눠 주기 위해 사회위에 저장된 식량을 동료의 입안에 게워 낸다. 그리 입맛 도는 식사는 아니지만, 흰개미는 그보다 더 통하고 싶지 않은 구멍으로 음식을 전달한다는 사실을 알아 두자. 이처럼 식사를 위해 입맞춤하는 행동을 영양 교환(trophallaxie)이라고 한다. 이렇게 입에서 입으로 끊임없이 군락의 각 개체에 분배되는 액체는 군락의 각 개체를 서로 연결하는 순환 시스템과 같다. 영양 교환을 위한 자극은 더듬이 접촉으로 이루어진다. 굶주린 개미가 동료의 머리를 두드리며 간청한다. 이러한 식량 교환들은 수렵개미가 굴에 돌아왔을 때 주로 관측되지만, 굴로 돌아오는 길에서도 드물지 않게 일어난다. 그 모습은 불이 났을 때 빈 양동이와 물이 가득 찬 양동이가 오가는 긴 인간 사슬을 연상시킨다.

중앙 유럽의 '검은 숲개미', 즉 풀개미(Lasius fuliginosus)는 유일무이의 진딧물 사육가로, 소중한 감로를 수확해 교환하며 일상적으로 영양 교환을 한다. 이 개미는 보통 속이 빈 나무 안에 살면서 판자로 된 얇은 내벽을 지어 방을 나눈다. 여기 쓰이는 건설 자재는 대개 구조를 보강하는 균사체 망에 짓씹은 나무를 발라 만든다. 개미굴에서 시작되는 긴 도로망은 맨눈에도 잘 보일 정도로 선명하고 30미터가 넘는 것도 있다. 이 길을 따라 수없이 많은 수렵개미가 근처 나무에 사는 진딧물 무리에서 수확한 감로를 사회위에 담아 밤낮으로 오간다. 개미가 모은 감로는 동료를 먹이는 데 그치지 않고 굴을 지을 때 접착제로도 사용되며, 판자 구조를 지지하는 공생 곰팡이를 먹이는 데도 쓰인다. 밤에 출출하면 벽을 뜯어먹어도 된다!

수렵개미가 식량을 운반하는 중인지는 쉽게 확인할 수 있는데, 이때 배가 팽창해 있고 속이 비치기 때문이다. 사실 개미 배의 외골격을 이루는 여러 개의 판은 늘어나는 막으로 연결되어 있다. 개미가 배부르게 감로를 먹으면 판들이 서로 분리되면서 배는 줄무늬를 띈다. 수렵개미는 액체를 5밀리그램까지 마실 수 있는데, 그러면 개미의 배는 두 배로 커진다. 검은 숲개미의 무게가 평균 5밀리그램이니 감로를 제 몸무게만큼 마실 수 있는 셈이다! 여기에 우리를 대입해 보면 70킬로그램의 인간이 설탕물 70리터를 마시고 10킬로미터를 달려 굴에 도착하자마자 모든 걸 토해내고 곧바로 다시 길을 떠나는 것과 같다. 사실 우리의 위가 담을 수 있는 액체의 양은 최대 4리터다. 군락 전체를 먹이기 위해 수렵개미는 1년에 무려 80리터의 감로를 모은다!

이러니 개미가 다니는 길에 노상강도가 판을 치는 것도 놀라운 일은 아니다. 그중 가장 교활한 것은 단연 암포티스 마르기나타(Amphotis marginata) 딱정벌레다. 이 곤충을 인간과 비유하자면 길을 물어보고는 상대가 방향을 알려주는 동안 그의 주머니를 뒤지는 인간과도 같다. 이 딱정벌레는 개미가 운반하는 식량을 훔치는 데 일평생을 보낸다. 교활한 딱정벌레는 길가에 기다리고 있다가, 감로를 운반하는 수렵개미를 발견하면 다가가서 앞다리와 더듬이로 개미를 두드린다. 그러면 개미는 잠시 딱정벌레의 머리를 핥는다. 이렇게 서로 접촉하는 동안 딱정벌레는 신비로운 '진정 물질'을 분비해서 수렵개미의 주의를 돌린다. 그러고는 소매치기처럼 제구기(pièce buccale)를 개미의 구기에 갖다 대어 개미가 커다란 감로 방울을 토해내도록 만든다. 이 사기꾼은 재주도 좋아서 개미가 평소에 동료들에게 받는 것보다 더 많은 양의 감로를 얻어낸다! 수렵개미가 가사(léthargie) 상태에서 벗어나 이 협잡꾼을 공격하는 때도 더러 있다. 하지만 딱정벌레에게는 요령이 하나 있으니, 바로 다리를 날개 아래로 움츠려 빨판처럼 땅에 납작 엎드리는 것이다. 그러면 개미는 이 못된 딱정벌레를 뒤집으려 시도한다. 아주 드물게 뒤집는 데 성공하면 개미는 딱정벌레의 더듬이와 다리를 뽑아 버린다. 딱정벌레는 꽤 위험한 내기를 하는 셈이다.

수송자

오드레 뒤쉬투르

어떤 개미종은 복판(plaque abdominale)이 서로 붙어 있어 위를 팽창시킬 수 없다. 그런 개미에게는 또 다른 방법이 있으니, 바로 '사회적 양동이(seau social)'다. 필자도 호주에서 연구하며 이 기술을 관찰한 적이 있다. 당시 필자는 포식 개미종 리티도포네라 메탈리카(Rhytidoponera metallica)의 식량 선택을 연구하고 있었다. 태양 빛에 비추면 개미는 청색, 녹색, 보라색 광이 나는 보석처럼 반짝인다. 이 개미는 녹색머리개미(fourmi à tête verte)라는 별명으로 불리기도 한다. 녹색머리개미 군락은 1,000마리가 넘는 개체로 이루어지기도 하는데, 신기하게도 여왕개미가 존재하지 않는다. 번식은 알파 암컷이라고 불리기도 하는 지배적이고 공격적인 일개미가 맡는다. 알파 암개미는 자신의 지위를 지키기 위해 늘 분투하며, 딸들을 노예로 삼기 위해 폭력 행사도 주저하지 않는다.

이 개미를 연구 대상으로 선택한 이유는 세 가지다. 첫째로 이 개미는 플라스틱으로 된 수직 벽 위를 걷지 못한다. 이는 별것 아닌 듯 보이지만 사실 엄청난 이점이다. 사실 개미학자들은 개미를 키우는 플라스틱 상자에 플루온(fluon)을 칠하는 데 상당한 시간을 보낸다. 플루온은 테플론(téflon)과 비슷한 탈출 방지제로, 유독할 뿐만 아니라 티셔츠에 묻으면 절대 지워지지 않는다. 둘째로 이 개미는 시드니대학교 캠퍼스에 넘치도록 많아서 언제든 표본을 모을 수 있어 아주 편리하다. 셋째로 이 개미는 수박씨 정도 크기로 비교적 큰 편이어서 관찰을 하기에 용이하다.

이와 같은 장점은 안타깝게도 치명적인 단점으로 인해 상쇄되는데, 바로 지독하게 고통스러운 침 공격이다. 필자가 처음으로 침 공격을 당한 것은 현장에서 개미를 채집할 때였다. 녹색머리개미는 주로 나무 아래 쌓여 있는 낙엽 더미 속에 산다. 그날 필자는 개미들이 살 법한 곳을 발견하고 별생각 없이 높이 쌓인 가랑잎 더미에 손을 넣었다. 찰나의 순간에 극심한 고통이 팔을 마비시켰다. 손을 최대한 빠르게 뺐지만 너무 늦은 상태였다. 팔은 이미 100여 마리의 개미들로 뒤덮여 있었다. 그제야 필자는 손을 넣은 곳이 녹색머리개미의 집이었다는 사실을 깨달았다. 패닉 상태로 팔을 흔들어 보았지만 소용없었다. 개미들은 큰턱을 피부에 박아 넣은 채 예리한 침을 쏘아 댔다. 필자는 이 끈질기고 사나운 개미들의 목이 잘려 나가든 말든 팔을 세게 긁기로 했다. 드디어 적의 손아귀에서 벗어난 필자는 자신의 팔이 두 배로 부풀어 있는 것을 발견했다. 다음 날, 팔은 불길하게도 돌처럼 딱딱해지고 보랏빛으로 변했다. 게다가 지독하게 가려워 미친 듯이 긁지 않고는 견딜 수가 없었다. 모기에 물린 느낌을 떠올리고 거기에 1,000배를 곱해 보라. 필자의 팔은 열흘이 지나서야 정상적인 모습으로 돌아왔다. 저스틴 슈미트는 곤충의 침을 다룬 저작에서 이 녹색머리개미의 침을 "괘씸스레 고통스럽다"라고 표현하며 이렇게 썼다.

"청피망인 줄 알고 베어 먹은 게 알고 보니 사실 하바네로였던 기분이다."

각설하고, 액체 운반에 대해 다시 이야기해 보자! 연구의 목적은 녹색머리개미가 식량 수요를 어떻게 조절하는지를 이해하는 것이었다. 녹색머리개미 군락의 약 10~20퍼센트를 차지하는 수렵개미의 임무는 공동체 전체의 식량 공급을 확보하는 것이다. 애벌레는 한창 성장할 시기이기 때문에 하루에 세 번 고기를 먹어야 한다. 반대로 보모개미는 에너지 충족을 위해 당분이 필요하다. 그러니 수렵개미는 굴에 꽃꿀을 가져와야 한다. 하지만 모이주머니가 없는 개미는 꽃꿀을 굴까지 어떻게 운반할까?

이 수수께끼를 풀기 위해 필자는 실험실의 개미 군락이 스스로 당분을 모으도록 당분이 든 것은 일절 주지 않았다. 강제 식이요법이 시작되고 한 주 뒤, 당분이 든 액체 한 방울을 개미굴 입구 근처에 떨어뜨려 보았다. 수렵개미는 설탕물과 접촉하면 가운데혀(glossa)라고 부르는 길쭉한 혀를 내밀어 액체를 게걸스레 빨아들이기 시작한다. 신기하게도 개미는 혀를 설탕물에 그대로 집어넣은 채 큰턱을 바깥쪽으로 거의 수직에 가깝게 벌린다. 그리고 다른 쪽 큰턱도 열고 이 행동을 반복한다. 설탕물의 표면 장력을 이용하여 거대한 액체 방울을 만든 것이다. 액체 방울이 제 머리만큼 커지면 개미는 혀를 액체에서 빼내고, 전리품을 조심스레 들고 굴로 돌아간다. 집에 돌아온 개미는 이 설탕 구슬을 굶주린 동료들에게 너그럽게 나누어 준다.

이렇게 운반된 설탕의 양을 측정하기 위해 수렵개미는 식량 앞에 도착하기 전에 한 번, 그리고 굴로 돌아가기는 길에 또 한 번 조심스러운 손에 붙잡혀 몸무게를 재야 했다. 또 전리품의 무게를 확인하기 위하여 개미는 설탕 방울을 들었을 때와 들지 않았을 때 몸무게를 각각 재야 했다. 이 과정에서 개미의 큰턱 사이에 끼어 있던 액체는 작은 면봉으로 흡수시켰다. 그 결과 수렵개미는 제 몸무게의 20퍼센트에 달하는 무게까지 큰턱으로 옮길 수 있다는 사실이 밝혀졌다. 70킬로그램의 인간이 14킬로그램의 양동이를 이로 물고 전속력으로 달리는 것과 마찬가지다! 신기하게도 이 실험에서 모든 개미가 액체 방울을 옮기지는 않았다. 어떤 수렵개미는 철저한 개인주의자였던지, 자신은 달콤한 음료수를 들이켜고도 굴에 있는 친구들을 위해서는 아무것도 가져오지 않았다. 큰턱에 아무것도 물고 오지 않았지만 식량이 있는 곳을 다녀온 뒤 무게가 10퍼센트 증가한 개체도 있었다. 반대로 어떤 개미들은 극단적으로 사회적 양동이를 사용하여 큰턱이 아니라 머리와 가슴에 방울을 만들어 두 배 더 많은 양의 액체를 옮기기도 했다. 놀랍게도 이러한 개인주의적인, 또는 고도로 이타주의적인 '성격'은 지속되었다. 월요일에 이기적이었던 개미는 금요일에도 여전히 이기적이었다. 하지만 결국 군락에서 배를 곯는 개미는 없었다.

스펀지

오드레 뒤쉬투르

개미가 식량을 옮길 때 발휘하는 기지를 보고 있노라면 우리가 가지고 있는 능력을 되돌아보게 된다. 1972년 한 교수는 현장에서 곤충학 강의를 하던 중 아주 신기한 장면을 목격한다. 그날 실험의 목적은 포고노미르멕스 바디우스가 화학적 흔적으로 무리를 모집하는 모습을 보여주는 것이었다. 앞서 소개한 바 있는 이 개미는 플로리다에 살고, 곡식을 주식으로 하며, 붉은색 몸을 가지고 있다. 교수는 개미굴에서 멀지 않은 곳에 꿀 한 방울을 떨어뜨려 놓고 학생들에게 관찰하도록 했다. 첫 번째 수렵개미가 꿀을 발견하고 탐색에 들어가자, 교수는 개미의 가슴에 노란색 페인트를 칠했다. 개미는 갑작스레 조사를 멈추더니 꿀을 내버려두고 황급히 길을 떠났다. 교수는 자신의 손길이 섬세하지 못해 개미를 놀라게 해 실험이 실패한 줄로만 생각했다. 그런데 아주 놀랍게도 수렵개미가 다시 돌아왔는데, 큰턱 사이에 제 타액으로 직접 빚은 모래 공을 문 채였다. 개미는 꿀방울에 다가가 모래 공을 던졌다. 개미는 꿀이 모래 공으로 덮일 때까지 이 기행을 반복했다. 공 쌓기를 끝낸 개미는 꿀을 머금은 공을 하나 집더니 굴로 돌아갔다. 교수가 자신이 해를 너무 오래 쬐고 있어서 헛것을 보고 있는 건 아닌가 생각하던 차,

개미는 다시 나타나 꿀을 머금은 또 다른 모래 공을 집어 갔는데, 이번에는 다른 동료 몇 마리와 함께였다. 모래 공은 순식간에 전부 개미굴로 옮겨졌다.

교수는 자신이 헛것을 본 게 아니라는 사실을 확인하기 위해 다시 실험을 해 보기로 했다. 그는 작은 관을 준비해 입구가 지면에 오도록 땅속에 심고, 그 안에 꿀을 넣었다. 그런 뒤 개미가 모래를 찾으려면 멀리 떠날 수밖에 없도록 주변을 정리했다. 수렵개미는 이 관을 발견하고 꿀을 접촉하더니, 숲에서 버섯을 찾거나 집에서 열쇠를 찾는 사람처럼 주변을 둘러보며 특정한 무언가를 찾는 듯 보였다. 어디선가 적절한 도구를 찾아 입에 물고 나타난 개미는 관 가까이 돌아와 스펀지 대용품을 꿀 위에 던졌다. 개미는 관이 가득 찰 때까지 이 행동을 반복하다, 굴로 돌아가 이 설탕에 절인 공들을 함께 옮길 동료들을 모았다. 영양 교환도 하는 이 개미는 왜 꿀을 직접 먹지 않는 걸까? 이 개미의 배는 키틴질로 이루어져 딱딱하기 때문에 위를 부풀려서 많은 양의 식량을 운반할 수 없다. 개미는 도구를 활용함으로써 더 많은 식량을 굴에 가져갈 수 있게 된다.

다른 개미종 아파에노가스테르 세닐리스(Aphaenogaster senilis)에게서 동일한 현상을 발견한 연구진은 이 개미들이 도구 선택에도 심혈을 기울인다는 사실을 증명했다. 아파에노가스테르 세닐리스는 검은색 몸에 은빛 털이 뒤덮여 있는 개미로, 지중해 언저리에 서식한다. 이 개미는 사회위는 없지만, 스펀지 대용품을 사용하여 식량을 운반한다. 액체로 된 식량을 발견한 수렵개미는 숲을 돌아다니며 나뭇잎 조각과 잔가지를 모아 우리가 퐁뒤를 먹을 때처럼 식량에 담근다. 나뭇잎과 나뭇가지는 개미를 위한 접시가 되고, 개미는 이 접시를 굴로 날라 군락에서 진수성찬을 차린다.

연구진은 개미의 도구 선택이 우연에 따른 것인지 확인하기 위해 종이, 스펀지, 인공 이끼, 잔가지, 밧줄 끝자락, 플라스틱 조각, 흡수력이 다른 여섯 가지 소재를 개미들에게 제공했다. 물론 실험에 참여한 개미들은 이 물체를 이전에 본 적도 만져본 적도 없었다. 당도가 높고 다소 끈적한 용액을 사용한 연구진은 수렵개미가 주로 사용성과 흡수력에 따라 도구를 선택한다는 사실을 밝혀냈다. 개미들은 사용하기 전에 스펀지를 찢어 훨씬 더 작은 조각들로 나누어 더 쓰기 쉽도록 만들기도 했다. 개미가 도구를 사용할 줄 알 뿐만 아니라 만들 줄도 안다는 사실을 보여주는 관찰 기록이다.

모두 알고 있듯이 개미들은 아이디어 부족에 시달리는 일이 없다. 우리는 아주 오랫동안 도구 사용이 인간만의 특이성이라고 믿어 왔다. 사실 도구 사용은 동물의 세계에서 아주 흔한 능력이며, 곤충의 세계에서도 마찬가지다.

제6장

다섯 번째 시련

환경에 적응하기

듄

앙투안 비스트라크

보통 천국처럼 아름다운 장소에는 관광객이 모여들고, 숙소도 예약이 꽉 차 있기 마련이다. 그런 경쟁을 피하고 싶다면 사막 한 가운데 같은 극한의 환경에 가볼 것을 권한다. 그곳엔 자리가 있을 것이다. 이것이 카타글리피스 봄비치나(Cataglyphis bombycina)가 취하는 전략이다. 다른 생물들로 붐비는 곳에서 자리를 찾느라 애쓰느니 가혹한 환경에 머무르길 택하는 것이다. 이 개미가 선택한 곳은 사하라 사구다. 사하라 사구는 열기와 건기로 인해 '사실상' 서식 불가능한 서식지다. 하루 중 가장 더울 때 지면 온도는 70도까지 치솟는다! 이 정도 열기에는 사하라 도마뱀 아칸토닥티루스(Acanthodactylus)처럼 끈질긴 포식자도 그늘로 몸을 피한다. 바로 이때 카타글리피스는 굴 밖을 나선다. 이 개미는 사하라 사구에 사는 동물 중 더위에 가장 강한 종으로, 하루 중 가장 더운 시간에도 태양을 쬘 수 있다. '내열성(thermorésistant)' 개미라고 할 수 있다. 카타글리피스가 활동하는 시간에는 주변에 아무도 없이 혼자기 때문에 포식자를 마주칠 걱정도 없다. 모래 위에 남아 있는 것이라고는 곧 개미의 식량이 될 그을린 곤충들뿐이다. 물론 이러한 전략도 위험이 없는 것은 아니다. 카타글리피스도 열사병으로 죽지 않으려면 햇볕 아래 견딜 수 있는 시간이 불과 몇 분에 지나지 않는다. 스위스 연구자 뤼디거 베너(Rüdiger Wehner)가 말했듯이, 이 개미의 활동 시간은 두 구덩이 사이를 지나는 '뜨거운 외줄타기'와도 같다. 온도가 너무 낮으면 잡아먹혀 죽고, 온도가 너무 높으면 타서 죽는다. 여러분이라면 어떤 쪽을 선택하겠는가?

이 사막개미(fourmi du desert)는 더위를 견디는 능력을 기르기 위해 여러 세대에 걸쳐 여러 가지 특별한 적응을 거쳐 왔다. 첫째는 개미의 외형과 관련이 있다. 한눈에 보아도 이 개미는 달리기에 최적화되어 있다. 1센티미터 길이의 마른 몸, 유선형의 표피, 아주 길고 가늘면서도 튼튼한 다리까지, 한마디로 개미계의 순종 말이다. 순종 말과 같은 선상에 놓고 보면 순종 말이 좀 더 밀릴지도 모르겠다. 엄청난 가속도를 자랑하는 카타글리피스는 초속 1미터에 가까운 속도로 달릴 수 있다. 제 몸길이의 100배나 되는 거리를 1초 만에 갈 수 있는 것이다! 이 정도 속도에서 개미의 보폭은 4~20밀리미터 이상까지 커지는데, 초당 각 다리가 40번 이상을 딛게 된다! 개미의 각 다리가 땅에 닿아 있는 시간은 200분의 1초에 불과하여 뛰는 동안 20퍼센트 이상은 어떤 다리도 땅에 닿지 않은 채 허공에 있게 되는데, 여섯 다리의 러너들에겐 아주 드문 현상이다! 심지어 앞다리는 땅에 전혀 닿지 않고 뒷다리로만 달리는 경우도 있다. 이 작은 스프린터들이 모래 위에 남긴 작디작은 발자국을 관찰하여 발견한 사실이다.

이 개미가 말만큼 커진다면, 모든 차이를 고려해도 2,000미터 길이의 파리롱샹 경마장을 10초 만에 완주하는 것과 같다. 실제 말의 기록은 2분 3초다. 평화롭게 달리는 고속철 안에 앉아 있는데, 창문 밖으로 이 거대한 개미가 기차 속도의 두 배인 시속 720킬로미터로 기차를 추월해 지나가는 장면을 상상해 보라. 물론 이와 같은 상대적 속도는 이 초소형 세계를 지배하는 다른 물리적 응력으로 인해 가능한 것으로, 개미의 상대적 힘이 엄청나게 커지는 것도 이 힘 때문이다. 그렇기는 해도, 개미들 간에 단거리 경주를 한다면 금메달은 이 카타글리피스에게 돌아갈 것이 분명하다.

둘째는 개미들의 생리적 기능과 관련되어 있다. 앞서 본 것처럼 이 개미는 더위를 매우 잘 견딘다. 카타글리피스는 체온이 53도 이상까지 올라가도 아무런 해를 입지 않는다. 이 정도 체온이면 어떤 곤충이든 그 몸은 이미 기능이 불가능했을 것이다. 비교해 보자면 인간과 같이 정온 동물인 척추동물은 과민하지만 항상 같은 체온을 유지해야 한다. 열이 53도까지 올라갔는데 출근해야 한다고 상상해 보라! 체온 상승을 매우 잘 견디는 개미의 내성은 '열 충격 단백질(protéines de choc thermique)'이라고 부르는 단백질 덕분이다. 박테리아든 곰팡이든, 식물이든 동물이든, 모든 생물은 정상 이상으로 체온이 올라가게 되면 그 몸에서 '열 충격'이라는 생리적 반응이 일어난다. 생물의 세포에 심각한 손상이 생기면 특정한 유전자들이 모여 이 특별한 단백질을 합성한다. 유전자들의 목표는 이 어려운 시기를 지나는 동안 그럭저럭 다른 단백질들이 제대로 기능할 수 있게 하는 것이다. "우리의 지시를 따르면 다 잘 지나갈 겁니다"하고 다른 단백질들을 안심시키는 공황 대처 전담반 세포라고 보면 된다. 카타글리피스 봄비치나는 아주 많은 양의 열 충격 단백질을 발현할 수 있을 뿐만 아니라, 위험한 수준의 온도 상승에 대한 반응으로 열 충격 단백질을 발현하는 다른 동물들과는 달리, 굴을 떠나기 전처럼 더 일찍 단백질을 발현할 수도 있다. 이 사막개미는 햇볕이 있는 곳을 향해 발을 떼기도 전에 다가올 열 충격을 견딜 준비가 되어 있는 것이다.

셋째는 가장 특별한 것으로, 개미의 털과 관련되어 있다. 햇볕이 내리쬐는 사구 위에서 개미는 모래 위로 솟구치는 작은 수은 방울처럼 보인다. 개미의 표피는 얇은 은막이 씌워진 것처럼 빛난다. 이런 은빛 광택은 어디서 나오는 걸까? 2015년 한 연구진은 이 질문에 대한 답을 찾았다. 이 놀라운 발견을 이해하는 데는 약간의 물리학 지식이 필요하니 집중하길 바란다. 먼저 전자 현미경으로 찍은 사진에서 이 은빛 개미의 표피가 방금 손질한 듯 가지런히 누운 긴 털들로 덮여 있다는 사실이 발견되었다. 더 크게 확대를 해 보니 털은 마치 토블론 초콜릿 상자처럼 속이 비어 있고, 원형이 아닌 삼각형 절단면을 가지고 있었다. 삼각형의 세 변 중 표피와 닿는 안쪽면은 매끈했고, 공기와 닿는 두 면은 양철판처럼 울퉁불퉁했다. 이처럼 정교한 구조에는 분명히 특별한 기능이 숨겨져 있다. 연구진은 '감쇠 전반사 및 푸리에 변환 적외선 분광법(réflectance totale atténuée et spectroscopie infrarouge à transformée de Fourier)'이라는 멋진 이름의 최첨단 기술을 사용하여 이러한 3D 구조로 개미의 털이 아주 신기한 광학적 특성을 갖게 된다는 사실을 밝혀냈다. 이 털은 아주 넓은 범위의 입사각 안에서 광선을 100퍼센트 반사한다. 작고 유연한 초경량 거울 역할을 하는 털로 덮인 개미는 일광 차단 보디 슈트를 입은 것과 같은 효과를 누리게 된다.

게다가 이 털은 스포츠 의류처럼 숨도 쉰다! 이 털은 태양 광선이 가장 강한 가시광선부터 근적외선까지의 파장을 반사한다. 반면 원적외선은 바깥으로 흐르게 하여 공기 중으로 개미 몸의 열을 배출함으로써 체온을 2~5도 낮추는 효과를 낸다. 한낱 털치고는 기능이 퍽 대단하다! 과학계를 강타한 이 발견은 잠재적인 기술 응용 가능성 역시 엄청나다.

정리하자면, 대개 경쟁을 피하다 보면 극한적 환경이라는 또 다른 적을 대면하게 된다. 사구를 선택한 카타글리피스는 탁월한 적응을 통하여 그러한 어려움을 극복할 수 있었다. 생존에 필요한 조금 더 강한 열 내성도를 얻기 위해 이 개미는 진화를 통하여 가장 빠른 달리기 선수가 되고, 폭염을 예측하고 견딜 수 있는 생리적 기능을 얻고, 놀라운 물리적 특성을 가진 털을 갖게 되었다. 물론 그에 더해 자신의 생활 방식에 적합한 행동을 취하는 노력도 있었을 것이다. 이 개미는 하루 중 가장 더운 시간에만 밖으로 나와 제 몸을 극한까지, 죽음의 경계까지 노출한다. 이 사막의 작은 영웅이 처한 운명은 쉽지 않은 길이다. 너무 뜨거운 모래에 발이 타기도 해서 나이가 많은 개미는 잘린 다리로 달리기도 한다. 사실상 모든 개미의 임무는 작열하는 태양 아래 탈진하여 모래 위에 남은 마지막 발자취와 함께 끝이 난다. 사구는 카타글리피스가 존재하는 이유기도 하지만, 동시에 죽는 이유기도 하다.

바람과 함께 사라지다

앙투안 비스트라크

사막에서 문제가 되는 것은 더위만이 아니다. 호주 오지의 드넓은 붉은 황톳빛 땅 위를 날기만 세 시간, 우리 연구진은 이 거대한 불모의 대륙의 한가운데 자리한 작은 외딴 마을에 착륙했다. 앨리스 스프링스에 오신 것을 환영합니다.

이 작은 마을에는 딱히 할 만한 것이 없다. 강이 하나 흐르긴 하지만 거의 말라 있어 수영은 꿈도 못 꾼다. 사주(langue de sable)에는 유칼립투스가 드문드문 나 있고, 나무 아래엔 종종 원주민 몇 명이 둥그렇게 앉아 그늘을 즐긴다. 중심가에 평행으로 난 세 갈래 길은 그늘이 드리운 카페 몇 곳과 멋진 원주민 그림을 전시해 둔 갤러리들, 작은 슈퍼마켓 두 곳이 있고, 여길 지나고 나면 갑자기 문명의 가장자리에 도착하게 되는데, 그 앞으로는 야생의 땅이 수천 킬로미터 펼쳐져 있다. 1,000킬로미터 넘게 가도 도시라고 부를만한 곳이 전혀 없다. 어딘가로 떠나고 싶은가? 여기 '스튜어트 하이웨이'를 타면 두 가지 선택지를 보여주는 표지판이 있다. 남쪽으로 1,532킬로미터를 가면 아델라이드가, 북쪽으로 1,500킬로미터를 가면 다윈이 나온다고 한다.

우리는 호주 사막의 작은 전문가를 연구하기 위해 이곳에 왔다.

바로 멜로포루스 바고티(*Melophorus bagoti*)다. 이 척박한 지역에서만 서식하는 이 개미는 땅속에 거대한 군락을 이루고 산다. 이 개미를 아주 잘 알고 있는 원주민들은 종종 땅을 파서 이 '개미 수조'를 찾아내기도 한다. 겨울 저장 식량 역할을 맡은 개미들이 배를 감로로 가득 채운 모습은 꼭 호박 구슬 같은데, 원주민들은 이 개미를 달콤한 사탕처럼 먹기도 한다. 멜로포루스가 원주민 그림에 많이 등장하는 데도 아마 그런 이유가 있을 것이다.

호주 덤불숲 지대의 주황빛 모래밭에는 마른 관목과 하늘로 뻗은 멋진 유칼립투스가 여기저기 흩어져 있다. 석양 무렵에는 뱀, 땅거미, 왕도마뱀이 많이 나와 모래밭 위를 거닐지만, 여름의 낮 동안에는 멜로포루스 외에 다른 동물은 찾아볼 수 없다. 대개 이 개미는 갑자기 나타나는 별똥별처럼 땅 위로 튀어나와 여러분의 발 앞에 모습을 드러낸다. 뜨거운 땅 위의 마라톤에 완벽하게 적응된, 몸길이 1센티미터에 긴 다리를 가진 이 개미는 지중해 연안 불모지의 카타글리피스와 매우 닮았지만 확실한 차이가 하나 있는데, 멜로포루스 바고티는 제가 사는 땅 색깔을 띤다는 점이다. 이 개미는 주홍색 표피를 가지고 있다. 지중해 연안에 사는 사촌처럼 이 호주 개미도 더위를 잘 견디고, 여름의 더운 시간대에도 홀로 굴 밖에 나와 구워진 작은 곤충을 찾아 질주한다.

이 개미의 기질은 우리의 연구에 아주 완벽하게 부합했다. 매우 평온한 성격에, 인간의 손길도 잘 견뎠으며, 굴에 식량을 가져오는 데 늘 의욕적인 모습이었다. 연구에 차질을 빚는 쪽은 오히려 뙤약볕 아래서 구부정한 자세로 고투하는 연구진이었다. 더군다나 이런 과학자 무리는 이렇게 동떨어진 곳에서 주의를 끌기 마련이다. 실제로 앨리스 스프링스에서 일하는 사람들 대부분은 냉방이 되는 건물 내부에서 하루를 보내기 때문에, 땀 범벅에 주황색 먼지를 뒤

집어쓰고 들이닥쳐 물 한 잔을 부탁하는, 석학이라던 이들을 보고서는 놀랄 수밖에 없었을 것이다. 물 한 잔만…… 시원한 걸로 부탁드립니다.

각설하고 다시 과학으로 돌아와 보자. 어떤 실험에서는 각 개체를 추적해야 했는데, 이를 위해 각 개체를 식별할 수 있도록 표시를 남겨야 했다. 개미 위에 뭔가를 그리는 것은 미학과 질서, 수학이 결합한 기술이다. 먼저 엄지와 검지로 개미의 다리를 모아 조심스럽게 붙잡는다. 그리고 여전히 조심스럽게, 개미의 가슴에 바늘로 스치듯 찔러 페인트가 들어갈 자리를 낸다. 마지막으로 각각 다른 색으로 작은 점 두 개 또는 세 개를 찍는다. 이 방법을 이용하면 '노랑-초록' 개체, '파랑-파랑-빨강' 개체 등, 개체 수백 마리를 쉽게 구분할 수 있다. 무릇 연구자라면 한 철이 다 가도록 개미를 1,000마리 넘게 색칠할 줄도 알아야 하는 것이다.

그날 우리는 '황토-황토' 개체의 전진 방향을 흥미롭게 지켜보고 있었다. 개미가 자연에는 있을 법하지 않은 미로에서 길을 찾을 수 있게 몇 시간 동안 학습을 시켜야 하는 다소 무모한 실험을 하던 중이었다. 우리의 작은 챔피언은 이제는 길이 익숙해졌는지 초속 50센티미터의 속도로 출발했고, 그 활약상은 카메라로 촬영되고 있었다. 개미는 초반의 모퉁이들을 완벽하게 돌아 중요한 갈림길에 도착한 뒤 돌연 사라졌다. 강한 돌풍에 날아가 버린 것이다. 이렇게 실험이 실패하기도 한다!

호주의 레드 센터에서 돌풍은 흔한 현상이기에 이런 일이 처음은 아니었다. 태양은 매일 아침 이 붉은 땅을 빠르게 데우고 돌풍을 일으키는 열 기류를 만들어 낸다. 이 돌풍은 연구진에게도 달가운 존재는 아니었지만, 개미들에게는 엄청난 재앙이었다. 거대한 토네이도가 언제든 불어닥쳐 익숙한 길에서 바람에 붙잡혀 날아가 수 킬로미터 떨어진 낯선 곳에 던져질 수 있다는 사실을 알면서도 장을 보러 간다고 상상해 보라!

여기서 한 가지 의문이 싹튼다. 멜로포루스는 이 문제에 대처할 전략을 개발했을까? 개미가 날아간 방향을 인식하고 외울 수 있을까? 정신 나간 생각처럼 보이기는 한다.

대부분 곤충은 더듬이 아래쪽에 있는 수용체들이 더듬이 꼬임을 인식해 바람을 느낄 수 있다. 반면 곤충이 바람의 방향을, 그것도 공중으로 날아가는 중에 외울 수 있다는 연구 결과는 어디에도 없다! 이처럼 스스로 제어할 수 없기에 '수동적'이라고 할 수 있는 이러한 공중 이동은 20세기 비행사들의 도전 과제로, GPS가 등장하기 전까지는 위치 측정에 큰 오류를 발생시키곤 했다. 철새의 경우 도래지에 무사히 도착하는 것을 보면 바람으로 인한 움직임을 모니터링할 수 있는 것으로 보이는데, GPS도 없이 길을 찾는 철새의 능력은 여전히 수수께끼다. 어쨌든, 항공업계 전문가들에게조차 이 질문은 골칫거리인 듯하니, 육지에서 걷도록 만들어진 개미가 해결책을 가지고 있다고 믿는 것은 말도 안 되는 일처럼 보였다.

한 철이 끝나고 시드니로 돌아가기 20일도 남지 않은 시점이었다. 그처럼 짧은 기간 안에 이 새로운 질문을 해결하기 위해 실험을 설계하고, 장비를 구매하고, 장치를 설치하고, 충분한 수의 개미로 실험을 진행하기란 사실상 불가능에 가까웠다. 하지만 시도하지 않고 얻을 수 있는 것은 아무것도 없다. 우리에게는 아주 간단하고 효율적인 프로토콜이 필요했다. 다음 날 아침, 우리는 앨리스 스프링스에 있는 공구점 문을 두드렸고, 우리의 계획을 설명한 뒤 주인의 눈에 비친 의심의 눈빛을 못 본 체해야 했다. 우리는 커다란 나무판자 두 개와 플라스틱 홈통 두 개, 그리고 바람을 일으키기 위해 휘발유로 작동하는 전문가용 송풍기 하나를 샀다. 개미 요원, 비행 준비!

계획은 이러했다. 작은 쿠키 조각 몇 개를 멜로포루스 굴 입구 주변에 둥그렇게 놓아둔 뒤 송풍기를 들고 매복에 들어간다. 개미 한 마리가 나와서 "와, 쿠키잖아" 하며 조각 하나를 들어 굴에 가져가려 할 것이다. 바로 그때 송풍기의 방아쇠를 눌러 개미와 소중한 쿠키를 멀리 날려 버린다. 이때 개미를 3미터 거리에 수직으로 세워진 판자를 향해 정확히 날리도록 주의한다. 이렇게 공중으로 날아간 개미는 수직 판자에 부딪혀 활공을 뚝 멈추고 판자 아래 땅속에 박아 놓은 홈통 안으로 빠진다. 홈통 내벽은 높고 미끄러워서 밖을 볼 수 없어서 꽤 어려운 함정이다. 자신이 착륙한 지점이 어디인지 눈으로 확인할 수 없어진 것이다. 이제 어둠 속에 잠긴 가엾은 개미를 100미터 멀리 떨어진 낯선 곳으로 데려간다. 개미가 놓이는 곳은 선 36개가 그어져 피자를 자를 때처럼 부채꼴 모양으로 나눠진 지름 1미터의 원형 판자 위로, 개미가 이 새로운 환경에서 원을 벗어날 때 선택하는 방향을 확인할 수 있는 장치다.

개미가 걸어온, 아니 날아온 길을 되짚어 굴이 있는 방향으로 갈 수 있는지 어떻게 확인할 수 있을까? 정확한 통계를 위해서는 두 가지를 확인해야 한다. 먼저 개미가 임의적인 방향으로 가면 안 된다. 그리고 확실하게 방면된 지점의 환경이 아닌 풍향을 따라 방향을 잡아야 한다. 우리는 이를 확인하기 위해 수직 판자 두 개를 개미굴 양쪽으로 3미터 지점에 놓고, 개미 절반은 남쪽, 나머지 절반은 북쪽으로 날리기로 했다. 실험에 참여한 개미는 모두 어두운 홈통에 담긴 채 옮겨져 똑같은 지점에서 풀려났다. 이제 처음 절반 개미들이 북쪽, 다음 절반 개미들이 남쪽으로 잘 가는지만 관찰하면 되었다. 간단하지만 효율적인 방법이었다.

그렇게 보이진 않겠지만, 사실 이 실험 방법은 어느 정도의 노하

우를 필요로 한다. 첫째 날, 많은 개미가 약간 비스듬하게 날아가 목표로 한 수직 판자 옆 허공으로 쏘아졌다. 하지만 연습과 유연한 손놀림으로 우리는 곧 방아쇠 조절의 달인이 되었다. 저녁이 되고 개미 열 마리를 시험했다. 실험 결과, 남쪽으로 날린 개미 다섯 마리는 대략 북쪽으로 향했고, 반대 방향도 마찬가지였다. 자축의 잔을 들기에는 일렀지만 좋은 전망에 부푼 기대로 들뜬 저녁을 보내기에는 충분한 결과였다. 일주일 동안 개미굴 두 개와 개미 62마리를 대상으로 한 실험의 결과는 확실했다. 이 호주 개미는 바람에 날아갈 때 그 방향을 확실히 알고 외울 수 있었다. 철새 못지않은 능력을 갖추고 있었던 것이다!

하지만 걸을 줄만 아는 이 개미가 어떻게 이와 같은 정보를 얻을 수 있게 된 것일까? 이를 확인할 수 있는 시간은 열흘이 남아 있었다. 개미들이 낯선 장소에 놓여도 방향을 잡을 수 있다는 사실은 방위 정보가 지상의 지표를 기반으로 하지 않는다는 것을 의미한다. 방면 지점의 지상 지표는 낯설기 때문이다. 이 아마추어 비행사들은 아마도 태양의 위치와 같은 천상의 지표를 신뢰하는 것으로 보인다. 상당히 많은 곤충이 하늘에서 보이는 지표를 이용하여 이동하는 방향을 확인한다. 그런데 이 호주 개미는 활공 중에도 이 능력을 발휘할 줄 아는 것일까?

이를 확인하기 위해 우리는 삼각대와 초고속 카메라를 꺼내 개미가 조심스레 날려 활공할 때 어떻게 움직이는지 저속으로 살펴보기로 했다. 예상과 동일하게, 활공 중 개미는 몸을 제어하지 못했다. 회오리바람처럼 사방으로 휘둘리고, 초속 4미터로 땅에 튕기기도 했다. 초속 4미터는 1초에 제 몸보다 400배나 긴 거리를 갈 수 있는 속도다. 이런 조건에서 어떻게 태양의 위치를 모니터링할 수 있는 것일까? 너무도 확실해 보이는 가설이 떠올랐다. "홑눈!" 홑눈은 각각 하나의 렌즈로 이루어진 작고 단순한 세 개의 눈으로, 곤충의 머리꼭지 위에 삼각형으로 배치되어 있다. 홑눈은 지평선의 높이를 모니터링하여 꿀벌 같은 날곤충들이 수평적인 자세로도 안정적으로 비행할 수 있게 해 준다. 한편, 왜 어떤 개미종은 땅 위를 걸어 다니는데도 머리꼭지에 홑눈을 가지고 있는가는 과학계의 오랜 의문으로 남아 있었다. 몇몇 연구자들은 고래의 작은 뒷발처럼 오늘날의 개미에게는 무용한 조상의 유산일 뿐이라고 생각했다. 하지만 어떤 곤충종에게 홑눈은 천상의 지표를 사용하여 방향을 잡아 주는 역할을 한다. 게다가 홑눈은 시각 정보를 매우 빠른 속도로 뇌에 전달하는 데 특화된 신경 세포들과 연결되어 있으며, 잠자리와 같은 하늘의 곡예사들에게 특히 발달해 있다. 잠자리는 공중에서 빠른 속도로 반회전과 급선회를 하는데, 바람에 날아가는 개미와 그 모양이 비슷하다! 우리는 개미 홑눈의 비밀을 밝혀냈다고 생각했다. 홑눈의 비밀스러운 역할은 돌풍으로 날아갈 때 몸을 제어하지 못한 채 공중에서 이동하는 동안 방향을 모니터링하는 것이다. 이를 시험하는 것은 누워서 떡 먹기였다. 동일한 실험을 진행하되 이번에는 홑눈에 불투명한 페인트로 점을 찍어 가리고, 바람에 날린 뒤 개미가 방향을 잡을 수 없는지만 확인하면 되었다.

다음날 우리는 다시 송풍기를 들고 현장에 도착했다. 하지만 몇 시간 뒤, 실험 결과는 우리를 당혹하게 했다. 홑눈을 가린 첫 번째 개미들이 실험 판자 위에서 그다지 길을 잃은 것처럼 보이지 않았기 때문이다. 두 번째 날 저녁, 기대는 완전히 바닥으로 떨어졌다. 실험 결과 개미가 풍향을 알아보는 데 홑눈을 사용하지 않는다는 사실이 완전히 증명되었기 때문이다. 생물학자 토마스 헨리 헉슬리(Thomas Henry Huxley)의 말이 떠올랐다.

"아름다운 가설이 추악한 사실로 파괴된다는 것이야말로 과학의 크나큰 비극이다."

무엇인지 딱 짚을 수는 없었지만, 자신이 어떤 발견을 목전에 두고 있음을 느끼는 연구자라면 잘 알고 있을 동요의 감정이 일었다. 우리는 날아가는 개미의 영상을 다시 돌려 보며 개미가 몇 밀리초간 어떤 자세를 취한다는 사실을 발견했다. 멋진 가설에 눈이 멀어 볼 수 없었던 장면이었다. 수렵개미는 돌풍이 시작되는 순간을 알아차리면 몸이 떠오르지 않게 즉시 여섯 다리를 벌려 땅에 매달린다. 물론 바람 세기가 어느 정도를 넘어가면 땅에 매달려 있던 개미는 결국 바람에 실려 날아가게 된다. 하지만 아마도 이 짧은 이륙 직전의 순간이 개미가 바람의 방향을 머릿속에 입력하는 때인 듯했다.

우리는 이 새로운 가설을 시험하기로 결심하고 다시 도시로 돌아가 이번에는 적색 광학 필터를 구매했다. 개미의 눈은 적색을 인식하지 못한다. 적색 필터가 적색을 제외한 (자외선을 포함한) 가시광선 파장을 모두 차단하기 때문에 개미에게는 불투명하게 보이는 것이다. 우리는 지름 약 20센티미터의 이 필터를 멜로포루스 굴입구의 5센티미터 위에 놓고 실험을 반복했다. 인간의 눈으로는 이 필터를 통해 개미가 굴에서 나오고, 쿠키를 집어 들고, 날아가는 모습을 관찰할 수 있었다. 땅에 매달린 개미는 이번에는 제 머리 위에 있는 필터에 가려 하늘을 볼 수 없었다. 이때 개미에게는 천상의 지표 역시 보이지 않았다. 반면 돌풍에 실려 날아가 수직 판자 위를 향해 활공할 때는 평소처럼 하늘이 트여 있었다. 그러니 개미가 시험 판자 위에서 방향을 잡지 못한다면, 개미가 공중 이동을 하는 방향을 파악할 때 천상의 지표를 이용하며, 활공할 때가 아니라 땅에 매달릴 때 풍향을 파악한다는 결론이 도출될 수 있었다.

개미 48마리를 이와 같이 시험한 결과, 도출된 결론은 분명했다. 이번에는 낯선 환경에 놓여난 개미들이 방향을 잃었고, 따라서 공중 이동의 방향을 알 수 없었다는 사실이 증명되었다. 이 개미의 방법은 공중 이동의 궤도를 추적하는 데 애쓰기보다는 바람에 날아가기 전 풍향을 기억해 놓는 것이다. 이 개미가 예측을 할 줄 안다는 의미다!

과학 논문을 발표하기 위해서는 타당성이 높아야 하므로 우리는 마지막 실험을 했다. 개미가 날아갈 방향을 잘 예측한다면, 굳이 진짜 날아갈 것도 없이 땅에 매달리는 것만으로도 길을 찾을 수 있을 것이다. 이번에는 적색 필터를 사용하지 않고 바람 세기를 약하게 조절했다. 개미가 땅에 매달리자, 우리는 개미가 바람에 날아가기 전 개미를 붙잡았다. 새로운 환경에 놓인 개미는 우리의 예상대로 자신이 느꼈던 바람의 반대 방향을 향해 이동했다. 바람을 타고 이동했다고 느낄 필요가 없이 낯선 환경에 처했다는 간단한 사실만으로 굴로 돌아가는 방향을 잡은 것이다.

이 일화를 통해 개미는 자명한 이치를 우리에게 상기시켜 준다. 간단한 일을 복잡하게 만들지 말라. 바람을 통한 수동적 이동을 모니터링하는 것은 몹시 어려운 일로, 개미의 감각으로는 아예 불가능한 일인지도 모른다. 하지만 개미는 땅에 매달리는 몇 밀리초라는 찰나의 순간 동안 앞으로 움직일 방향에 대한 정보를 취한다. 개미는 바로 그 순간을 활용하는 것이다. 이러한 방향 정보는 더듬이 아래쪽에 있는 홑눈이라는 기관을 통해 파악되어 머릿속에 저장되며, 그 후에는 겹눈이 하늘을 보며 방향 정보를 얻는다. 멜로포루스에게는 눈에 드러나는 것이 감각을 초월하는 것이다!

오늘날 우리는 개미 뇌의 신경 세포들에서 이러한 전환이 어떻게 이루어지는지를 이해하기 시작했다. 물론 이는 또 다른 문제다.

홑눈은…… 어디에 쓰이는 것인지 아직도 알 수 없다!

흐름을 거슬러

앙투안 비스트라크

개미 애호가라면 가시개미속(*Polyrhachis*)에 속한 개미들을 잘 알고 있을 것이다. 나무 속에 사는 어떤 종은 공 모양의 노란색 광이 도는 배를 가지고 있는데, 나뭇가지를 따라 앉은 모습이 꼭 크리스마스트리의 금빛 방울 장식처럼 보이기도 한다. 2007년, 우리 연구진은 이 개미종을 실험실에 들였다. 개미 군락은 화분에 심긴 관목 안에 굴을 지은 상태였다. 개미들이 이 나무에서만 지내며 도망갈 수 없도록 나무가 심긴 화분을 물을 채운 수조 안에 담아두었다. 아름다운 금빛의 개미들은 방 한구석에서 나무 속 생활에 여념이 없었고, 그렇게 첫째 주는 평화롭게 지나갔다. 하지만 그러던 어느 날, 군락의 개미 한 마리가 맞은편 벽 위에서 발견되었다. 어떻게 빠져나온 것일까? 상황을 대강 보아하니 옆으로 자란 나뭇가지 하나가 수조를 넘어 땅 위로 드리워져 있었다. 그 가지 끝에서 땅으로 떨어진 가엾은 개미가 제 군락으로 돌아가지 못한 것이 틀림없었다. 가위로 가지를 짧게 자르고 개미를 나무의 제 동료들 근처로 돌려보낸 뒤 문제는 해결된 것처럼 보였다. 다음날, 또 다른 금색 점이 벽 위를 기어가고 있어 들여다보니…… 또 길 잃은 개미였다! 어떻게 이런 일이 가능한 것일까? 나뭇가지가 아주 짧아졌으니 이 개미가 나무에서 벗어나기 위해서는 족히 20센티미터는 뛰어넘어야 했을 것이다. 당혹감에 휩싸인 연구진은 이 개미의 가슴 위에 흰색 페인트로 점을 찍어 표시한 뒤 나무 위로 돌려보냈다. 몇 시간 뒤, 또다시 금빛 개미 한 마리가 벽 위를 한가롭게 거닐고 있었다. 그리고 놀랍게도 개미의 가슴에는 흰색 점이 찍혀 있었다. 동일한 개체였던 것이다. 이 개미는 시스템의 결함을 발견하고 방을 탐험하기 위해 나무에서 탈출한 것이 분명했다. 탈주범은 다시 나무로 돌려보내졌지만, 이번에는 개미의 비밀을 밝혀낼 때까지 눈을 떼지 않으리라 결연히 다짐한 연구진이 개미를 관찰하기 시작했다. 개미는 우선 아무 일도 없었다는 듯 행동했는데, 나뭇가지 위를 태연히 거닐고 동료들과 인사를 나누면서 연구진의 인내심을 시험에 빠뜨렸다. 30분쯤 지났을까, 사건이 기소 유예 처분을 받으려는 찰나, 개미는 관목의 기둥을 타고 내려오기 시작하더니 화분 가장자리를 따라 걷다가 수조의 물에 도착했다. 개미는 몇 초간 멈춰 선 채 망설이면서 우리가 수영장에서 발가락에 물을 적실 때처럼 더듬이로 물 표면을 더듬거렸다. 그러다 개미는 앞으로 돌진하더니 배를 바닥으로 향한 채 물로 뛰어들었고, 완벽한 일직선을 그리며 놀라운 속도로 헤엄을 치기 시작했다. 여섯 다리로 아주 훌륭하게 크롤 스트로크를 구사하며 수조 반대편 가장자리에 도착해 유유히 물 밖으로 기어 나온 개미는 인간들의 얼빠진 눈빛을 한 몸에 받았다.

보통 육지 곤충은 헤엄을 칠 줄 모른다고 생각하는데, 적어도 우리가 배우는 바로는 그렇다. 작은 곤충의 축척에서는 물의 표면 장력이 엄청나게 크기 때문에 물이 풀처럼 곤충을 가두게 된다. 수영장에 빠져 필사적으로 살아남으려 애쓰던 개미가 갈피를 못 잡고 허우적대다 자비로운 손길의 도움을 받지 못하고 결국 빠져 죽는 일이 얼마나 흔하던가? 수륙 생활을 하는 딱정벌레목인 물방개처럼 수중 환경에 적응한 곤충종이 헤엄을 칠 수 있는 것은 고도로 특화되어 있지만 육지에서는 전혀 쓸모가 없는 부속 기관 덕분이다. 반면 가시개미는 나무 속 생활에 맞춰진 갈고리 모양의 가는 다리를 가졌을 뿐, 헤엄에 적합해 보이는 부분은 찾아볼 수 없다. 이 개미가 물을 좋아하는 특별한 개체였던 것일까?

개미의 수영에 대한 기록을 찾기 위해서는 학술 문헌의 세계로 들어가 볼 필요가 있다. 첫 번째 일화는 1982년 브라질 전문지 〈악타 아마조니아〉에 등장한다. 연구진은 아크로미르멕스속(Acro-myrmex)의 잎꾼개미가 아마존에서 해마다 일어나는 홍수에서 어떻게 살아남는지 의문을 가졌다. 실제로 아마존 우림 어떤 곳에서는 물이 6미터 높이까지 차올라 몇 달이나 잠겨 있었다고 한다! 보통 땅속에 사는 잎꾼개미는 나무 속으로 군락을 옮겼던 것으로 밝혀졌다. 단순하지만 효과적인 해결책이다. 더 흥미로운 사실은 어떤 잎꾼개미 개체는 홍수 때에도 이웃 나무에 식량을 구하러 가기도 했다는 것이다. 개미는 수련 등의 부유 식물을 이용하여 다리를 물에 적시지 않고도 나무 기둥에 가 닿을 수 있었다. 하지만 이 문헌에 따르면 이용할 수련이 없었던 어떤 수렵개미는 수영을 해야 했다! 물고기에 잡아먹히거나 물살에 휩쓸리는 경우가 많아 수영은 개미에게 매우 위험한 활동이다. 논문을 읽고 우리는 안도했다. 수영하는 개미를 본 게 우리뿐만은 아니었던 것이다.

3년 뒤 발표된 한 연구는 이 주제를 겨냥했다. 말레이시아에서 실험을 진행하던 캔자스 연구진은 개미가 물웅덩이를 가로질러 헤엄치는 모습을 우연히 보게 되었다. 미국으로 돌아온 연구진은 이 사건을 파헤쳐 보기로 했다. 이들은 여러 현지 개미종을 수집하고 연못에 개미를 던져 보며 수영 실력을 시험했다. 간단한 일을 복잡하게 만들 이유가 없지 않은가. 수영을 전혀 못 하는 개미종이 많았지만, 어떤 종은 아주 훌륭하게 물에서 빠져나오기도 했다. 연구진은 수영 시합에서 이긴 개미종 중 하나를 골랐고, 커피색의 아름다운 개미인 캄포노투스 아메리카누스(*Camponotus americanus*)의 수영 실력을 실험실에서 연구하기로 했다.

실험 참가자들은 40센티미터 길이의 올림픽 수영장에 홀로 놓여 거대한 8밀리미터 카메라를 이용해 초고속으로 촬영되었다. 측정이 가능한 데이터를 얻기 위해 과학자 두 명은 트레이싱페이퍼를 쓰듯 유리 탁자 위에 필름을 수평으로 투사하여 헤엄치는 개미의 윤곽을 프레임 하나하나 연필로 따라 그렸다. 초당 프레임이 70개니, 대단한 인내심이 필요했을 것이다.

이들의 목표는 헤엄을 칠 때 개미가 걸을 때와 동일한 운동 반사를 사용하는지, 혹은 수영에만 특별하게 쓰는 기술이 있는지 알아내는 것이었다. 실제로 개처럼 사족 보행을 하는 포유류 대부분은 땅 위를 걸을 때와 동일한 방식으로 다리를 번갈아 가며 헤엄을 친다. 그러니 이론상으로는 특별히 수영할 때만 쓰는 움직임이 필요할 이유가 없었다. 걸을 줄 아는 모든 포유류는 본능적으로 수영도 할 줄 알기 때문이다. 하지만 개미의 경우에는 사정이 다른 듯하다. 개미의 수영은 아주 특별한 지식을 요구한다. 연구진에 따르면 이 개미종은 개가 앞발을 쓸 때처럼 앞발을 모터처럼 사용해 물속에서 수직면을 따라 왼 다리와 오른 다리를 번갈아 원운동을 하면서 스스로 추진한다. 그런데 (개미에게조차) 속보(trot)의 특징인 이 좌우 교대 운동은 가운뎃다리와 뒷다리에서는 이루어지지 않는다. 뒤쪽을 향해 쭉 뻗은 가운뎃다리와 뒷다리는 수면을 따라 윤곽이 드러나며, 회전에 쓰이는 배의 키처럼 쓰인다. 개미는 좌현(왼쪽)으로 회전하기 위해 왼쪽 뒷발을 벌려 물의 저항을 높인다. 카누의 뒤쪽에 앉은 사람이 배를 왼쪽으로 돌리려고 노를 왼쪽으로 담

그는 것과 정확히 똑같은 방식이다.

개미가 수영을 하기 위해서는 특정한 적응이 필요한 것으로 보이는데, 왜 모든 개미가 본능적으로 수영을 하지는 못하는지도 이로써 설명이 가능하다. 이 두 연구자는 또한 개미들이 작은 수영장에 던져졌을 때 먼저 패닉 상태에 빠진 듯 불안정하고 무용한 움직임을 보였으며, (곤충에게는 긴 시간인) 몇 초가 지나서야 숙달된 크롤 영법을 구사하기 시작했다고 밝혔다. 초반의 반사 반응은 수영에 적응하기 전부터 존재하던 조상 전래의 공포심으로 인한 것인지도 모른다.

아주 최근에는 다른 연구자들도 이 물에 뛰어들었다. 이 연구진의 행선지는 페루와 파나마로, 이곳의 우림은 일 년에 수개월 동안 큰 홍수를 겪는다. 이 홍수 기간은 현지에 사는 개미에게 그리 유쾌한 시간은 아니다. 매분마다 개미와 작은 곤충 수백만 마리가 나무에서 떨어져 물에 빠지는데, 낮은 가지부터 30미터 높이 우듬지 근처의 가지까지 떨어지는 높이는 다양하다. 이 현상은 규모가 상당히 커서 '앤트 레인(Ant rain)', '개미 비'라고 불리기도 한다! 이 개미 비로 상당한 양의 식량이 우듬지에서 땅으로 쏟아져 내리기 때문에 우림의 수륙 간 균형을 맞추는 중요한 과정이기도 하다. 다르게 말하면 아래쪽에 사는 수중 포식자가 즐기는 진수성찬의 주요 메뉴가 이 개미들이라는 뜻이다. 개미는 물에 빠지고 10초도 되지 않아 물고기에게 덥석 잡아먹히고 만다. 이러니 개미들이 수영을 배우게 된 것이다!

연구진은 등산용 밧줄을 꺼내 들고 우듬지 꼭대기에 올랐다. 이 우림은 나뭇가지 하나하나에 생기가 흘러넘친다. 나무 한 그루에 20종이 넘는 개미종이 서식하기도 한다. 연구진은 몇 번의 등반 끝에 35종의 개미 100여 마리를 채집할 수 있었다. 언뜻 한갓진 채집

과정처럼 보이겠지만, 건물 10층 높이인 30미터 상공에 매달려 있으려면 침을 쏘는 개미와 무해한 개미 정도는 구분할 줄 알아야 한다!

땅에 내려온 연구진은 채집한 온갖 종의 개미를 데리고 홍수가 난 곳 위로 난 육교에 올랐고, 30년 전의 선학들이 했던 것처럼 개미를 한 마리씩 물에 던졌다. 통하는 방법이 있는데 뭐하러 또 방법을 바꾸겠는가. 대신 이번에는 개미의 움직임을 정확히 측정하기 위해 레이저를 사용했다. 약 절반 정도의 개미종이 수영을 전혀 하지 못했다. 25퍼센트는 간신히 둑을 향해 이동했고, 다른 25퍼센트는 엘리트 선수처럼 일직선으로 물살을 가르며 가장 가까운 기슭으로 향했다. 이 시합의 우승자는 기간티옵스 데스트룩토르종의 개미였는데, 이 개미는 제 몸길이의 열여섯 배 거리를 1초 만에 갈 수 있는 속도인 초속 16센티미터로 전진했다! 비교를 위해 이야기하자면, 올림픽 메달 28개를 획득한 수영 선수 마이클 펠프스의 경우 최상의 컨디션에 자신 키의 1.5배 거리를 1초 안에 갈 수 있다. 그러니 그가 세계에서 가장 빠른 수영 선수는 아니었던 것이다. 내가 알기로는 어떤 개미학 연구에도 이보다 더 나은 결과를 언급된 바가 없다. 그러니 이 기간티옵스는 지금까지도 최고 기록을 가지고 있는 것이다.

이 연구진의 목표는 수영할 줄 아는 개미종을 확인하는 것에 그치지 않고 이 행동의 진화사를 이해하는 것이었다. 오늘날 DNA 분석에 기반한 다양한 개미종 간의 친족 관계는 잘 알려진 편이다. 그래서 가계도를 그리듯 개미종 간 친족 관계를 보여주는 '계통수(arbre phylogénétique)'를 재구성하는 것도 가능하다. 그 결과, 수영 능력은 자매종, 즉 같은 계통수 가지를 공유하는 종 사이에서 주로 발견되었다. 이는 수영 능력이 공통의 조상에서 진화되어 이 조상의 모든 후손종에 유전되었다는 것을 의미한다. 하지만 수영할 줄 아는 개미종 중에는 해당 가지와 멀리 떨어진 가지에 있는 종도 많았는데, 어떤 종은 1억 년의 분화로 나누어지기도 했다. 이 결과를 가장 보수적으로 해석하자면, 개미에게 수영 능력은 독립적인 방식으로 네 번에 걸쳐 진화했다고 할 수 있다.

놀랍게도 앞서 이야기한 캄포노투스 아메리카누스와는 다른 수영 기술을 보여주는 종도 있었다. 두 개의 앞다리만 쓰는 캄포노투스와는 달리, 어떤 개미는 앞으로 나갈 때 가운뎃다리도 사용하면서 네 팔로 크롤 스트로크를 하듯이 각 다리를 물에서 완전히 빼면서 전진했다. 또 어떤 종은 얼마간 수면 위를 달리다가 물의 표면장력이 무너지면 크롤 스트로크를 시작하기도 했다. 동작의 주기는 200~700밀리초 사이로 다양했고, 가장 요란하게 움직이는 개미는 초당 (그리고 한 다리당) 다섯 번을 돌릴 수 있었다.

이 모든 차이점과 수천 년에 걸친 분화의 존재에도 불구하고 모든 개미가 가진 공통점이 보인다. 물에 들어가면 가장 가까운 나무 기둥을 향해 돌진한다는 것이다. 이 행동의 기능은 더할 나위 없이 분명하다. "각자도생이다!" 실험실에는 나무 기둥이 없었으니 향할 곳은 수평선 위에 수직으로 놓인 컴컴한 곳이라면 어디라도 상관없었다. 그래서 단순하고 실용적인 생존 전략을 취한 개미는 시각에 의존해 방향을 잡았던 것이다. 연구진은 한술 더 떠 개미의 눈을 페인트로 가리고 그 기록을 연구하기도 했다. 예상이 가능하듯, 가여운 개미는 수영장에서 갈피를 잡지 못하고 원을 그리며 돌기만 했다. 사실 이 실험의 목적은 개미가 물에 잠긴 나무 기둥을 찾을 때 수면의 잔물결을 이용할 줄 아는지 시험하는 것이었다. 멋지기는 하지만 이제는 논박된 가설이다. 개미는 기슭을 향해 갈 때 시각을 필요로 하는 것으로 보인다. 달빛 없는 밤에 나무에서 떨어지지 않는 편이 개미에게는 이롭겠다.

정리하자면, 개미의 수영 능력은 물고기 밥이 되는 위험에 대응하기 위해 여러 차례 진화를 거친 것이 분명하다. 하지만 어떤 개체는 자진하여 주저 없이 물에 뛰어들기도 한다. 새로운 영역을 탐색하기 위해 수조에 몇 번이나 뛰어든 금빛의 용감한 가시개미처럼 말이다. 이 개미종에게는 물을 싫어하는 경향이 뚜렷이 나타났는데, 다른 개미들은 모두 몸을 적시지 않고 나무 속에 남아 있는 것도 바로 그런 이유에서다. 이 행동은 같은 군락 개체 간에 존재하는 행동의 다양성을 보여줄 뿐 아니라, 우리의 고소공포증처럼 조상으로부터 유전되어 온 혐오증은 극복할 수 없는 대상도 아니며, 어떤 배짱파에 의해 극복되기도 한다는 사실을 보여준다. 분명히 이 씩씩한 탐험가도 두려움을 참아내고 물에 뛰어든 것이리라.

메두사 호의 뗏목

오드레 뒤쉬투르

수영을 못 해도 물에 뜰 줄 안다면 문제가 아니다. 솔레놉시스 인빅타(Solenopsis invicta)의 원산지는 브라질 열대림이다. 이 개미종은 60년도 되지 않아 미국 제국을 두 손 두 발 들게 한 침입종이기도 하다. 이 개미종이 미국에서 차지하고 있는 총면적만 1억 2,800만 헥타르가 넘는다. 헥타르당 개미굴이 5,000개나 있는 주도 있는데, 군락 하나에 최대 20만 마리까지 살기도 하니, 계산을 해 보면 엄청난 숫자가 나온다. 몸길이 5밀리미터의 이 불개미(fourmi de feu)는 공격적이며, 무척추동물을 사냥하고 게걸스럽게 잡아먹는다. 이 개미는 주변에 메뚜기나 다른 곤충이 하나도 보이지 않으면 가축을 죽이는 것도 꺼리지 않는다.

불개미가 여러분을 공격한다면 큰턱으로 피부를 물 것이다. 제대로 매달리고 나면 개미는 떨어지기 전까지 몇 번이고 미친 듯이 침을 쏠 것이다. 상대가 대응하기 전까지 개미는 평균적으로 침을 여덟 번 정도 쏜다. 침이 피부를 뚫을 때마다 개미는 독을 주입한다. 곧바로 떼어내지 않으면 개미는 큰턱 주변으로 몸을 돌리며 재봉틀처럼 수차례 침을 쏘아댄다. 문제는 이 분노의 불꽃이 피부를 그악스레 움켜잡고 있다는 것이다. 개미를 떼어내려고 해도 겨우

186

몸만 떨어뜨려 놓을 수 있을 뿐, 머리 쪽은 큰턱에 매달려 스테이플러 심처럼 피부에 박혀 있을 것이다. 개미는 독이 다 없어질 때까지 갈고리가 달린 침을 쏘아댈 것이다. 개미의 침은 가려움과 희끄무레한 수포를 유발하는데, 그 정도에 멈추면 운이 좋은 편이다. 간혹 아나필락틱 쇼크(choc anaphylactique)라는 극심한 알레르기 반응이 일어날 때도 있다. 매년 미국에서는 1,000만 명이 불개미에게 공격당하고 평균적으로 열 명 정도가 불개미 때문에 사망한다. 꿀벌로 인한 사상자보다는 열 배 적지만 상어로 인한 사상자보다 열 배 많다.

불개미는 식물, 건물, 전자기기 등을 훼손하기도 한다. 그 이유는 확실하지 않지만 전류가 개미를 끌어당기는 것으로 보인다. 전선을 깨물다가 감전이 되면 개미들은 도망을 치는 대신 동료들을 불러 모으는 화학 물질을 분비한다. 그래서 개미가 배전함이나 컴퓨터 속에 사는 경우 큰 피해를 일으키게 된다. 신호등에 사는 경우도 있는데, 개미가 교통사고를 발생시키는 원인 중 하나임이 짐작되는 대목이다. 매년 미국에서 불개미로 인해 발생하는 피해의 규모는 60억 달러에 달한다.

연구자들은 이 침입종이 육로가 아니라 수로를 통해, 더 정확히는 리오그란데강을 따라 물에 떠서 미국에 들어왔을 것으로 추측한다. 실제로 불개미는 홍수가 나면 다리 끝에 애벌레를 달고 굴 밖으로 빠르게 나온 뒤 한데 모여 물에 뜨는 거대한 군락을 만드는데, 이를 뗏목(radeau)이라 부른다. 뗏목의 지름은 50센티미터를 넘어가기도 한다. 연구자들은 홍수 시 이 구명정이 어떻게 만들어지는지 관찰했다. 배를 만드는 일은 개미굴의 가장 높은 지점에 애벌레들을 모아놓는 것에서 시작한다. 1세기 플루타르코스(Plutarque)는 이렇게 말하기도 했다. "개미들은 고난의 시기에 사랑의 결실을 굴 밖으로 내놓고는 한다." 그러나 뜻밖에도 애벌레들은 뗏목 구조의 토대로 사용된다. 그리고 성체들은 알 뭉치에 올라탄 뒤 서로 움켜잡는다. 처녀 여왕개미들은 뗏목 건설에 참여하지 않고 뗏목이 완성되면 그 위를 여유롭게 거닌다. 보모개미들은 가장 어린 애벌레와 알들을 큰턱 안에 보관한 채 구명정 가운데 자리를 잡는다. 수개미들은 금세 배 밖으로 내던져지는데, 특히 식량이 떨어지게 되면 그렇다.

실험실에서 이 구명정은 물속 깊이 빠지기 전까지 12일 이상을 버틸 수 있었다. 뗏목은 애벌레가 많을수록 더 오래 버텼다. 애벌레가 아예 없을 때는 겨우 몇 시간밖에 버티지 못했고 군락은 종말을 맞았다. 이로 미루어 보아 애벌레가 부표 역할을 하는 듯하다. 연구진은 애벌레가 물속에 잠길 때 공기 방울을 여러 개 붙잡아 뗏목의 부력을 키운다는 사실을 발견했다. 이 구명부표를 더 자세히 들여다보니 애벌레는 갈퀴와 고리 모양의 털로 덮여 있었다. 연구진은 이 솜털로 공기 방울이 잡히는 것인지 확인하기 위해 상자에 물을 채워 만든 임시 수영장에 애벌레들을 집어넣었다. 애벌레들은 물속에 가만히 있지 못할 정도로 물을 매우 무서워했다. 연구진은 현미경 관찰을 위해 수조 바닥에 애벌레들을 붙이는 방법을 시도했다. 그러고 난 뒤 공기 방울을 모으는 능력이 모든 개미 애벌레의 속성인지 확인하기 위해 여러 종을 나란히 두고 실험했다. 털이 길고 뻣뻣한 종부터 털이 짧고 성기게 난 종까지 애벌레 수십 마리를 물에 빠뜨려 본 결과, 불개미 애벌레만 많은 양의 공기 방울을 잡을 수 있는 것으로 드러났다.

뗏목의 구조를 더 잘 이해하기 위해 생물물리학자들은 뗏목을 액체 질소에 담가 개미들이 모여 있는 상태로 영구히 굳혔다. 그 결과 개미들은 부절이나 발톱을 이용해 서로 움켜쥐고 있는 것으로 밝혀졌다. 대부분 부절과 부절 또는 부절과 큰턱, 부절과 퇴절 (fémur), 부절과 몸통의 결합이었다. 개미들은 서로 붙고 나면 함께 둥글게 웅크려 구조를 압축시킨다. 뗏목을 이루는 각 개체는 평균적으로 다른 다섯 마리와 연결되어 있었다. 연구진은 개체 두 마리 사이에 작용하는 견인력을 측정하기 위해 매우 독창적인 실험을 고안했다. 먼저 등이 바닥을 향하고 다리 여섯 개가 허공을 향하게끔 개미를 유리판에 붙였다. 그리고 다른 개미를 고무줄 끝에 매달아 유리판에 붙여 놓은 개미의 부절에 부드럽게 스치도록 움직였다. 바닥에 고정된 개미는 본능적으로 개미를 움켜잡는다. 개미들이 서로 꽉 움켜잡자 연구진은 고무줄을 천천히 잡아당기며 견인력을 측정했다. 이때 작용한 최대 견인력은 개미 몸무게보다 400배 무거운 6.2그램/미터/초였다. 이 힘은 아즈테카의 발톱이 특정 식물의 잎에 있는 고리에 벨크로처럼 붙을 때의 고정력(개미 몸무게의 5,700배)보다는 현저히 낮지만, 인간으로 치면 해변에 좌초된 혹등고래를 끌어당길 수 있는 정도이므로 여전히 놀라운 수준이다. 인간의 실제 견인력은 250킬로그램/미터/초로, 자기 몸무게의 세 배, 돼지 한 마리 무게 정도다.

개미는 비교적 물을 싫어하지만, 그로 인해 몸 주변으로 공기를 잡아두고 물에 뜨는 방법을 터득하게 되었다. 이 현상을 더 잘 이해하려면 약간의 물리학 지식이 필요하다. 물에 빠진 개미는 여느 물체처럼 부력의 영향을 받는데, 이 수직의 힘은 개미의 위에 있는 액체를 통해 아래쪽에서 위쪽으로 작용한다. 부력은 중력의 반대 방향으로 작용하여 개미의 부피와 함께 증가한다. 위에서 아래로 작용하는 수직의 힘, 즉 중력은 개미의 무게와 함께 증가한다. 위로 미는 힘이 아래로 당기는 힘보다 크면 개미는 물 위에 뜨고, 반대의 경우에는 물속으로 가라앉는다. 다르게 말하면 개미의 부력은 밀도라고도 하는 면적밀도(단위 부피만큼의 질량)에 달려 있다. 개미의 밀도가 물의 밀도보다 낮으면 개미는 뜬다. 여러분도 바다에서 여유를 즐기며 물 위에 누워 있을 때, 폐에 공기를 꽉 채우면 몸이 더 잘 뜨는 느낌을 받아본 적이 있을 것이다. 실제로 흉곽을 부풀리면 몸의 총면적이 늘어나고, 그에 따라 밀도가 낮아져 부력이 커지게 된다.

공기 방울을 하나도 잡지 못하는 개미는 빠르게 가라앉는데, 개미의 밀도는 1.1그램/밀리리터로 1그램/밀리리터인 물의 밀도보다 높기 때문이다. 개미가 머리와 가슴 사이에 공기 방울을 붙잡으면 밀도가 0.4그램/밀리리터로 크게 낮아져 뜰 수 있게 된다. 한데 뭉친 불개미들은 비교적 큰 공기주머니를 만들어 현상을 극대화한다. 그에 따라 뗏목의 밀도는 물보다 다섯 배 낮은 0.2그램/밀리리터까지 떨어진다. 개미는 협력을 통해 물에 젖는 몸으로 방수 표면을 만드는 데 성공하며 '전체는 부분의 합 이상이다'라는 격언을 몸소 보여준다.

개미는 기문(spiracle)이라는 몸 양쪽에 난 작은 구멍들을 통해 숨을 쉰다. 기문은 장기 전체로 산소를 분배하는 기관(trachée)과 기관지(trachéole) 망을 통해 서로 연결되어 있다. 연구진은 물속에 갇힌 개미가 호흡하기 위해 열심히 붙잡은 공기 방울을 기문이 있는 위치에 갖다 대는 모습을 관찰했다. 개미는 모은 공기 방울을 엘리베이터처럼 타고 올라가 표면 장력을 깨고 물 밖으로 나오기도 한다.

연구진은 뗏목 건설의 역학을 이해하기 위해 개미 수백 마리를 컵 안에 넣었다. 밀착하는 본성을 가진 개미들은 몇 차례 소용돌이를 일으키다 공 모양을 이루었다. 얼기설기 얽힌 개미 뭉치를 유리 위에 올려놓자, 개미들은 빠르게 흩어지더니 혼비백산 달아났다.

반면 수면 위에 올려놓은 개미 공은 2분도 지나지 않아 뗏목 모양으로 바뀌었다. 이때 개미들은 점성이 있는 액체와 같은 상태를 띠는데, 이때 표면 장력은 수은보다 다섯 배 높으며 점성이 기름과 비슷한 수준임이 밝혀졌다.

이 구명정에서 어떤 개체들은 촘촘한 그물 모양을 이루며 물과 직접 닿는 반면, 또 어떤 개체들은 몸을 적시지 않은 채 그 위에 앉아 뗏목이 어딘가 닿기를 기다린다. 뗏목의 중심을 이루는 개미들을 끌어내자, 난파를 막기 위해 그 자리는 다른 개미들로 채워졌다. 연구진은 이 뗏목의 내구성을 시험하기 위해 뗏목을 난관에 빠뜨려 보았다. 먼저 뗏목이 가라앉도록 집게로 뗏목의 가운데를 눌렀다. 이러한 힘이 가해지자 뗏목은 탄성 조직처럼 늘어났다가, 누르는 힘이 사라지자 빠르게 원래의 형태를 되찾았다. 연구진은 뗏목 가운데에 동전을 올려놓으며 더 큰 힘을 가했다. 그러자 동전 아래 있던 개미들의 결합이 빠른 속도로 끊어지면서 동전이 바닥에 가라앉았다. 동전 때문에 뚫린 큰 구멍은 금세 메워졌다. 이 실험은 개미들이 액체와 같이 움직인다는 사실을 보여준다. 결론적으로 개미는 조건에 따라 고체인 동시에 액체이기도 한 것이다!

연못 위의 다리

오드레 뒤쉬투르

이처럼 개미는 제 몸을 이용해 물 위에서 기반 시설을 건설하는데, 육지에서는 또 다른 창의성을 보여준다.

군대개미라고도 불리는 에치톤 부르켈리이(*Eciton burchellii*)는 남아메리카가 원산지로, 카리스마 넘치는 사냥법으로 유명하다. 앞서 이야기한 도릴루스속의 아프리카 마냥개미와 같은 아프리카 개미들처럼 이 개미도 자세히 들여다볼 만한 가치가 있다. 에치톤은 최대 50만 마리가 모여 살기도 하는 큰 군락을 이룬다. 개미의 몸길이는 3밀리미터에서 15밀리미터까지 다양하다. 가장 큰 일개미들인 병정개미들은 영화 〈스타쉽 트루퍼스〉에서 막 튀어나온 것처럼 기세가 등등하다. 희끗희끗한 머리에는 작은 눈이 달려 있다. 민첩하고 빠른 다리는 거미를 연상케 한다. 하지만 가장 인상적인 부분은 낫 모양의 커다란 큰턱으로, 피부쯤은 아주 쉽게 뚫을 수 있다.

군대개미는 고정된 거처 없이 제 몸을 자재 삼아 야영 막사를 짓는다. 개미들은 발톱을 이용해 서로 매달려서 몸을 쌓는데, 이 크기가 지름 1미터를 넘는 경우도 있다. 50만 개의 몸이 만들어 내는 구조물은 치어리더의 피라미드와는 비교도 되지 않을 만큼 복잡하다. 야영 막사는 환풍 관의 개폐를 통해 온도가 조절된다. 여왕개미와 어린 애벌레, 알들은 구조물의 가운데 안전한 곳에 자리를 잡는다. 큰 일개미와 병정개미가 건조에 가장 강하므로 야영 막사의 외벽을 이룬다.

　뉴욕 한 대학에 교수로 재직 중인 한 동료는 정글 탐사 중 한 번은 이 야영 막사 건설 과정에 대한 사전 실험을 위해 군대개미 군락 하나를 채집하겠다는 결심을 했었다며 이야기를 들려주었다. 용의주도한 그는 가장 먼저 에치톤의 세계적인 전문가에게 자문하자, 전문가는 목이 긴 고무장갑을 준비하고 두 손으로 '가볍게' 야영 막사를 들어서 상자에 넣고 빠르게 상자를 봉인하라고 조언을 해 주었다. 한편 이 동료가 채집하고 싶었던 것은 특정한 개미종으로, 바로 에시톤 부르켈리이였다. 이 '디테일'은 몰랐던 전문가가 알려준 것은 에치톤 하마툼(Eciton hamatum)을 잡는 법이었다. 여러분의 눈에는 작은 차이처럼 보일 것이다. 하지만 이러한 오해는 나름의 의미가 있다. 에치톤 하마툼은 서로 단단히 매달려 야영 막사를 만들기 때문에 구조가 치밀하다. 에치톤 부르켈리이의 경우에는 발톱 끝으로 서로 잡아 쌓은 토대가 성기기 때문에 작은 접촉에도 붕괴하기가 쉽다. 이후 어떤 일이 일어났는지는 말하지 않아도 예상할 수 있을 것이다. 동료는 이 '작은' 디테일을 알지 못한 채 에치톤 부르켈리이의 거대한 야영 막사를 들었다. 빛의 속도로 자신의 실수를 깨달은 그는 곧바로 물러섰지만 이미 늦은 상태였다. 그를 뒤덮은 개미들은 일본도처럼 날카로운 큰턱을 닿을 수 있는 모든 피부 면에 욕심껏 꽂아 넣었다. 그는 긴 사투 끝에 이 끈질긴 개미를 모두 떨쳐내는 데 성공했다. 하지만 그는 온종일 자신의 주의를 피해 간 병정개미가 어딘가 붙어 있는 건 아닌지 불안에 떨어야 했다. 바지 주름 속에 숨어 다모클레스(Damoclès)의 칼처럼 그를 깨물 기회만 노리고 있는 개미가 상상되었던 것이다.

에치톤은 아주 무서운 사냥꾼이다. 이들의 공습은 새벽에 시작된다. 야영 막사에 새벽빛이 밝아오면, 따사로이 드리운 햇볕에 잠에서 깬 개미들이 서로 연결을 풀고 미끄러지듯 땅으로 내려온다. 처음에는 잠에서 덜 깬 듯 사방으로 흩어진다. 그러다 우연의 장난처럼 많은 수의 개미가 같은 방향을 향하기 시작하고, 그렇게 서로 만난 개미들은 정해진 대장 없이 사냥 행렬을 이루게 된다. 행렬의 앞머리에 선 개미들은 몇 센티미터를 전진하다가 행렬의 끄트머리에 선다. 공격대는 이렇게 시속 20미터로 움직이는 컨베이어 벨트처럼 이동한다. 사냥 행렬의 규모는 너비 수 미터에 길이 100여 미터, 개체 20만 마리가 참여할 정도로 커지기도 한다. 군대개미는 먹잇감을 하루에 3만 개까지 야영 막사로 가져올 수 있다. 완전무장을 한 채 무척추동물이든 척추동물이든 가리지 않고 공격하는 이 전사들을 마주치면 다들 쏜살같이 도망친다. 정글 바닥을 휘젓고 다니는 사냥꾼 개미들과 개미들을 피해 줄행랑을 치는 먹잇감들이 자아내는 왁자지껄은 멀리멀리 전해진다. 무려 300종의 동물(대부분 조류와 곤충)이 군대개미의 사냥 행렬 주변에 도사리고 있는 것으로 밝혀졌다. 이 동물들은 무시무시한 포식자 개미들을 피해 수풀을 빠져나온 곤충과 작은 척추동물들을 잡아먹는다.

에치톤 군락은 정착기와 유랑기를 번갈아 가며 생활한다. 평균 20여 일의 정착기 동안에는 대부분 개미가 야영 막사에 머무르며 사냥꾼들만 이삼일에 한 번씩 기습을 나간다. 이 기간 여왕개미는 2.5센티미터까지 몸집을 키우고 무려 30만 개의 알을 낳는다. 애벌레의 경우에는 이 침거 기간 동안 변태에 들어간다. 알과 번데기가 부화하고 나면 유랑기가 시작되는데, 이 기간 동안 군락 전체가 매일매일 짐을 꾸리고 부려 이동하여 몇백 미터 떨어진 곳에 새로운 야영 막사를 차린다. 이때 개미들은 매일 낮에는 사냥을, 밤에는 이

사를 하며 생활한다. 군락은 사냥을 다녀온 뒤 늘 해가 질 때 이동을 시작한다. 마지막 햇빛이 사라지면 개미는 이전의 야영 막사로 먹잇감 운반을 멈추고 새로운 캠프장으로 애벌레를 옮기기 시작한다. 오후 여덟 시에서 열 시 사이 해가 저문 시간, 날씬해진 여왕개미는 야영 막사를 나선다. 이때 여왕개미의 배는 다시 보통 크기로 돌아와 있고, 몸길이도 1.7센티미터로 줄어들어 이동하기에 편한 몸이 된다. 일개미는 여왕개미를 보면 후다닥 달려가 여왕개미의 다리 아래 들어가거나 등에 올라타고, 때로는 여왕개미의 몸을 감싸기도 하면서 여왕개미에게 달라붙는다. 이 넘치는 사랑에도 여왕개미는 새로운 야영 막사를 향해 이동한다. 군락의 이주는 자정께 끝이 나고, 개미는 충분한 휴식을 취하다가 새벽이 되면 다시 광적인 사냥을 떠난다.

군대개미는 눈이 거의 보이지 않아 주로 화학적 신호와 촉각, 진동을 이용하여 소통한다. 행렬을 이루어 사냥을 떠날 때 개미들은 동료들을 놓쳐 길을 잃지 않기 위해 화학 물질을 분비하고 서로 접촉을 늘린다. 안타깝게도 앞서는 개미를 맹목적으로 따르는 데에는 대가가 따르는데, 그 이름도 무서운 '죽음의 소용돌이'로, 1936년 한 박물학자가 이 현상을 최초로 기록했다. 바쁘게 보도 위를 건너던 군대개미들이 공교롭게도 고리 모양을 이루었고, 스스로 남겨놓은 화학적 흔적에 덫처럼 갇혀 48시간 동안 그 위를 맴돌기만 하다 탈진하여 한 마리씩 죽어갔다는 것이 그의 설명이다. 이 으스스한 회전목마는 비가 오고 보도 위로 빗물 줄기가 흘러도 계속되었다고 한다. 이러한 광경은 호기심을 느낀 연구진에 의해 여러 차례 촬영된 바 있는데, 이 현상은 인간이 지배하는, 콘크리트와 아스팔트 도로들뿐인 환경에서만 나타났다. 개미의 자연 서식지였다면 잔가지 같은 사소한 방해물이라도 이 끔찍한 악순환을 끊고 개미들을 죽음의 소용돌이에서 꺼내주었을 것이다. 인간이라고 이런 개미를 비웃을 처지는 못 된다. 메탈 콘서트에서 일어나는 '서클 모싱'이나 '서클 핏'에 참여해 본 적이 있는가? 2000년대 등장한 이 춤은 뛰면서 원을 만드는 것이다. 메탈 밴드 데빌 드라이버의 다운랜드 페스티벌 공연에서는 2만 명의 사람들이 이 원 만들기 춤에 참여했다!

공격대는 부식 중인 나뭇잎과 크고 작은 나뭇가지가 뒤엉킨 정글 바닥 위로 이동한다. 길 이곳저곳에는 우리가 종종 마주치곤 하는 포트 홀과 비슷한 다소 넓고 깊은 굴곡들이 있다. 에치톤은 울퉁불퉁한 길도 개의치 않고 전속력으로 달린다. 어떻게 그럴 수 있는 것일까? 시어도어 크리스티안 슈나이얼라(*Theodore Christian Schneirla*)는 군대개미를 다룬 저서에서 이 개미가 사냥터에 산재하는 크레바스를 제 몸으로 덮어 땅을 평평하게 만든다고 설명한다. 동료들이 마구 질주할 수 있도록 스스로 판자 역할을 하는 것이다. 이곳저곳 포트 홀이 있는 시골길을 운전해 가는데 친구 중 한 명이 차에서 내려 포트 홀 위에 누워 자기 위로 지나가라고 하는 모습을 상상해 보라.

이 현상을 더 깊이 알아보기 위해 연구진은 사냥 행렬이 다니는 길 위로 구멍이 난 판자를 놓아 보았다. 이 판자에는 다양한 지름의 구멍이 뚫려 있었다. 연구진은 구멍을 막는 개미의 크기가 구멍의 지름에 따라 섬세하게 조정된다는 사실을 확인하고 놀라움을 금치 못했다. 이 수수께끼를 밝혀내기 위해 연구진은 개미가 방해물을 마주했을 때 보이는 행동을 촬영하고 분석했다. 제 몸이 구멍의 지름보다 너무 큰 경우 개미는 마음 편히 구멍을 뛰어넘고 제 갈 길을 간다. 반대로 너무 작은 경우에는 달리기를 바로 멈추고 근처에서 기다린다. 그리고 몸의 크기가 구멍의 지름과 비슷할 경우, 개미는 다리를 쭉 펴고 가로로 구멍에 눕는다. 이 개미 덕분에 구멍 근처에 얌전히 기다리고 있던 더 작은 개미가 건널 수 있게 되는 것이다. 연구진은 구멍을 막는 개미는 다른 개미가 제 위로 지나갈 때까지 자리를 지킨다는 사실을 발견했다. 5초 이상 아무도 지나가지 않으면 개미는 빠르게 구멍을 빠져나와 다시 길을 가기 시작한다. 살아 있는 '마개' 역할을 하는 개미는 전체적인 교통 속도를 높이고 시간당 굴에 운반되는 먹잇감의 양을 증가시킴으로써 자신이 먹잇감을 가져오지 못해 발생하는 손해를 벌충하게 된다.

혼자 메꿀 수 없을 정도로 너무 큰 구멍을 마주쳤을 때 군대개미는 서로 매달림으로써 사슬 모양을 이루어 살아 있는 다리를 만든다. 연구진은 중력을 견뎌내도록 고안된 이 구조물이 어떻게 만들어지는지 알아보고자 했다. 하지만 에치톤을 실험실에 보관하는 것은 불가능한 동시에 위험한 일이었다. 에치톤은 탈출의 여왕이기 때문이다. 탈옥의 달인도 이 개미보다는 한 수 아래다. 날카로운 큰 턱을 벼린 굶주린 개미 20만 마리가 열심히 일하고 있는 동료의 사무실로 들이닥친다고 상상해 보라. 그런 이유로 연구진은 파나마의 정글에서 실험을 진행하게 되었다. 에치톤의 사냥 행렬은 찾기 쉬운데, 사냥감 냄새를 맡은 새들이 따라다니며 짹짹거리고 있기 때문이다. 새소리를 찾아 귀를 기울이기만 하면 된다! 개미를 발견한 연구진은 공격대를 가로질러 위로 솟은 플라스틱 길을 놓았다. 이제 사냥꾼들은 이 길을 통해서만 야영 막사로 돌아갈 수 있다. 하지만 새로 난 길은 쭉 뻗은 직선이 아니라 V자 모양으로, 가려는 방향에서 멀리 떨어져야 한다. 목표가 눈앞에 보이는데 그 길을 선회해야 하는 일은 짜증스럽게 느껴질 수도 있다. 여러분도 공항에서 줄서는 곳에 줄이 비어 있을 때 구불구불 이어진 길을 무시하고 차단봉을 뛰어넘고 싶지 않았는가? 높은 산을 오르다 100여 미터밖에 안 되는 직선로가 아니라 낭떠러지를 피해 우회하는 10킬로미터는 족히 넘는 길을 걸어야 할 때 지겹지 않았는가? 실험 초기 개미들은 얌전히 길을 따랐다. 그러다 점점 교통량이 늘어나자 여기저기 혼잡이 생겨났다. 먼저 서두르던 몇 마리는 다른 개미들에게 떼밀려 커브 안쪽에 섰다가 길이 V자로 꺾이는 지점의 팬 곳에 들어가게 되었다. 이렇게 자리를 잡은 개미들은 이내 다른 개미들을 위해 지름길 역할을 맡았고, 다른 개미들은 별다른 생각 없이 이 개미들을 짓밟고 지나갔다. 육교로 변신했던 이 불쌍한 개미들 근처로 같은 곤경에 빠진 개미들이 금세 모여들었다. 사냥 행렬은 잠시 가던 길을 포기하고 살아 있는 다리를 선택했다. 개미들은 조금씩 조금씩 구조 위로 쌓이면서 경로 길이를 점점 줄여나갔다. 동시에 커브 안쪽에 있던 개미들은 자리를 더 이상 지킬 필요가 없게 되자 구조물에서 빠져나와 다시 길을 가기 시작했다. 10여 분이 지나자 다리는 마주 보는 두 길을 연결하게 되었다.

연구진은 에치톤이 절벽으로 끊어진 길을 연결하는 다리도 지을 수 있다는 사실을 밝혀냈다. 그들은 이를 증명하기 위해 사냥 행렬을 방해하지 않고도 골짜기의 폭을 기계적으로 바꿀 수 있는 기발한 도구를 고안했다. 바로 도르래를 이용하여 양 끝 사이의 거리를 조절할 수 있는 이동식 다리였다. 실험 초기, 마주 본 두 길 사이에 있는 구렁의 폭은 2센티미터. 구렁에 가까이 온 첫 번째 개미는 망설이는데, 이 잠깐의 머뭇거림도 개미에게는 위험하다. 개미는 안전거리를 지키지 않기 때문에, 주저하던 개미는 뒤에 오던 다른 개미에게 정면으로 부딪쳐 허공으로 떨어진다. 개미는 추락하는 동안 필사적인 몸짓으로 뒷다리의 발톱으로 구렁 가장자리에 매달린 채 허공에서 몸을 뒤튼다. 이렇게 개미는 본의 아니게 구렁의 폭을 좁히게 된다. 두 번째 개미가 다가와 첫 번째 개미의 몸 위를 걷다가 이번에는 자신이 허공으로 떨어지고, 마지막 순간에 구렁의 반대쪽 가장자리에 앞다리로 매달린다. 첫 번째 개미는 뜻밖에 주어진 이 기회를 노려 두 번째 개미의 몸에 꼭 매달린다. 이렇게 서로 얽힌 두 개미는 육교 모양을 이루고, 다른 개미들이 금세 달라붙어 교통량을 소화하게 된다. 다리가 단단해지자, 연구진은 도르래를 움직여 구렁의 폭을 두 배로 늘렸다. 이 힘이 너무 셌던 나머지 개미들은 결국 발을 놓치고 만다. 다리는 개미로 이루어진 가느다란 끈으로 바뀌고, 단단히 매달린 개미 두세 마리의 힘으로 구렁의 가장자리에 걸린 채 허공에서 나부낀다. 끈의 끝자락에 달려 있던 개미들이 구렁의 가장자리로 빠르게 올라오고, 사슬은 송이 모양으로 변한다. 구렁을 건너려는 성질 급한 개미들이 몰려들자, 부글거리는 마그마 같은 개미 뭉치는 조금씩 커지더니 개미 한 마리가 발톱으로 반대쪽 길 끝에 닿을 수 있을 정도까지 커진다. 눈 깜짝할 시간에 다리는 다시 지어지고, 사냥 행렬은 다시 제 갈 길을 가기 시작한다. 약간은 사디스트적인 면모를 가진 연구진은 구조물이 견고해질 때마다 도르래를 움직였다. 그 결과 구조물은 개미 몸길이의 열두 배, 몸통 두께의 열 배인 길이 12센티미터, 너비 5센티미터까지 커질 수 있었다!

메트로폴리스

오드레 뒤쉬투르

에치톤은 매일 다른 경로를 선택하기 때문에, 견고한 고속도로를 짓는 데 힘을 쏟기보다는 임시 도로를 이용하기를 선호한다. 이와 반대로 앞서 소개한 아타와 같은 개미들은 몇 년 동안 같은 도로를 사용하기 때문에 이동을 더 편하게 해 주는 도로 기반 시설을 짓는 데 주저함이 없다. 잎꾼개미 군락은 최대 30여 개의 고속도로를 짓는데, 200미터가 넘어가는 도로도 있다. 이 도로와 개미굴은 깊은 통로로 연결되어 있는데, 이 통로 중에는 폭 50센티미터, 높이 2~6센티미터, 길이 90미터에 달하는 것도 있다. 인간으로 치면 20킬로미터 길이에 100미터 폭의 터널로, 이 정도 폭이면 26차선으로 세계에서 가장 폭이 넓은 고속도로인 텍사스 케이티 프리웨이와 비슷하다. 아타 군락은 굴 주변으로 최대 1헥타르까지 채집을 한다. 식량이 있는 곳으로 가는 개체도, 그로부터 돌아오는 개체도 이 길을 이용한다.

잎꾼개미의 고속도로 건설은 여러 단계를 거쳐 진행된다. 우선 개미굴과 식량이 있는 곳을 연결하는 화학적 흔적을 남긴다. 그러면 수렵개미가 마체테로 길을 내듯 길을 가로막는 풀잎을 자른다. 그다음에는 뿌리에 달려들어 하나씩 뽑아내며 길을 넓힌다. 이때부터 개미가 없어도 길이 맨눈으로 보이기 시작한다. 마무리 정리 작업으로 길 위의 나뭇잎 잔해, 돌멩이, 잔가지를 모두 치운다. 연구자들의 추정에 따르면 개미가 하루 동안 짓는 고속도로의 길이는 7미터, 1년 동안 짓는 길이는 2.7킬로미터다. 인간으로 치면 1년 만에 500킬로미터에 달하는 고속도로를 짓는 것이다. 프랑스 아베롱에서 2010년에 짓기 시작한 라 모스와 레 몰리니에르를 잇는 14킬로미터 길이의 왕복 사 차선 도로는 2024년에 완공될 예정이라고 한다. 수렵개미로 치면 두 달도 안 되어 끝냈을 공사다. 원활한 이동을 위해 길을 만드는 동물은 개미와 인간이 유일하지만, 개미가 우리를 능가한다는 것은 분명한 사실이다.

고속도로가 완성되어도 일은 끝난 게 아닌 것이, 늘 나뭇잎과 가지가 바닥에 떨어지기 때문에 꾸준한 관리가 필요하다. 개미들이 1년 동안 옮기는 잔해물은 무려 40킬로그램으로, 개미 한 마리당 14만 시간의 노동이 필요한 양이다. 다행히도 환경미화원 5,000마리가 매일 이 작업에 전념하므로 실제로 군락이 도로 관리에 들이는 시간은 280시간 정도다. 깨끗한 길이 가져오는 이익에 비하면 나쁘지 않은 비용이다. 실제로 개미는 관리가 되지 않은 길을 갈 때보다 잔해물이 없는 길을 갈 때 세 배 더 빠르게 이동했다. 수확량 경우에도 같은 시간에 더 많은 나뭇잎 조각을 굴로 옮길 수 있었다.

미르미카리아 오파치벤트리스(*Myrmicaria opaciventris*)도 고속도로를 짓지만 이와는 다른 기술을 사용하는데, 길을 청소하는 것이 아니라 길을 직접 파는 것이다. 미르미카리아 오파치벤트리스는 덥수룩한 털을 가지고 있다. 이 개미는 배가 가슴 아래로 굽어있어 늘 후회에 잠긴 것처럼 보이기도 한다. 중앙아프리카가 원산지인 미르미카리아 오파치벤트리스 군락에는 20만 마리가 넘는 개체가 구분이 뚜렷한 굴속에 나뉘어 살고 있다. 첫 시작은 개미굴에서 출발해 새로운 건설 현장으로 향하는 길에 화학적 흔적을 남기며 식량이 있는 곳 근처에 위성 개미굴을 짓는 것이다. 이 개미종의 수렵개미는 식물의 수액을 먹고 사는 곤충인 꽃매미과(fulgore)의 감로를 특히 좋아한다. 일주일 뒤, 개미들은 길을 파내기 시작하고, 일개미는 저마다 흙 공을 길의 가장자리에 쌓아 벽을 만든다. 한 달 뒤, 고랑은 개미 몸길이의 대여섯 배인 3센티미터까지 깊어진다. 석 달간의 노고 끝에 고랑은 개미의 타액을 머금은 흙 공으로 덮여 제법 훌륭한 지하 통로가 만들어진다. 이 터널은 수십 킬로그램이 나가는 포유류의 하중을 견딜 정도로 견고하다. 이 터널 덕분에 개미는 포식자와 햇빛, 기온이 40도까지 올라가는 중앙아프리카의 더위를 피해 이동할 수 있다. 수렵개미는 이 통로를 이용하여 꽃매미가 먹고 있는 식물이 있는 곳까지 순식간에 찾아갈 수도 있다. 이 지하 통로 연결망은 방을 서로 연결하기도 하고 목축지로 이어지기도 한다. 가장 긴 터널 기록은 450미터. 거주지와 별장이 300킬로미터 길이의 지하 고속도로로 연결되어 있다고 상상해 보라! 이에 비하면 우리는 아직 한참 멀었다. 세계에서 가장 긴 터널인 스위스의 생고다르 지하 터널은 겨우 57킬로미터지만 완공하는 데 8년이라는 시간이 걸렸다!

이 거대한 고속도로와 터널 덕분에 아타와 미르미카리아는 풀 속에서 길을 잃지 않을 수 있다. 실제로 몇 밀리미터밖에 안 되는 수렵개미가 1헥타르가 넘게 펼쳐진 빽빽한 풀밭에서 방향을 잡기란 무척 어려운 일이다. 우리로 치면 파리 디즈니랜드만큼 넓은 가문비나무 숲에서 길을 찾는 것과 같다. 생태학의 선구자 야콥 폰 윅스킬(Jakob von Uexküll)은 이와 같은 생물 간 관점 차이를 아주 잘 설명한다. 그에 따르면 하나의 환경이 아니라 그곳에 사는 존재와 그 존재가 가진 감수성, 인식 능력, 경험에 따라 다르게 고려되어야 하는 환경들이 존재한다. 폰 윅스킬은 이렇게 말한다.

"숲의 의미는 인간 주체와 관계로 한정 짓지 않는다면, 그리고 동물들을 포함한다면 백배로 많아진다."

제7장

여섯 번째 시련

다른 이를 이용하기

기생충

오드레 뒤쉬투르

식량을 날치기로 얻을 수 있다면 사냥하고 기반 시설을 지을 필요가 어디 있겠는가! 이것이 바로 꿀단지개미(fourmi pot de miel) 미르메코치스투스 미미쿠스(Myrmecocystus mimicus)의 철칙이다. 이 개미는 학명과 달리 그다지 귀엽지 않을 뿐 아니라 대단한 도둑이다. 미르메코치스투스 미미쿠스의 악행에 대해 논하기 전에 이 개미를 짧게 소개할 필요가 있는데, 이 개미는 그 교활함보다는 식량을 저장하는 아주 독창적인 방식으로 유명하기 때문이다. 미르메코치스투스 미미쿠스가 사는 북아메리카의 사막 지역은 긴 기간 동안 식량과 물이 희소하다. 이처럼 어려운 조건을 견디기 위해 군락의 몇몇 개체들은 탱크 역할을 맡아 살아 있는 냉장고처럼 사용된다. 이 개미들은 군락의 방 천장에 매달려 거위를 살찌울 때처럼 꽃꿀과 곤충 즙을 배가 부풀어 터지기 직전까지 먹는데, 통통한 포도알 같은 모양 때문에 꿀단지개미라는 이름이 붙었다. 개미굴 바깥에서 식량이 부족해지면 이 살아 있는 탱크들은 저장했던 영양분이 든 액체를 토해내어 군락을 먹인다. 이렇게 식량을 저장하는 방식의 이점은 식량이 상할 위험이 없다는 것이다! 저장했던 것을 다 먹고 나면 이 불쌍한 개미들은 구멍 난 풍선처럼 텅 빈 배가 늘어진 채 제 원래의 형태를 되찾지 못하고 죽는다. 숙명이란 이런 것을 두고 하는 말이 아닐까.

꿀단지개미는 달콤한 것을 좋아하기는 하지만 단백질도 필요로 한다. 이 개미는 사냥하며 불필요한 위험을 감수하기보다는 이웃의 등을 벗겨 먹기를 선호한다. 이른 아침, 이 개미는 곡식을 먹고 사는 포고노미르멕스 마리코파(Pogonomyrmex maricopa) 개미굴에 다가간다. 이 붉은 사막개미는 세상에서 가장 독성이 강한 곤충 독을 가지고 있지만(10밀리그램만으로 인간 한 명을 죽음에 이르게 할 수 있다), 개미굴 입구를 지키는 개체는 멀리 떨어져 있는 식량 도둑까지 공격하지는 않는다. 이 서리꾼은 포고노미르멕스 굴 입구 주변을 여유롭게 거닐면서 수렵개미가 돌아오길 기다리는데, 종종 몇 시간을 기다리기도 한다. 드디어 수렵개미가 집으로 돌아오면, 꿀단지개미는 그 앞을 막아선 뒤 수렵개미에게 달려들어 머리와 큰턱을 할퀸다. 간혹 꿀단지개미 두 마리, 심지어 세 마리가 수렵개미 한 마리를 함께 맡기도 한다. 수렵개미가 식량을 가지고 있지 않거나 가진 게 낟알뿐일 때는 날치기꾼도 도발하지 않고 살살, 구석구석 확인하는 데 그친다. 이렇게 검사를 받은 수렵개미는 지고 있던 짐을 가지고 집으로 들어간다. 반면 수렵개미가 불행하게도 큰턱에 먹잇감을 물고 오는 경우, 꿀단지개미는 수렵개미를 맹렬하게 공격하여 전리품을 빼앗아 빠르게 달아난다. 포고노미르멕스는 집에 가져오는 곤충의 20퍼센트 이상을 이렇게 빼앗긴다. 슈퍼마켓에서 몇 시간이나 장을 보고 드디어 집에 돌아왔는데 장바구니를 바로 문 앞에서 도둑맞는다고 상상해 보라!

날치기꾼 개미 중 갈 데까지 간 어떤 종들은 다른 개미의 집에 들어가 살기까지 한다! 바로 '샴푸개미(fourmis shampooing)'라는 별명을 가진 포르미콕세누스 프로반케리(Formicoxenus pro-

vancheri)가 그 예다. 몸길이가 겨우 2밀리미터밖에 되지 않는 이 개미는 저보다 다섯 배는 더 큰 미르미카 인콤플레타(*Myrmica incompleta*)에게 빌붙어 산다. 샴푸개미는 숙주가 남긴 페로몬 흔적을 따라 숙주의 집을 찾는다. 새로운 거처에 도착하면 이 개미는 500마리의 단란한 식구들과 함께 눈길이 닿지 않는 개미굴의 버팀벽에 자리를 잡는다. 샴푸개미는 제 자식들을 숨기는 데 아주 각별히 주의하는데, 집주인에게는 한 입 거리 식사이기 때문이다. 샴푸개미의 은신처 크기는 다해도 겨우 도토리 한 톨만 하다. 그런데 이 개미가 샴푸개미라고 불리게 된 이유는 무엇일까? 포르미콕세누스 프로반케리가 보이는 아주 독특한 행동 때문이다. 숙주가 다가오면 이 초대받지 못한 손님은 엉덩이를 들고 진정시키는 냄새를 내뿜는다. 이 진정제가 효과를 발휘하면 숙주는 이 꼬마 손님에게 휘둘리게 되는데, 이때를 틈타 샴푸개미는 숙주의 등에 올라타 숙주의 머리를 열심히 핥고 더듬이를 쓰다듬는다. 넘치는 애정 표현에 얌전해진 숙주가 사회위에 저장해 둔 식량을 토해내면, 교활한 기생 개미는 재빠르게 그것을 삼킨다. 하지만 날치기는 여기서 끝나지 않으니, 샴푸개미는 어린 개미의 입에서 식량을 빼먹기도 한다. 사실 이 개미는 숙주의 애벌레에게 직접 먹을 것을 구걸하기도 하는데, 애벌레를 꾹 눌러 항문으로 맑은 액체 방울이 나오면 이 기생 개미는 염치도 없이 넙죽 받아먹는다. 이 날치기꾼 개미의 생존은 온전히 숙주에게 달렸다. 샴푸개미는 약간 고양이 같은 면이 있다. 식량을 얻기 위해서는 애정 표현이 필요하고, 단장하는 데 시간을 보내고, 제 주인에게 빌붙어 사는 모습이 똑 닮았다!

스톡홀름 증후군

오드레 뒤쉬투르

개미는 군락의 이익을 위해 스스로 희생하는 존재라고들 이야기한다. 개미는 여왕개미에게 봉사하기 위해 살며, 애벌레 돌보기, 식량 모으기, 굴 관리하기 등 생활에 필수적인 모든 일을 도맡느라 바쁘다. 하지만 정말 그럴까? 노예잡이개미(*fourmi esclavagiste*)는 다른 개미종을 노예화함으로써 군락 생활에 필요한 이 모든 일을 외주화하는 방법을 찾았다.

매 여름이면 분개미(*Formica sanguinea*)는 노예를 잡는 임무를 띠고 길을 떠난다. 이 개미는 가까운 친척인 흑개미(*Formica fusca*)라는 온화한 개미의 굴에 침투한다. 우선 노예잡이개미 몇 마리가 제 굴을 떠나 적절한 굴 숙주를 찾는다. 그러다 좋은 곳을 발견하면 곧바로 집에 돌아가 동료들에게 알린다. 몇 분 뒤 이 개미는 한 조에 100여 마리로 구성된 여러 소대를 꾸려 굴 밖을 나선다. 1,000여 마리가 나란히 이룬 종대는 그 길이가 12미터가 넘도록 길어지기도 한다. 목표로 하는 군락에 도착하면 개미들은 먼저 침범하기 쉽도록 굴 입구를 넓힌다. 굴속에 있던 개미들은 깜짝 놀라 중심 통로를 거슬러 올라가 입구를 막으려고 시도한다. 하지만 격렬한 전투 끝에 원래 살고 있던 개미들은 금세 휩쓸려 한 마리 한 마리 쓰러지며 투항하게 된다. 그러면 침입한 개미들은 제압한 개미들을 제 굴까지 옮겨 잡아먹은 뒤 쳐들어간 굴에 살던 여왕개미를 죽이고 애벌레들을 납치한다. 이렇게 유괴된 어린 개미들은 새로운 주인들이 기르게 된다. 어린 개미들은 자신이 유괴된 줄은 꿈에도 모른 채 성체가 되고 나면 식량을 채집하고 새로운 군락이 원래 제 군락인 양 수호한다. 예를 들어 이 노예개미(*fourmi esclave*)들은 제 주인이 개미귀신(*fourmilion*)의 덫에 빠졌을 때도 자신을 희생하여 주인을 구한다. 반대로 노예개미가 같은 상황에 빠졌을 때는 주인 개미들은 물론이고 어려운 시간을 함께 보냈던 동료 개미들 역시 뒤도 돌아보지 않고 그를 무시한다. 이제 이 노예개미의 목숨은 괴수의 손에 달리게 된 것이다.

노예잡이개미 중에는 하르파곡세누스 수블레비스(*Harpagoxenus sublaevis*)처럼 더 악랄한 종도 있다. 이 개미는 유괴에 그치지 않고 공격하는 굴에 불안과 혼란을 심어놓기도 한다. 바스크 지방의 해안가에 사는 유독 털이 많은 이 개미는 화학전을 펼친다. 이 개미는 공격할 때 상대를 조종하기 위해 독을 분비하는데, 이 독에 취한 렙토토락스 쿠테리(*Leptothorax kutteri*)는 미친 듯이 사방으로 뛰어다니다가 적을 공격하는 대신 자기들끼리 싸우기 시작한다. 혼란 속에 노예잡이개미는 굴에 살던 개미가 길을 막으면 다리를 뽑아 버리고 들어가 알 뭉치를 훔친다. 이 야비한 방법은 공격이 시작되면 효과가 좋긴 하지만, 이 개미의 공습은 무척 느리기로 유명하다. 이 공격은 앞서 설명했던 병렬 운반으로 이루어진다. 대장 개미는 노예로 삼을 개미굴을 정하고 나서 동료를 한 마리씩 등에 태워 데려온다. 이렇게 모인 개미는 공격이 가능한 만큼 무리가 커질 때까지 굴에 사는 개미의 눈을 피해 참을성 있게 숨어 기다린다. 대장 개미가 다니는 거리가 멀 경우, 이 포위 작전은 계속 길어져 며칠이 걸리기도 한다. 노예잡이개미는 굴에서 태어난 노예개미에게 화학적 표시를 남기는데, 이로 인해 노예개미는 원래 있던 굴로 돌아가면 공격당할 것이 뻔하므로 귀환을 단념한다. 그렇다고 노예개미가 주인을 얌전히 따르기만 하는 것은 아니다. 이 개미는 통로 모퉁이에서 교활하게 숨어 있다가 주인 개미를 공격하기도 한다. 공격이라고 해 봤자 깨물거나 때리는 데 그치기 때문에 보통 부상으로 이어지지는 않는다. 변덕이 심한 노예개미는 굴복의 자세를 취했다가도 주인들로부터 도망치기도 한다. 이렇게 자유를 빼앗긴 개미도 교활한 면모를 보이기도 하고, 감옥이나 다름없는 다른 개미의 굴에서 꽤나 대단한 방해 공작을 펼치기도 한다. 실제로 주인 개미가 등을 돌린 사이 노예개미가 주인 개미의 애벌레를 죽이는 것도 심심치 않게 볼 수 있는 광경이다. 눈에는 눈, 이에는 이로 승부하는 것이다!

이제까지 이야기한 노예잡이개미는 공습이 끝나면 제집으로 돌아온다. 사실 이 개미는 노예 없이도 아무 문제 없이 생활하며 군락의 생존을 위해 필요한 일을 수행할 수 있다. 그런데 노예 없이는 생존 자체가 불가능한, 그런 이유로 노예의 집에 살기를 택한 개미 종도 있다. 바로 아마존개미(fourmi amazone) 폴리에르구스 루페센스(Polyergus rufescens)가 그러한 경우다. 이 개미는 낫 모양의 날카로운 큰턱 때문에 애벌레를 찢어버릴 위험이 있어 제 자식을 돌볼 수 없다. 거대한 이빨 때문에 다른 개미의 도움을 받지 않고는 식사도 할 수 없다. 한마디로 개미계의 〈가위손〉이라고 할 수 있다.

아마존개미의 여왕개미는 교미를 끝낸 뒤 소중한 알을 낳을 만한 좋은 자리를 찾는다. 하지만 이 개미는 보통 여왕개미와는 달리 다른 불개미 군락이 이미 살고 있는 굴을 찾는다. 체취가 거의 없는 아마존개미 여왕개미는 아무도 모르게 숙주의 굴에 들어갈 수 있다. 혹여 들킨다고 하더라도 불쾌감을 주는 냄새를 분비하여 다른 개미들을 쫓아 버린다. 아마존개미 여왕개미는 굴 안으로 들어가 숙주 개미의 여왕개미가 있는 곳을 찾는다. 여왕개미를 발견하면 그 즉시 잔혹하게 죽인 뒤, 그 시체에 몸을 비비고 땅에 구르며 죽인 여왕개미의 체취를 빼앗는다. 여왕개미의 자리를 찬탈한 개미는 이제 군락의 지배자가 된다. 제 뜻대로 부릴 수 있는 노예 부대를 데리고 아마존개미 여왕개미는 단 하나의 임무에 집중한다. 바로 알을 낳는 것이다. 노예개미들은 굴을 관리하고, 새로운 여왕개미가 낳은 어린 애벌레들을 본능적으로 돌본다. 이 애벌레들이 변태하여 나오는 개미들은 눈에 띌 수밖에 없는데, 제 어미와는 달리 노예개미와 확연히 다른 냄새를 가지고 있기 때문이다. 세상에 나자마자 죽임을 당하지 않기 위해 어린 개미들은 노예개미들을 진정시키며 매혹적인 향기가 나는 맑은 액체를 항문으로 내뿜는다. 어린 노예잡이개미의 역할은 단 하나로, 새로운 노예를 납치하는 것이다. 이를 위해 노예잡이개미들이 꾸리는 공격대에는 노예개미들도 참여하는데, 이로써 노예개미들은 제 동료들도 예속의 삶으로 끌어들이게 된다. 원정을 떠난 노예잡이개미들은 표적 군락의 입구에서 선전성 페로몬을 분비한다. 이 화학 물질은 굴에 살고 있는 개미들을 공황에 빠뜨려 굴에서 도망치게 만든다. 길이 깨끗해지면 폭력 사태와 불필요한 죽음 없이 노예잡이개미들은 유유히 알 뭉치를 탈취한다. 이렇게 유괴된 애벌레들로 노예 계급은 더욱 공고해진다.

왕위를 찬탈한 여왕개미는 상당히 악랄하다. 도살장이나 다름없는, TV 드라마 〈카멜롯〉의 게트녹이 말하는 "잔혹성을 위한 찬가, 야만의 숭배를 위해 차려진 제단"과도 같은 광경이 벌어지기도 한다. 지중해 가장자리에 서식하는 에피미르마 라보욱시(*Epimyrma ravouxi*)와 알프스의 시원한 공기를 좋아하는 친척 에피미르마 스툼메리(*Epimyrma stumperi*)는 사이코패스를 연상케 할 정도로 악독하다. 〈싸이코〉의 노먼 베이츠나 〈아메리칸 싸이코〉의 패트릭 베이트먼 못지않다. 에피미르마 라보욱시는 가슴개미속(*Temnothorax*) 개미의 굴에 들어가 그곳에 사는 개미들을 쓰다듬으며 매수한다. 에피미르마 스툼페리의 경우에는 침략할 개미굴 근처에서 죽은 척하는 방법을 선택한다. 궁금증이 많은 가슴개미는 가짜 시체를 굴로 데려온 뒤 제 일을 하러 떠난다. 뻔뻔스러운 에피미르마 여왕개미는 몰래 일어나서 근처에 처음으로 보이는 일개미를 붙잡고 몸을 비벼 그 냄새를 빼앗은 뒤 침을 쏘아 죽여 버린다. 두 종의 에피미르마 개미는 숙주 개미들이 천진난만하게 제집에 들여보내 주면 똑같은 술수를 쓰는데, 순진한 척 굴에 살던 여왕개미를 찾아가 거칠게 몸을 뒤집고 큰턱으로 물어 목을 조르는 것이다. 희생양의 향기를 가능한 한 오래 이용하기 위해 교살은 여왕개미가 마비된 채 죽을 때까지 며칠, 길게는 몇 주간 이어진다. 그러고 나면 노예잡이개미 여왕개미는 일개미를 더 많이 만드는데, 이 일개미들은 일상적인 활동에 참여하지 않고 이용이 가능한 일개미의 수를 늘리기 위해 가슴개미 굴 근처의 다른 굴을 약탈하는 데 투입된다. 일개미 종대는 서로 맞닿은 채 작은 기차처럼 굴을 출발한다. 목표 지점에 도착하면 개미들은 성체들을 침으로 죽인 뒤 어린 애벌레들을 납치한다. 에피미르마 라보욱시는 노예의 출신지에 개의치 않는 편이라 여러 종의 가슴개미를 굴로 '맞이'하는데, 이렇게 잡혀 온 개미들은 서로 늘 다툰다. 그와 반대로 에피미르마 스툼페리는 내부의 갈등을 피하고자 노예를 선별하는 것을 선호한다.

물론 폭력을 사용하지 않는 노예잡이개미도 있다. 몸길이가 겨우 2밀리미터밖에 되지 않는 템노토락스 필라겐스(*Temnothorax pilagens*)는 닌자개미(*fourmi ninja*)라고도 불리는데, 템노토락스 암비구우스(*Temnothorax ambiguus*)의 어린 애벌레들을 유괴할 때 스텔스 기술을 사용한다. 템노토락스 암비구우스는 도토리 안에 사는데, 이렇게 작은 크기의 개미에게 도토리는 구멍만 뚫으면 현관이 완성되는 완벽한 요새기 때문이다. 이 노예잡이개미의 원정에는 네 마리밖에 참여하지 않는다. 개미는 화학적 변장을 이용해 들키지 않고 입구로 잠입한다. 굴에 사는 개미들은 난입하는 개미들을 멀뚱히 바라보며 애벌레, 알, 때론 성체까지도 납치해 가도록 내버려둔다! 침입 사실을 깨달은 개미가 있으면 약탈꾼들은 닌자처럼 침을 휘둘러 빠르게 상대를 마비시켜 경보를 울리지 못하게 만든다. 이렇게 농락당한 군락이 살아남아 다시 성장할 수 있도록 노예잡이개미는 정도를 지켜 굴 전체를 훔치지는 않는다. 그래야 나중에 노예가 부족해지면 다시 와서 문을 두드릴 수 있기 때문이다!

개미들의 노예 사냥 행동을 설명하기에는 사실 '가축화(domestication)'라는 단어가 더욱 적절하다는 사실을 유념할 필요가 있다. 노예와 주인은 계통학적으로는 가까운 친척이긴 해도 같은 종에 속하지는 않기 때문이다. 실제로 호모 사피엔스도 가까운 친척인 침팬지를 예속하고 있으면서도 노예화에 대해 논하기를 주저하지 않는가…….

제8장

일곱 번째 시련

영토를 지키기

클로즈 에너미

앙투안 비스트라크

    소득 없이 헤매기만 며칠, 수렵개미는 드디어 식량이 풍부한 곳을 찾았다. 다른 개미가 이 모든 것을 훔쳐 가면 얼마나 안타까운 일인가! 개미들에게도 비밀이 있는 이유다.

    이번에는 다시 한번 큰 눈의 기간티옵스(《콜 오브 와일드》를 참조)와 함께 기아나 숲으로 떠나 보자. 정글 속 길고 긴 고독한 여정 끝에 먹잇감을 발견한 기간티옵스는 먹잇감을 조심스레 큰턱으로 물고, 반갑지 못한 만남은 피하는 게 상책이므로 굴로 돌아가는 발걸음을 재촉한다. 하지만 이내 다른 기간티옵스와 마주친다. 두 개미는 서로 몇 센티미터 떨어져 더듬이를 앞으로 향한 채 멈춰 섰다가, 원형경기장의 검투사처럼 옆걸음을 치며 서로를 노려본다. 대립은 여기서 마무리되어 각자 다시 제 갈 길을 가기도 한다. 하지만 이 두 개미의 만남은 사태가 험악해지고 있다. 두 수렵개미는 서로 달려들어 격렬한 싸움을 시작하는데, 독을 다 털어 쓸 정도로 침을 쏘아 대고 서로를 물어뜯는다. 두 개미의 대결은 바닥에 깔린 나뭇잎 사이에서 혼전 양상을 띠고, 정글에는 식초와 암모니아를 연상시키는 눈살이 찌푸려질 정도로 고약한 냄새가 퍼진다. 몇십 초 뒤, 격렬하던 결투는 조금 잦아든다. 개미산에 쫄딱 젖은 두 투사는 서로 뒤얽힌 채 영원히 일어나지 못한다. 승자가 없는 죽음의 혈투다.

이와 같은 사생결단의 투쟁은 두 수렵개미가 같은 종(기간티옵스 데스트룩토르)이기는 하지만 다른 군락에서 왔음을 의미한다. 이 개미가 다른 종은 무시해도 같은 종끼리는 서로 용인하지 못하는 이유는 간단하다. 기간티옵스는 특화된 포식자이기 때문이다. 시각에 의존하여 사냥하는 이 개미는 근방에 서식하는 다른 종 개미는 대부분 잡을 수 없는 작고 민첩한 먹잇감을 잡을 만큼 빠르다. 그러니 기간티옵스의 경쟁 대상은 다름 아닌 제 동족인 것이다. 이 수렵개미가 제 목숨을 걸고 이웃 개미를 공격하려는 의지를 보면 군락의 사냥 영역을 지키는 것이 얼마나 중요한지를 알 수 있다. (같은 종끼리의) '종 내(intra-spécifique)' 경쟁이 아니라 (서로 다른 군락끼리의) '군락 간(inter-colonies)' 경쟁인 것이다.

하지만 여전히 몇 가지 의문이 남는다. 같은 군락에 속한 기간티옵스 두 마리가 숲에서 만났을 때도 두 개체 간의 관계 역시 그다지 좋지 못하기 때문이다. 둘 중 한 마리가 큰턱에 먹잇감을 물고 있을 때, 다른 개미는 그 개미에게 따라붙어 거칠게 떼밀면서 먹잇감을 가로챈 뒤 의기양양하게 제 굴로, 즉 먹잇감을 갖고 있던 개미가 향하던 곳으로 달아난다. 처음에 먹잇감을 물고 있던 개미는 강탈을 당하고는 어리둥절한 채 잃어버린 먹잇감을 헛되이 찾아 헤매다 다른 방향을 향해 다시 사냥을 떠난다. 같은 군락의 식구들과 나누기 위한 목적으로 전리품을 가지고 가는 이 두 개미는 왜 먹잇감을 두고 서로 다투는 것일까? 이와 같은 '군락 내(intra-colonie)' 경쟁을 어떻게 설명할 수 있을까? 이 개미들은 서로 협동해야 하는 관계가 아닌가?

이러한 역설의 해답은 네오포네라 아피칼리스(Neoponera apicalis)를 연구하기 위해 1985년 멕시코 남부의 산 호세 라 빅토리아의 열대림으로 떠난 한 학자에 의해 일부 밝혀졌다. 불투명한 검은 색 몸에 더듬이 끝이 노란 이 개미는 완벽한 준비성이 꽤나 인상적이다. 큰 눈과 긴 큰턱, 몹시 고통스러운 침을 쏠 수 있는 길쭉한 배를 가지고 있기 때문이다. 네오포네라도 기간티옵스와 마찬가지로 혼자 수렵 활동을 한다. 기간티옵스의 민첩성과 조심성이 잠입 중인 스파이를 떠올리게 한다면, 네오포네라의 몸과 행동은 럭비선수를 연상시킨다. 건장한 몸의 네오포네라는 더듬이를 빠르게 떨며 힘차게 들쑥날쑥 움직이며 이동한다. 절대 맨손으로 이 개미를 잡지 않기를 단호히 충고하겠다!

집채만 한 무화과나무의 거대한 뿌리 사이에서 개미굴 세 개를 발견한 연구자는 야심 찬 작업에 착수했다. 세 개미굴의 수렵개미 전체에 육상 선수처럼 가슴 위에 각각 번호를 달아주는 것이다. 다행히도 이 개미종 군락은 고작해야 100여 마리로 개체 수가 그리 많지 않은 편이다. 번호 작업을 끝낸 연구자는 개미굴 세 개를 각각 45일 동안 관찰하며 각 수렵개미가 오가는 경로를 추적했다. 숲 속에서 개미의 발자취를 기록하기란 그리 쉽지 않은 일이다. 아직도 사용되고 있는 방법은 개미가 이동한 길을 따라 아주 작은 깃발 수천 개를 일정한 거리를 두고 땅에 꽂는 것이다. 경로마다 다른 색상의 깃발을 사용하여 해당 개미의 번호를 적어둔다. 네오포네라는 아주 이른 시간부터 활동하기 때문에 새벽빛이 밝아 올 때부터 이동을 시작한다. 열의에 찬 연구자는 서서(더 정확히는 허리를 굽히고) 새벽 다섯 시부터 개미를 따라다니며 숲의 축축한 부식토에 작은 깃발들을 꽂아가며 몇 개월을 보냈다. 낮 시간이 끝날 즈음 땅은 작은 여행가들이 이동한 경로를 나타내는 수백 개의 알록달록한 작은 깃발로 가득 찼다. 개미는 이동을 끝내고 푹 쉴 동안 연구자는 다시 일어나 두 번째 일과를 시작해야 했는데, 종이 위에 경로를 하나씩 옮기는 것이었다. 아, 연구자의 편의에는 도움이 되지 않았을 중요한 사항이 하나 있었다는 사실을 짚고 넘어가야겠다. 바로 연구가 우기에 진행되었다는 점이다.

이 작업을 통해 나온 도면은 아주 굉장했다. 첫째로 알 수 있는 사실은 대부분의 수렵개미가 항상 저마다 다른 약 30제곱미터 내의 작은 구역 안에서 돌며 사냥했다는 것이다. 둘째는 한 군락에 속한 전체 개체의 사냥 영역을 포개어 보면 모자이크처럼 굴을 중심으로 거의 완벽한 원을 이루고 있다는 사실이다. 아주 이상적인 분포다! 20~30미터 반경의 원은 굴을 중심으로 테니스 코트 열 개와 맞먹는 2,000제곱미터에 가까운 면적을 차지한다. 이것이 군락 전체의 수렵 영역이다.

단독으로 움직이는 네오포네라가 어떻게 이처럼 집단적인 구조화를 했는지가 의문으로 떠오른다. 이 문제는 연구자의 데이터로 일부 설명이 가능하다. 관찰 기록에 따르면 굴에서 먼 가장 바깥 영역을 맡는 개체들은 사냥을 가장 많이 하는 개체들이었다. 사냥으로 얻는 수확량도 이 개체들이 가장 많았다. 굴에서 멀어질수록 다른 개미들을 만날 가능성이 더 낮아지기 때문에 이 개미들은 탐색이 덜 된 영역을 맡게 된다. 굴과 가까워질수록 경험이 적고 아직 자신만의 영역을 갖지 못한 개체가 많아진다. 이 개체들은 정해진 영역 없이 계속해서 주변을 탐색한다. 이 메커니즘의 열쇠는 개미가 식량을 발견하게 되면 다음에도 똑같은 영역을 되찾아가는 경향이 있다는 사실에 있다. 반면 사냥에서 먹잇감을 찾지 못하고 돌아온 개미는 다른 방향으로 길을 떠난다. 이기면 유지하고 지면 바꾸는 '승리-유지/패배-변화(win-stay, lose-shift)' 전략이다.

영역 분배는 이와 같은 방식으로 이루어진다. 채집할 식량이 있는 곳을 발견한 수렵개미는 그곳을 다시 찾는다. 강화에 의한 학습이 이루어지는 것이다. 식량이 풍부할수록 수렵개미는 이 영역을 자주 찾게 되고, 이 영역을 자주 찾게 될수록 다른 영역을 탐색하지 않게 된다. 반대로 식량이 없는 영역 또는 이미 탐색이 끝난 영역에는 먹잇감이 희박하므로 신입 개미는 다른 곳을 찾아 떠난다. 이러한 과정에 따라 굴 주변으로 접근이 가능한 식량 분포를 보여주는 수렵개미 분포가 나타나는 것이다. 물론 이 전체 도면을 볼 수 있는 개미는 없다. 계획도 우두머리도 필요 없는 자기 조직화의 예다.

수렵개미가 단독 사냥을 하는 여러 개미종에서도 이와 비슷한 결과가 발견됨에 따라 기간티옵스에서 관찰되는 먹잇감 강탈을 설명할 수 있게 되었다. 자신의 영역에서 식량을 가져오는 군락의 다른 개체를 방해함으로써 경험이 풍부한 수렵개미는 새로운 수렵개미가 자리를 잡을 수 없게 지킨다. "다른 데서 사냥해라 꼬맹아, 여기에는 둘이나 있을 필요가 없어"라고 말하는 개미의 방식인 것이다.

물론 개미가 이처럼 행동하는 것이 이런 감정 때문은 아닐지도 모른다. 세대를 거쳐 다듬어진 행동의 '진화적' 원인과 개미의 머릿속에 한순간 일어나는 그 행동의 '인지적' 또는 '근위적(proximal)' 원인을 혼동해서는 안 된다. 곤충이든 인간을 포함한 동물이든, 대부분은 자기 행동이 가진 진화적 원인을 인식하지 못한다. 예를 들어 발정기의 수사자가 교미하려는 이유는 성적 욕구(근위적 이유) 때문이지 "후대를 남기기 위해서는 서둘러 번식해야겠어!"라고 생각해서(진화적 이유)가 아니라는 것이다. 이처럼 개미도 자기의 행동이 군락의 이익을 최적화하려는 목적을 위한 것으로 생각하지는 않을 것이다. 그 행동의 근위적 이유는 분명히 다른 곳에 있다. 그렇다면 정확히 무엇일까? 한 가지 확실한 것은 경험이 풍부한 수렵개미는 이처럼 반복적인 성공을 통해 자신의 영역에서 더욱 의욕적으로 사냥을 할 것이라는 사실이다. 이러한 태도는 낯선 영역을 지나가는 순진한 개체의 주저하는 모습과 크게 대비된다. 의욕적인 개미는 소심한 동료의 먹잇감을 빼앗는 데 거리낌이 없을 것이다. 아니면 그저 자신의 사냥 욕구를 실현하는 것일 뿐인지도 모른다. 먹잇감은 먹잇감이지, 그것이 동족의 입에 있든지 어디 있든지는 중요하지 않은 것이다. 두 개미는 같은 군락의 냄새를 공유하기 때문에 대립이 폭력 사태로 이어지지 않지만, 그렇다고 해서 좋은 물건을 두고 다투는 일까지 없어지지는 않는다. 전체적으로 더 나은 협력을 위해 국소적으로 작은 갈등이 일어나는 것이다. 단순한 개별의 규칙들만으로도 사회적 차원에서 효율적인 해결책이 도출될 수 있는 이유가 여기 있다.

노 앤츠 랜드

오드레 뒤쉬투르

지금까지 살펴본 것은 형제자매 간의 다툼처럼 금세 잊히는 작은 싸움이었다면, 이번에는 가문 간에 일어나는 심각한 갈등에 대해 알아보자. 두 종의 호주 개미 사이에서 벌어지는 이 갈등은 코사 노스트라(Cosa Nostra) 갱단 간의 전쟁을 연상시킨다.

아프리카, 아시아, 오세아니아의 열대림 우듬지 속에는 에코필라속(Oecophylla) 개미가 지은 대도시가 펼쳐져 있다. 긴 다리의 이 개미는 머리를 치켜들고 발레리나처럼 우아하게 나뭇가지 위를 뛰어다닌다. 이 개미의 배는 에메랄드색을 띠어 녹색개미(fourmi verte)라는 별명을 가지고 있다. 개미굴을 말 그대로 수놓아 만들기 때문에 다른 곳에서는 베짜기개미라는 이름으로 더 유명하다. 베짜기개미 굴 건설의 첫 단계는 나뭇잎 접기다. 몇 밀리미터밖에 안 되는 개미가 제 몸의 50배도 넘는 커다랗고 질긴 나뭇잎을 혼자 접기는 어려우므로 이 작업은 여러 마리가 함께한다. 축구장만 한 크기의 종이를 접어야 한다고 생각해 보라. 개미들은 서로의 허리에 매달려 사슬을 만들고 끄는 힘으로 나뭇잎을 가장자리끼리 연결한다. 이렇게 접고 난 뒤에는 애벌레 그리고 직접 만든 명주실로 재봉틀처럼 나뭇잎 가장자리끼리 붙인다.

베짜기개미는 제 영역 안에서 축구공 크기의 굴을 100여 개 넘게 짓기도 한다. 우리가 사는 집이 다른 집들과 길을 통해 연결되듯, 이 나뭇잎 집들도 나뭇가지를 통해 서로 연결되어 있다. 20여 그루에 퍼져 50만 마리의 개체가 모여 사는 군락도 있는데, 그 영역만 1,500제곱미터에 달한다. 여기서 주로 애벌레를 돌보는 것은 소형 개미, 식량 채집과 군락 방위를 맡는 것은 대형 개미 몫이다. 베짜기개미는 개미 중에서도 복잡한 화학 언어를 가지고 있는 편이다. "식량을 발견했어", "이 길을 따라와", "위험해", "헤쳐 모여!" "공격!" "여긴 우리 영역이야" 등, 이 모든 메시지는 각각 다른 페로몬을 이용하여 전달된다.

어쩌다 베짜기개미의 굴을 막대기로 건드리게 되면 개체 수천 마리가 나뭇잎을 두들기며 요란스레 반응하는 모습을 볼 수 있다. 이는 기병대가 도착하기 전에 당장 물러날 것을 점잖게 명령하는 신호다. 태생적으로 공격적인 이 개미는 나무 꼭대기부터 숲 바닥까지 이어진 제 영역을 수호하는 데 필사적이다. 침입자를 만난 베짜기개미는 배를 직각으로 세우고 큰턱을 벌리며 공격 태세를 취하는데, 깜짝 방문을 꺼리는 기색이 역력하다. 한 연구진에 따르면 베짜기개미는 전에 만난 적 있는 불청객일 경우 더욱 호전적인 경향을 보인다. 실제로 베짜기개미 군락의 영역에 이웃에 사는 개체와 몇 킬로미터 떨어진 곳에 살고 있는 개체를 들여보내자, 가까이 사는 개체는 빠르게 내쫓기고 무력 진압까지 당했던 반면, 낯선 개체는 쓰다듬을 받고 식사까지 얻어먹었다. 이웃에게는 문을 걸어 잠그지만 처음 만난 이에게는 차와 과자를 내어주는 공동체를 상상해 보라. 멀리 사는 개체는 직접적인 경쟁 상대가 아니기 때문에 베짜기개미가 몇 킬로미터 떨어진 곳에 사는 개체보다 가까운 곳에 사는 개체를 더 경계하는 것도 당연한 일이다. 베짜기개미는 이웃을 만나면 그 냄새를 학습하는데, 이웃을 식별하고 영역에 일어날 수 있는 잠재적인 침입을 예상하기 위해서다. 자기의 영지를 늠름하게 지키는 개미는 종종 적의 시체를 굴로 가져오기도 하는데, 이는 어린 개미가 밖에 나가기 전에 경쟁자의 냄새를 가르치기 위함이다. 마피아의 통과의례를 연상케 하는 모습이다.

베짜기개미는 새로운 환경에 처음 들어갈 때 배 끝을 땅 위에 놓고 항문에서 거대한 갈색 액체 방울을 내보낸다. 이렇게 분비된 액체는 단순한 배설물이 아니라 군락의 냄새를 담고 있다. 베짜기개미는 자신의 표식과 이웃 군락의 표식을 정확히 구분하는 능력을 지니고 있다. 보통 이러한 '출입 금지' 표지판을 본 침입자는 오던 길을 되돌아간다. 하지만 이렇게 세워 둔 화학적 경계를 넘는 호기심 넘치는 개체도 있기 마련이다. 베짜기개미는 영역의 가장자리를 따라 검문소를 설치하고 대형 개미만 들여보낸다. 이 위성 굴을 세심하게 관찰한 결과, 연구진은 이 굴에 사는 개미들이 대부분 몸이 망가진 늙은 개체들이라는 사실을 발견했다. 어떤 개체들은 다리가 네 개 또는 다섯 개밖에 없었고, 또 어떤 개체들은 한쪽 더듬이나 큰턱 일부가 없기도 했다. 국경 검문소 주변을 끊임없이 순찰하며 영토에 들어오려는 모든 침입자로부터 군락을 지키는 것이 이 퇴역군인들의 유일한 역할이다. 개미가 침입자를 마주치면 과격한 전투가 벌어지는데, 이는 대개 침입자의 죽음으로 끝난다. 침입자가 대형 개미 혼자 내쫓기에 너무 강할 때 개미는 검문소로 달려가 땅에 동료 개미들을 인도하는 화학적 흔적을 남긴다. 그러다 동료 중 한 명을 만나면 전투 자세를 흉내 내며 흔적을 따라오라고 제안한다. 이에 자극을 받은 개미들은 전속력으로 흔적을 따라 달려가 침입자를 마주한다. 개미들에게 둘러싸인 침입자는 이내 땅에 깔려 사지가 잘려 나가고, 때로 굴로 옮겨져 잡아먹히기도 한다. 격렬한

교류가 일어나는 베짜기개미 군락 국경은 어떤 개미도 허락하지
않는 배제의 땅, '노 앤츠 랜드'다.

파이트 클럽

오드레 뒤쉬투르

이리도미르멕스 푸르푸레우스(*Iridomyrmex purpureus*)는 영역을 중시하는 공격적인 성향의 개미로 호주에 서식한다. 이 개미는 작은 도마뱀이든 제 영역을 거니는 등산객이든 가리지 않고 맹렬하게 공격한다. 호주 농민들은 이 개미들을 동물의 사체를 처리할 때 사용하며 '고기개미(*fourmi à viande*)'라는 별명을 붙여 주었다. 고기개미는 무지갯빛으로 영롱하게 반짝이는 자주색 몸에 매우 긴 다리를 가지고 있다. 개미굴은 최대 2미터 지름의 풀 없이 민둥한 언덕에 자갈과 잔가지로 덮여 있어 찾기가 아주 쉽다. 어미 굴(*nid mère*)은 육안으로도 잘 보이는 길을 통해 여러 위성 거처로 연결되어 있다. 1제곱킬로미터 이상 펼쳐지기도 하는 이 초군락에는 몇십만 마리의 개체가 사는 경우도 있다.

공격성이 높기로 유명한 고기개미는 호주인들이 증오하는 침입종인 황소개구리를 죽일 수 있어 고마움의 대상이 되기도 한다. 황소개구리는 뱀, 조류, 다른 파충류 등 거의 모든 포식자를 죽일 수 있는 독을 가지고 있다. 호주의 생물 다양성 감소는 어느 정도 이 고약한 양서류로 인한 것이다. 포식자를 피하는 황소개구리의 전략은 공격당하는 동안 미동도 하지 않고 그 독소의 효과가 나타날 때까지 기다리는 것이다. 신기하게도 고기개미는 이 독에 완전한 면역을 지니고 있어 방어 행동을 취하지 않은 황소개구리를 잡아먹을 수 있다.

고기개미는 영역을 아주 중요하게 생각하기 때문에 사냥 영역 가장자리 순찰을 게을리하지 않는다. 그렇지만 베짜기개미와는 달리 끝없는 전투에 군락의 일원을 매일 희생시키는 관습은 없다. 순시하는 동안 순찰대원은 자신과 닮은 개미를 만나면 후다닥 다가가 더듬이로 그 머리를 두들겨 보는데, 특히 얼굴의 윤곽에 집중한다. 문제의 침입자가 수천 마리 식구 중 하나인 것을 확인한 개미는 15초 정도 후에 더듬이를 뗀다. 그러고 나면 개미들은 저마다 제 앞다리의 빗살 모양 털로 더듬이를 여러 번 정돈하고 다리를 핥은 뒤 다시 길을 간다. 침입자가 적으로 밝혀지면 더듬이 방망이질은 금세 빨라져 초당 5회까지 증가하고, 두 개체는 공격적으로 큰턱을 벌리며 대립하기 시작한다. 개미들은 서로 머리를 두드리면서 이상한 춤에 빠져들기 시작한다. 허공에서 노를 젓는 것처럼 앞다리를 초당 10회 올렸다 내리기를 반복하며 미국 무술가 존 오즈나(John Ozuna)가 세운 초당 펀치 횟수 기록을 순식간에 갈아치운다. 5초가 지나면 두 개미 중 하나가 더듬이를 내리고 굴복의 의미로 머리를 조아리듯 앞을 향해 몸을 기울인다. 반대편은 발돋움을 하여 땅에 무릎 꿇은 상대보다 두 배 커 보이게 서서 큰턱을 최대한 크게 벌린다. 이긴 개미는 별안간 진 개미의 큰턱 한쪽을 물고 몇 초간 머리를 흔들다가 접촉을 끊고 다시 제 갈 길을 가기 시작한다. 개미는 전투에 들어가기 전 더 크게 보이려 자갈 위에 올라가기도 한다. 더 높은 곳에 올라간 개체가 보통 대결에서도 이기기 때문에 승산을 높이는 전략이라고 할 수 있다.

패배하여 굴욕을 당한 개미는 대부분의 경우 배를 다리 사이에 끼운 채 집에 돌아간다. 하지만 보다 끈질긴 어떤 개미는 다시 싸움을 걸기도 한다. 이 개미는 적수가 있는 방향을 전진하며 사방으로 움직여 적이 자신에게 다가오도록 만든다. 두 개미는 다시 맞붙어 앞다리는 앞을 향한 채로 뒷다리로 일어선다. 두 개미는 킥복싱 선수처럼 둥글게 돌며 선제공격할 타이밍을 잡다가 육탄전이 시작되면 초당 여덟 번의 앞발 공격을 가한다. 보통 패배를 인정하지 못하고 덤벼들었던 쪽이 다시 패배한다. 싸움에서 진 개미는 몸을 낮추고 뒤쪽으로 몸을 기울여 상대로부터 가능한 한 빨리 멀어진다. 그 과정에서 개미는 중심을 잃어 등을 바닥에 대고 넘어지기도 한다. 패배한 개미는 이번에는 떠나서 다시는 돌아오지 않는다. 이 복싱 매치를 논문 주제로 삼은 한 연구자는 자신도 이 대결을 실제로 본 것은 단 한 번뿐이었다고 이야기하며 두 개미의 죽음으로 끝을 맺은 이 혈투를 묘사했다. 대개 고기개미는 승산이 없다고 판단되면 굴복의 자세를 취하는 편이다. 이와 마찬가지로 지배적인 개미는 대결을 피함으로써 잠재적인 부상도 피한다. 이러한 힘자랑은 고기개미의 영역 경계에서 10여 미터의 간격을 두고 낮 시간 동안 계속해서 일어나며, 1,000여 마리 이상의 개미들이 참여하기도 한다. 군인들이 서로 직접 마주 보고 있는 남한과 북한을 가르는 공동 경비 구역을 연상케 하는 모습이다. 개미처럼 인간들도 갈등을 피하려는 경향을 보이기는 하지만, 미사일 발사와 군사 행진을 통해 자신의 힘을 과시하기도 한다.

제9장

여덟 번째 시련

적으로부터 보호하기

007 스카이폴

앙투안 비스트라크

번개처럼 빠른 거대한 괴물들로 가득한 세상에 산다고 상상해 보라. 이 괴물들의 머릿속엔 여러분을 잡아먹겠다는 일념뿐이다. 이때 첫 번째 생존 법칙은 장을 보러 나갈 때 꼭 강철로 된 투구를 쓰고 완전무장을 하는 것이다. 이는 앞서 소개한 적 있는 개미-문, 체팔로테스의 원칙이기도 하다. 이 개미는 머리, 어깨, 허리에 커다란 스파이크가 박힌 갈색의 갑옷을 입고 있다. 작은 흑기사처럼 이 모든 장비들을 착용한 채 개미는 느리게 이동하는데, 그 속도 때문에 '거북이개미'라는 이름이 붙었다. 실제로 이 개미는 거북이와 동일한 전략을 취한다. 속도보다는 호신을 택하는 것인데, 거북이와 다른 점은 잡혔을 때 그 손가락에 침을 꽂아 넣으려고 머리를 뒤로 젖힌 채 맹렬하게 흔든다는 것이다.

이 개미의 식이는 오랫동안 수수께끼로 남아 있었다. 여러 연구자가 체팔로테스 수렵개미가 굴로 돌아와 노란색의 작은 덩어리를 뱉어내는 모습을 관찰한 바 있는데, 오늘날에는 이것이 꽃가루 덩어리라는 사실이 밝혀졌다. 바람에 날려 나뭇잎 위에 쌓인 꽃가루를 핥은 뒤 소화되지 않은 피막은 굴 밖에서 뱉어내고 남은 것을 군락에 나누어주는 것이다.

거북이개미는 꽃가루를 찾기 위해 멀리 우듬지의 나뭇가지까지 찾아가는 경우가 많다. 1957년 박물학자 닐 웨버(Neal Weber)는 한 지면에서 굴에서 35미터 밖까지 나와 나뭇잎과 덩굴을 이용해 이 나무에서 저 나무로 넘어 다니는 개미들을 관찰한 소감을 나누기도 했다. 그에 따르면 이 개미들이 탐사한 우듬지 영역은 2,000세제곱미터 이상으로, 올림픽 수영장과 맞먹는 규모다! 꽃가루를 찾아 헤매는 이 작은 모험가에게는 안타까운 일이지만, 우듬지에는 이렇게 느리고 잡기 쉬운 개미를 먹을 때 뾰족한 가시를 발라야 하는 작은 번거로움 정도는 감수할 굶주린 포식자가 득실거린다. 이러한 위기 상황에 대비하기 위해 체팔로테스가 개발한 두 번째 생존 법칙은 비책 중의 비책으로, 포식자가 다가오면 허공으로 뛰어드는 것이다!

딱 보기에는 성공할 가망이 없고 죽음으로 끝날 전략처럼 보인다. 개미가 떨어지는 높이인 30미터는 개미 몸길이의 3,000배에 달하는 길이다. 우리로 치면 5킬로미터 높이에서 뛰어내리는 것으로, 보통 스카이다이빙을 할 때 뛰어내리는 높이보다 더 높은 고도다. 물론 거북이개미는 낙하산 없이 더 무거운 보호 장구와 함께 뛰어내린다.

사실 개미는 착륙 시 충격을 견디는 데는 전혀 문제가 없기 때문에 떨어지는 것 자체는 큰 문제가 아니다. 어려운 것은 그다음이다. 개미는 자신의 영역과 아주 멀리 떨어진 곳에, 숲의 바닥이라는 낯선 환경에 말 그대로 '뛰어든' 상황이다. 하늘에서 떨어진 개미에게는 불행한 일이지만 육지 역시 굶주린 포식자가 우글거린다. 그리고 육지에서는 두 번째 생존 법칙인 '뛰어내리기'가 더 이상 불가능하다.

한 연구진은 숲 바닥에 착륙한 체팔로테스가 직면하는 위험을 평가하고자 했다. 그들은 아주 직접적인 방법을 사용했는데, 우듬지에 올라가 거북이개미 한 마리를 잡아 내려온 뒤, 땅에 놓고 관찰하는 것이었다. 결과는 충격적이었다. 낙엽 사이로 행군하는 개미는 거의 5분에 한 번꼴로 거대한 거미와 같은 포식자에게 공격받았다. 하지만 운명의 장난일까, 이 가엾은 개미가 나무 기둥에 도착하기까지 걸린 시간도 평균 5분이었다. 이 실험 조건은 그나마 나은 편이었다. 열대림은 물에 잠기면 그 상태가 6개월까지 지속되기도 하는데, 이때는 물고기에게 평균 9초에 한 번꼴로 공격을 받는다. 이처럼 나뭇가지에서 뛰어내려도 큰 위험이 기다리고 있으니 두 번째 생존 법칙도 그렇게 훌륭한 발상이라고 하기는 어려워 보인다.

그렇다면 이 개미는 대체 뭘 믿고 우듬지에서 뛰어내리는 것일까? 연구진은 그 진상을 밝혀내고 싶었다. 연구진은 하네스를 이용해 30미터 상공에 올라가 핀셋으로 거북이개미를 잡은 뒤 허공으로 떨어뜨려 낙하하는 모습을 관찰했다. 그 결과는 놀라웠다. 처음에 개미는 돌이 떨어질 때처럼, 빙글빙글 돌며 땅을 향해 일직선으로 떨어졌다. 그런데 어느 순간 안정적으로 중심을 잡기 시작했고, 이내 행글라이더처럼 완벽히 조절된 커브를 그리며 가장 가까이 있는 나무 기둥을 향해 날아갔다. 인터넷에 'gliding ants'라는 키워드로 검색하면 여러분도 이 기막힌 영상을 볼 수 있다. 아주 가는 이 나무 기둥은 3미터 넘는 거리에 옆으로 쓰러져 있었는데, 그렇게 떨어진 거북이개미의 85퍼센트가 공중에서 방향을 정확히 잡은 뒤 그로부터 평균 10미터 아래에서 이 기둥에 매달리는 데 성공했다. 연구진은 낙하 모습을 관찰하기 위해 개미를 흰색으로 칠해 놓았는데, 떨어지고 고작 10분 뒤 흰색 페인트가 묻은 개미를 굴 근처에서 발견하고 놀라움을 금치 못했다.

그렇다면 이 개미는 날개도 없이 어떻게 나는 것일까? 1센티미터 크기의 개미가 자유 낙하를 할 때 자세를 정글 한가운데서 정확하게 평가하기란 여러분의 예상만큼 꽤 어려운 일이다. 이 문제를 해결하기 위해 연구진은 '개미용 수직 송풍기'를 고안했다. 이 송풍기는 작고 투명한 수직 터널로, 위로 부는 바람을 만들 수 있다. 터널 안에 체팔로테스 한 마리를 던져 넣고 개미가 날 수 있도록 바람의 세기를 조절한 뒤 모든 방향에서 영상을 찍기만 하면 되었다.

허공에서 자세를 안정적으로 잡기 위해 개미는 자유 낙하 전문가처럼 다리가 등에 닿을 때까지 끝까지 늘인다. 배가 땅으로 다리가 하늘로 향하는 이 자세는 공기역학적으로 안정적이다. 고양이가 능숙하게 착지할 때 회전하는 것처럼, 개미는 이 자세를 취하면서 마찰력을 이용하여 몸을 뒤집어 마치 작은 낙하산처럼 자연스레 중심을 잡는다. 자세가 안정적으로 잡히면 개미는 배를 아래쪽으로 굽혀 경로를 조정하는데, 이렇게 하면 개미는 뒤로도 움직일 수 있다! 자유 낙하 중 뒤로 움직이는 것이 이상해 보일 수도 있겠지만, 개미는 360도의 시야를 가졌다는 사실을 유념하자. 등 뒤에 있는 나무 기둥을 향해 조준하는 데도 전혀 문제가 없는 것이다. 이 커다란 열대 나무 기둥은 백색의 지의류(lichen)로 덮여 있어 어두운 숲 바닥에 솟아 있는 밝은색 수직선으로 보이기 때문에 개미에게는 발견하기 쉬운 시각적 지표가 된다. 기둥을 발견한 다음에는 다리를 섬세하게 움직여 마찰력을 조절하고 회전을 제어하기만 하면 된다.

공중을 이동하는 개미의 속도와 정확성은 정말 놀랍다. 한 연구자는 이렇게 이야기하기도 했다.

"나뭇잎에 햇빛이 반사되어 밝게 보이는 지점을 향해 날아가는 개미를 본 적이 있었는데, 이 개미는 [제 실수를 깨닫더니] 아주 찰나의 순간에 방향을 바꾸어 [진짜] 나무 기둥을 향해 움직였다."

착륙할 때 개미는 배를 하늘로 치켜올리고 머리를 아래로 향한 채 다리로 나무 기둥을 잡는다. 많이들 실패하는 어려운 일로, 나무 기둥 위로 거칠게 튕기고 나면 개미는 두 번째로 착륙을 시도한다. 박수를 보낼 수밖에 없는 능력이다.

연구진은 체팔로테스가 활공할 때 정말 시각을 활용하여 방향을 잡는지 확인하기 위해 두 가지 추가 연구를 진행했다. 먼저 개미의 몸에 발광 페인트로 점을 찍고, 달빛이 안 드는 밤에 우듬지에서 떨어뜨려 어둠 속에서 하강하는 모습을 관찰한 뒤, 낮이 되면 이번에는 페인트로 개미의 눈을 가리고 다시 떨어뜨린다. 두 경우 모두 시야를 확보하지 못한 개미는 공중에서 중심을 잡으려 다리를 벌렸지만 일직선으로 떨어졌다. 방향을 잡기 위해서는 선명한 시야가 필요하다는 명백한 증거다.

개미의 가슴에 실을 달고 그 실을 공중에 매달아 놓으면 개미는 순간적으로 다리를 벌리며 자유 낙하하는 체팔로테스의 자세를 따라 한다. 활공에 대한 적응인 걸까? 신기하게도 이러한 모습은 주변에 나무가 없어 자유 낙하할 가능성도 거의 없는 사막에 서식하는 개미에게서도 똑같이 나타난다. 이는 '부절 반사'라고 부르는 것으로, 개미는 다리의 끝에 있는 부절이 바닥에 닿아 있지 않게 되었을 때 이 자세를 취한다. 이 반사는 여러 곤충과 육상동물에서도 나타난다. 이 반사의 목적은 혹시 있을지 모르는 낙하의 속도를 늦추고 배를 바닥으로 향하게 하여 활공 중에도 중심을 잡는 것으로, '낙하산 기술'이라고 불리기도 한다. 거미처럼 날개가 없는 아무 벌레나 잡아 2층 창문에서 던져 보면 침착하게 낙하를 제어하는 모습을 볼 수 있을 것이다. 이렇게 유구한 역사가 있는 반사는 개미에게도 깊이 남아 나무에서 떨어질 일이 없는 사막 서식종에까지 남아 있는 것이다.

이러한 반사가 있어도 체팔로테스처럼 하강 방향을 잡는 능력은 하나의 진화적 단계 그 이상의 것이다. 먼저 당황하지 않고 배를 살짝 아래로 내리며 다리 위치를 조정하여 방향을 잡아야 한다. 뇌는 나무 조준을 위해 떨어질 때 빠르게 스쳐 지나가는 시각적 정보를 적절한 운동 명령으로 변환해야 한다. 연구진은 이와 같은 방향 조절 하강의 단계가 개미에게 적어도 세 가지의 독립된 방식으로 진화되었다는 사실을 증명했다. 이 세 번의 진화는 우듬지에 서식하는 개미종에서 이루어졌다. 자유 낙하를 하는 모든 개미가 다리를 벌리는 '낙하산' 기술을 사용할 줄 아는 반면, 나무에 서식하는 특정 개미종이 방향을 잡는 '조종'까지 그 과정에 통합한 것은 비교적 최근이다. 다른 종은 안타깝지만 중간 단계에 머물러 있는 것으로 보인다. 낙하하는 동안 가장 가까운 나무 기둥을 향해 몸을 돌리는 방법은 알지만 (사실상 후진이지만) 전진하지 못하고 나무 기둥이 지나가는 것을 보며 일직선으로 하강하는 것이다. 조금 아쉬운 수준이지만 공중에서 방향을 잡는 과정이 착륙 시 전진 방향을 외우는 데 도움이 될지도 모른다. 이는 아직 확인되어야 할 문제로 남아 있다.

이다음의 진화 단계는 무엇이 될까? 진짜로 날아오르는 것? 여러 연구자는 비행 능력이 오늘날 거북이개미처럼 나무에 살며 제어된 하강을 했던 조상종에 기원을 둔다고 예상한다. 비행은 총 네 번의 독립적인 방식으로 진화가 된 것으로 보인다. 첫 번째는 포유류 중 오늘날의 박쥐에서, 두 번째와 세 번째는 파충류 중 지금은 멸종한 익룡 프테라노돈과 (공룡의 후손인) 조류에게서, 그리고 네 번째는 곤충 중 우리가 오늘날 알고 있는 날개 달린 모든 곤충에게서 일어난 것이다. 각각의 분류에는 비행하는 종과 가까운 친척종

이 속하며, 이 종은 우듬지의 높은 나뭇가지에서 제어된 하강을 한다. 실제로 생각보다 많은 종이 이러한 자유 낙하를 할 줄 안다. 개구리, 도마뱀, 뱀, 주머니쥐, 그리고 정확히 표현하자면 '활공'다람쥐라고 불러야 할 '날'다람쥐 등 다양하다. 물론 이 모든 동물은 나무에 산다.

곤충과 관련하여 현존하는 종 중 비행하는 곤충의 조상과 가장 닮은 종은 좀목(thysanoure)인 것으로 보인다. 날개가 없고 활달한 이 곤충은 몸은 길고 종에 따라 은빛이 돌기도 하며, 욕실 구석에서 발견된다. 좀목은 겉으로 보기에는 전혀 날 수 없을 것처럼 보이지만, 나무에 사는 좀목은 놀랍게도 제어 낙하의 귀재다. 연구진이 좀목을 여러 차례 우듬지에서 떨어뜨리자, 이 작은 곤충은 모든 예상을 뒤엎고 나무 기둥을 향해 로켓처럼 멋지게 날아갔다!

이처럼 자기 뜻대로 날 수 있는 멋진 능력을 지니고 있는 종은 이 재능을 조상으로부터 물려받은 것으로 보인다. 그 조상은 체팔로테스보다 1억 년도 더 전에 우듬지의 가장 높은 나뭇가지에서 큰 결심을 하고 뛰어내렸을 것이다.

육지의 상어

앙투안 비스트라크

상어는 이빨이 끝없이 새로 난다. 상어의 이빨은 하나씩 새로 나는 것이 아니라 한 줄씩 새로 난다. 이빨 하나가 빠지면 그 뒤에 줄지어 있던 이빨이 컨베이어 벨트처럼 앞으로 나와 빠진 부분을 채운다. 아직 놀라기엔 이르다. 치아 발육과 관련해서 더 놀라운 능력이 있는 동물은 육지에 살기 때문이다.

곤충의 큰턱은 경첩 관절(charnière)을 통해 머리 앞쪽에 연결되어 있다. 양 큰턱의 움직임을 각각 두 개의 근육이 제어하는데, 하나를 당기면 열리고 다른 하나를 반대 방향으로 당기면 닫힌다. 대개 닫는 데 쓰이는 근육이 훨씬 큰데, 힘이 필요한 것은 큰턱을 닫을 때기 때문이다. 그리고 이 근육은 두 종류의 근육 섬유로 이루어져 있는데, (약하지만) 빠른 근육 섬유와 (힘이 세지만) 느린 근육 섬유다. 각 섬유의 비율은 종의 필요에 따라 달라진다. 예를 들어 나무를 갉는 곤충은 느리지만 힘이 센 근육 섬유를 가지고 있고, 비행하며 먹잇감을 잡는 데 특화된 종은 빠른 근육 섬유를 주로 사용한다. 어떤 경우든 큰턱을 닫을 때 최대 속도는 가장 빠른 근육 섬유의 수축 속도에 한정된다는 주장은 이치에 맞아 보인다. 하지만 실제는 그렇지 않다. 덫턱개미(fourmi mâchoires-piège)로 불리는 오돈토마쿠스속(*Odontomachus*) 개미는 이러한 논리와 모순된다. 이 개미는 이론적으로 가능한 속도보다 훨씬, 훨씬 더 빠른 속도로 큰턱을 닫을 수 있기 때문이다.

이를 위해 고안된 이 개미의 큰턱 '디자인'은 독자적이다. 어떤 곤충의 큰턱이 톱을 연상시키는 모양이라면, 덫턱개미의 큰턱은 끝이 여러 갈래로 갈라진 거대한 굴착 봉이 두 개 달린 것처럼 생겼다. 사슴뿔 모양과 비슷하지만 말단이 안쪽으로 굽어 있어 먹잇감의 몸을 꿰기에 더욱 좋다. 이 묵직한 큰턱을 닫는 데 사용되는 근육도 거대하다. 이 근육이 사실상 개미의 머릿속을 꽉 채우고 있기 때문에 뇌가 들어갈 자리가 아주 작다. 이 개미가 선택한 진화적 타협이라고 할 수 있다. 하지만 거대한 근육만으로는 턱을 닫는 그 속도와 힘을 설명하기 어렵다. 그 답은 특수한 메커니즘에 있다. 큰턱을 여는 데 사용되는 근육이 수축하면 큰턱은 다리를 양쪽으로 쭉 벌릴 때처럼 180도까지 벌어진다. 큰턱이 이렇게 크게 열려 있을 때 큰턱 양쪽의 기반 관절이 걸쇠 역할을 하는 뇌의 특정한 부분과 맞물린다. 그러면 큰턱은 180도 열린 채 고정된다. 개미는 턱을 닫는 데 쓰이는 근육을 수축할 수도 있는데, 이때 열려 있는 큰턱은 움직이지 않아도 된다. 근육과 힘줄에 큰 장력이 축적되어 있어 턱과 머리의 구조에 압력이 가해진다. 크게 당겨 놓은 석궁과 같은 상태가 되는 것이다. 이렇게 엄청난 잠재 에너지가 축적되면 방출될 일만 남았다. 전투 준비 완료!

지금부터는 이러한 힘이 나올 수 있는 기발한 메커니즘을 들여다보자. 개미의 큰턱 안쪽 면에는 수많은 작은 털이 넓게 나 있다. 털은 촉각 정보를 매우 빠르게 전달하는 데 최적화된 엄청난 수의 신경 세포와 각각 연결되어 있어 탐지기 역할을 한다. 털 하나에 스치듯이 닿기만 해도 반사가 일어난다. 작은 근육 하나가 걸쇠 바깥에서 큰턱 관절을 올리면 뾰족한 굴착 봉 두 개가 접히면서 빛의 속도로 닫힌다. 물론 이 기발한 메커니즘은 개폐 장치 역할을 하는 털이 어느 정도의 길이를 넘으며, 털을 건드린 대상이 큰턱 양 끝에 부딪힐 정도의 적당한 거리에 있어야지만 작동한다. 이 턱을 피할 수 있는 확률은 아주 낮다. 180도 열려 있던 큰턱이 닫히는 데 걸리는 시간은 100분의 1초보다 짧으며, 자유 낙하할 때 느끼는 가속의 10만 배인 10만'g'에 달하는 가속이 일어난다. 큰턱은 1밀리미터의 거리를 시속 0~230킬로미터로 움직이는데, 이는 동물의 세계에서 볼 수 있는 가장 빠른 움직임이다. 사실 미스트리움속(Mystrium) 개미가 오돈토마쿠스를 제치면서 2등으로 밀려났다. 미스트리움의 큰턱 움직임은 석궁보다는 우리가 손가락을 튕기는 방식과 비슷하다. 개미의 세계는 치아와 관련된 신기술로 가득하다.

비교한 김에 이번에는 복싱 선수와 비교해 보자. 프로 복싱 선수의 펀치의 가속도는 10'g'까지 올라가는데(앞서 말한 개미의 큰턱보다 1만 배 느리다), 타격의 순간에 그 속도는 시속 35킬로미터까지 올라간다. 때리는 힘은 최고 5,400뉴턴으로, 해당 연구에서 이 엄청난 펀치를 날린 복싱 선수 몸무게의 6.8배에 달하는 힘이다. 이 선수는 대결에서 총 215번 펀치를 날렸고, 이 펀치의 힘을 다 더하면 선수 몸무게의 252배에 가까운 힘이 나오는데, 이 힘은 주로 상대 선수의 머리에 가해졌다. 덫턱개미의 때리는 힘은 개미 몸무게의 500배로, 두 번의 복싱 매치를 하며 총 428번을 때린 것과 같은 힘이다. 어디, 덫턱개미와 붙어 볼 지원자가 있는가?

상대가 개미의 절반 크기인 5밀리미터의 작은 흰개미 일개미인 경우, 개미는 주로 적의 위쪽에서 온몸 공격을 시작한다. 50퍼센트의 경우 흰개미는 한 번의 공격 만에 큰턱 한쪽에 몸이 꿰인 채 죽는다. 불쌍한 먹잇감이 약간 움직일 경우, 개미는 턱으로 먹잇감을 꽉 죄고 땅에서 들어 올려 최후의 일격으로 독침을 쏜다. 몸길이 5밀리미터로 길이는 흰개미와 비슷하지만 흰개미보다는 덩치가 작은 거저리의 경우에는 80퍼센트가 큰턱 공격 한 번으로 죽는다. 2밀리미터의 흰개미 일개미 같은 작은 먹잇감은 생존할 확률이 0퍼센트로 치사하다 할 만큼 불공평한 싸움이다. 작은 흰개미가 마비된 듯 움직이지 않을 때도 있는데, 이때 개미는 때리는 시늉도 하지 않고 먹잇감을 집어 든다. "기권승!"

이처럼 몸이 무르고 얌전한 상대일 경우 개미는 늘 이긴다. 그렇다면 상대가 더 크고 민첩하며 단단한 갑옷으로 무장했을 때는 어떨까? 이를 위해 한 연구진은 오돈토마쿠스 루기노디스(*Odontomachus ruginodis*)를 가지고 연구를 진행했다. 몸길이가 1센티미터 정도 되는 이 개미종은 땅속에 서식하는데, 플로리다의 햇볕이 잘 드는 길가에 100마리가 채 안 되는 작은 군락을 이루어 산다. 이 개미굴 정문 문턱에는 침입자를 기다리며 큰턱을 180도 벌린 채 바깥으로 머리를 낸 파수꾼이 지키고 있으므로 개미굴의 주인을 알아보는 일은 간단하다. 곤충이 굴 근처를 지나가기만 해도 파수꾼은 그쪽으로 더듬이를 기울여 위협적으로 그 움직임을 따라간다. 너무 가까이 다가가지 않는 것이 중요하다.

연구진은 이 파수꾼의 솜씨를 확인하기 위해 솔레놉시스 인빅타 한 마리를 오돈토마쿠스 루기노디스 개미굴 근처에 놓아 보았다. 솔레놉시스 인빅타는 앞서 소개했던 불개미로, 윤기 나는 주황색 갑옷을 입고 독침으로 무장한 무서운 적수다. 오돈토마쿠스 파수꾼 개미와 싸우도록 불개미를 땅에 풀어놓자마자 반대 방향으로 도망치는 불개미에 연구진은 맥이 빠질 수밖에 없었다. 쉽지 않다, 개미들. 연구진은 더 직접적이고 효과가 좋은 방법을 사용하기로 했다. 불개미 200마리를 채집한 뒤 덫턱개미 굴 근처에 냅다 한꺼번에

던져서 개미들을 화나게 만드는 것이다. 몇 초도 되지 않아 호전적인 불개미 한 마리가 굴 입구로 향하더니 파수꾼 개미의 더듬이를 쓰다듬었다. 그러자 1.13밀리초 만에 파수꾼 개미는 앞으로 달려들더니 불개미의 머리에 큰턱 공격을 가했다. 불개미는 10여 센티미터 거리에 나가떨어졌는데, 제 몸길이보다 열 배 더 긴 거리를 날아 떨어진 것이다. 복싱 선수가 앞으로 몇 걸음을 떼다 빛의 속도로 어퍼컷을 날려 상대가 15미터 거리에 나가떨어져 30열에 앉아 있는 관객들 위로 날아간다고 상상해 보라.

연구진은 초고속 카메라를 통해 타격의 순간에 어떤 일이 일어나는지를 확인했다. 큰턱 끝에 달린 작은 이빨 두 개가 둥그런 표면의 불개미 머리 위에서 서로 닿는데, 미끄러운 표면 위를 긁으며 개미를 날려 버릴 수 있는 힘으로 꼬집는다. 엄지와 검지의 누르는 힘으로 세숫비누가 날아갈 때와 같은 방식이다. 이 힘은 아주 강해서 총을 쏜 뒤의 반동처럼 오돈토마쿠스 자신도 뒤로 밀려난다. 하지만 공격을 한 개미는 다리를 굳게 딛고 서 있기 때문에 나가떨어지는 것은 상대편이다. 파수꾼 개미가 불개미 두세 마리를 날려 버리는 동안 다른 침입자들이 파수꾼 없는 굴 입구로 들어가면 덫턱개미는 완전히 전투태세에 돌입하게 된다! 수많은 불개미가 허공으로 날아가고, 운이 없는 개체는 몸이 절단되기도 한다. 큰턱 공격의 대상이 머리일 경우 날아가는 데 그치지만, 물리는 것이 다리나 더듬이일 때는 잘려 나가게 된다. 전투는 다리, 더듬이, 개미가 사방으로 날아다니는 불꽃놀이처럼 보인다. 적수는 빠르게 철수하여 잘려나간 사지가 여기저기 널려 있는 전장을 등지고 걸음아 날 살려라, 하고 도망간다. 덫턱개미의 1승이다.

어떤 오돈토마쿠스를 실험해도 결과는 거의 비슷하다. 적수가 죽음의 운명을 맞을지는 그 크기에 따라 다르다. 너무 무거워 던질 수 없는 상대는 포위된 뒤 사지가 모두 잘린 채 땅에 쓰러져 끝을 맞이한다. 덩치가 작은 종의 경우에는 큰턱 공격 한 번이면 머리를 터뜨릴 수 있다. 덫턱개미의 턱이 가진 진화적 이점은 아주 분명하다.

덫턱개미의 전투 능력을 확인한 연구진은 개미가 싸울 때 사용하는 감각에 대해 더 알아보고자 했다. 연구진은 우선 개미의 큰턱 사이에 나 있는 '방아쇠 털(poil déchencheur)'을 면도해 보았다. 이것이 폐쇄 반사의 원인인 듯했기 때문이다. 그 결과 이 털을 면도당한 개미는 그렇지 않은 개미에 뒤지지 않는 전투 효율을 보였으며, 평소와 똑같이 침입자를 큰턱으로 물어 공격했다. 속눈썹에 예상치 못한 접촉이 느껴지면 눈을 감게 되는데, 무언가 날아오는 걸 보기도 전에 눈을 감지 않을 수 없는 것과 마찬가지로, 이 털은 유익하긴 해도 꼭 필요하지는 않은 반응을 촉발하는 것이었다. 이후 연구진은 오돈토마쿠스가 큰턱의 털도 더듬이도 없을 때는 어떻게 행동하는지 관찰했다. 이 경우에도 개미는 적을 쫓고 덤벼들어 큰턱 일격을 가하는 데 어려움을 겪지 않았다. 그러자 연구진은 이번에는 개미의 눈을 페인트로 칠했다. 이렇게 시야가 가려진 개체는 멀리 있는 적을 쫓아가지는 못했지만, 이동하거나 더듬이에 적이 닿았을 때 정확하고 유효한 공격을 가하는 것은 가능했다. 눈이 보이지 않고 더듬이와 털이 모두 뽑힌 개미는 공격은 할 수 없었지만 누군가 자신을 물면 몸을 비틀며 큰턱을 서로 부딪침으로써 자신을 보호했다. 개미에게 큰턱 공격은 복합적인 다중감각적(multisensoriel) 통합으로, 여기에는 시각, 촉각, 후각뿐 아니라 자기의 몸에 대한 감각인 고유 수용 감각이 이용된다. 자신의 자세나 움직임만큼이나 적수의 상태도 잘 파악할 수 있는 것이다. 요컨대 단순한 반사와는 거리가 멀다는 이야기다!

1980년대에 이루어진 다소 야만스러운 이 연구는 곤충에 대한 윤리적 고려가 부족했다는 사실을 보여주는 증거처럼 보이기도 한다. 하지만 역설적이게도 개미의 예상치도 못했던 지능을 세상에 알리고 개미에 대한 인식 재고에 이바지한 것도 이러한 연구들이다.

　보다 최근, 덫턱개미가 군락의 식량을 먹으러 온 포유류같이 거대한 적수 앞에서는 어떻게 행동하는지를 주제로 삼은 연구진은 더 부드러운 방법을 사용했다. 물론 이런 상대는 몸을 뚫거나, 내던지거나, 베어 버리기에는 너무 크다. 덫턱개미의 비책은 그 대단한 큰턱을 사용하는 것인데, 이번에는 엉뚱하게도 자가 추진(auto-propulsion)을 하는 데 큰턱을 사용한다! 오돈토마쿠스는 바위 또는 땅과 같은 단단한 표면에 대고 큰턱을 닫으면서 공중으로 날아가는데, 뛰어오르기를 잘하는 곤충과 맞먹을 정도의 거리를 날아간다. 다만 후자는 제 다리를 이용하여 뛰어오른다는 점이 다르다. 오돈토마쿠스의 큰턱이 닫힐 때 나오는 힘은 개미 몸무게의 수백 배에 달한다. 이때는 공격당한 표면이 움직이지 않기 때문에 움직이는 것은 덫턱개미 쪽이다.

　연구진은 초고속 카메라를 사용하여 이 행동을 관찰했다. 덫턱개미의 자가 추진은 '방어 리바운드(rebond défensif)'와 '탈출 점프(saut d'évasion)', 두 종류로 구분할 수 있다. 방어 리바운드를 할 때 개미는 수직의 표면, 바위나 나무 기둥, 또는 포식자에 직접 대고 큰턱을 부딪친다. 이러한 타격으로 개미는 뒤로 40센티미터까지 날아갈 수 있는데, 수평을 그리는 궤도는 높이 6센티미터를 넘어가지 않는다. 탈출 점프를 할 때는 머리를 아래로 숙여 땅에 대고 턱을 부딪친다. 이때 개미는 사출 좌석에 앉은 것처럼 수직으로 날아가 10여 센티미터까지 올라간다! 두 경우 모두 단단한 표면에 턱이 충돌하면서 개미의 머리가 거칠게 뒤로 밀려난다. 프로 복싱 선수에게 얼굴 정면에 연속으로 428대의 펀치를 맞는 것과 같은 충격을 받는 것이다. 이로 인해 경추에는 큰 충격이 가해지지만 튼튼한 관절 덕분에 목은 부러지지 않고 머리가 움직이며 몸 전체가 뒤로 빙글 돌아간다. 이렇게 공중으로 날아간 개미는 바닥에 떨어질 때까지 63회까지 회전할 수 있다! 벽을 딛고 몸을 던져 뒤로 공중제비를 도는 야마카시 선수가 10미터 높이로 뛰어올라 뒤로 공중제비를 63번 돌고 테니스 코트 길이의 세 배에 달하는 60미터 떨어진 곳에 그것도 턱을 이용해서 착지한다고 상상해 보라. 공중회전은 아주 빨라서 어떤 경우에는 첫 추진에 대하여 뉴턴 법칙으로 계산한 것보다 더 높이 올라가기도 하는데, 이는 개미의 몸이 헬리콥터 프로펠러처럼 회전함을 의미한다. 착지의 경우에는 전혀 제어가 되지 않는다. 개미는 자가 추진하여 떠올랐다가 땅에 내동댕이쳐지면서 몇 번 튕기지만 다치지 않고 다시 일어선다.

개미가 포식자를 만났을 때 공중으로 날아가는 게 어떤 이익이 있는지 의문이 들 수도 있겠다. 어떤 이들은 그저 실수에서 비롯된 행동이며 터무니없이 강한 이 무기를 사용하는 과정에서 져야 할 위험일 뿐이라고 생각한다. 아주 예민한 탐지기가 촘촘히 박힌 추진 무기를 가지고 있다고 상상해 보라. 실수로 벽에 스치기만 해도 공중으로 날아갈 것이다. 하지만 느린 동작 영상을 통해 개미가 공격을 준비할 때 단단한 표면에 대고 섬세하게 공격을 준비하는 모습을 보면 이는 개미의 의도적인 전략이라는 사실을 알 수 있다.

덫턱개미의 자가 추진은 포식자로부터 자신을 지키기 위한 행동일 수도 있다. 자가 추진의 장점은 자연에서 오돈토마쿠스 개미굴 하나만 채집해 보아도 확인할 수 있다. 개미들을 귀찮게 괴롭히면 수많은 성난 개미가 뜨거운 팬 위에서 팝콘이 터지듯 굴에서 뿜어져 나올 것이다. 이 혼돈 속에서 수많은 개미가 여러분 위에 올라와 침 공격을 시작할 것이다. 이처럼 자가 추진 기술과 독침 기술의 조합은 덩치가 큰 포식자를 단념시키기에 아주 좋은 방법이다. 어쨌든 적어도 연구진을 단념시키기에는 충분하다.

공격을 중심으로 오돈토마쿠스의 턱에 관해 이야기했지만, 사실 덫턱개미의 턱은 단순한 무기 그 이상이다. 이 큰턱이 공격에 고도로 특화한 것은 사실이지만, 그 외의 매우 다양한 용도로 사용된다. 먹잇감을 잡고, 적을 날려 버리고, 공중으로 자가 추진을 하는 것이다. 생물은 무에서 유를 창조하기보다는 기존에 있던 것을 활용하는 새로운 방법을 발견하며 진화한다. 오돈토마쿠스는 진화가 이루어지는 방식의 예를 아주 훌륭하게 보여준다.

내 문 앞의 악마

오드레 뒤쉬투르

개미는 다양한 방법을 사용하여 경쟁자를 쫓아내고 불필요한 전쟁을 피한다. 앞서 소개한 솔레놉시스 인빅타는 식량에 가까이 다가오는 경쟁자에게 방충제를 분비한다. 개미는 발돋움을 하고 배는 땅에 수직으로 세워 침을 하늘로 향하게 둔 채 몸을 떨어 자동 살수기에서 작은 액체 방울이 나오는 모양처럼 독을 뿜는다. 그러면 적수는 흠칫 뒤로 물러서서 더듬이를 땅에 문대고 미친 듯이 몸을 닦는데, 대부분은 왔던 곳을 향해 빈손으로 돌아간다. 여러분도 슈퍼마켓에서 장바구니를 훔치려고 하는 사람에게 후추 스프레이를 뿌려 보라!

솔레놉시스 인빅타가 경쟁자들을 쫓아내는 전략은 효과적이기는 하지만, 수렵개미가 늘 경계 태세를 갖추고 있어야 한다는 단점이 있다. 포렐리우스 프뤼노수스(*Forelius pruinosus*)는 이와 비슷하지만 효과가 훨씬 더 좋은 기술을 사용한다. 탁 트인 땅에 사는 이 개미종은 주로 바위 아래에 굴을 짓는다. 이 개미는 그다지 까다롭지 않아서 부엌 찬장 속에서도, 사막 한가운데서도 살 수 있다. 하이에나처럼 썩은 고기를 먹는 이 개미는 진딧물 감로나 나무 수액처럼 달콤한 간식도 무척 좋아한다. 한낮의 뙤약볕을 잘 견뎌 정오개미(*fourmi de midi*)라는 별명으로 불리기도 한다. 2밀리미터를 넘지 않는 주황빛의 몸을 가진 이 개미는 자신보다 네 배 더 크며 식량 서리를 즐기는 꿀단지개미 미르메코치스투스와 사냥 영역을 공유하는 경우가 많다. 정오개미는 잡은 먹잇감을 그 자리에서 바로 조각을 내고 운반한다. 이로 인해 정오개미는 꿀단지개미에게 전리품을 빼앗길 위험에 노출되는데, 꿀단지개미가 무거운 짐을 더 잘 옮기기 때문이다. 경쟁을 피하기 위해 정오개미는 먹잇감을 찾으면 무리를 떠나 먹잇감 주변으로 순찰하며 경쟁자의 개미굴 위치를 확인하기도 한다. 적수의 굴을 발견하면 30여 마리가 그 입구에 다가가 인사하듯 엉덩이를 보여주며 방충제를 분비한다. 이 물질은 항문샘에서 합성되어 직장(*rectum*)을 통해 배출된다.

이렇게 순찰대 개미는 적수의 머리에 대고 장에 차 있던 가스를 내뿜는다. 그러면 꿀단지개미는 머리를 땅에 대고 비비다 뒤로 물러서고, 정오개미의 소풍에 끼어들기를 단념한다. 정오개미는 굴 입구를 돌아가며 계속해서 가스를 내뿜으며 모든 군락이 전리품 주변에 접근하지 못하게 막는다.

안전이 확보되면 정오개미는 평온하게 식사를 즐긴다. 여러분도 장바구니를 훔치려는 사람을 막으려거든 슈퍼마켓에 가기 전 그 사람 집 문 앞에 악취탄을 던져두라.

도리미르멕스 비콜로르(*Dorymyrmex bicolor*) 역시 꿀단지개미를 싫어한다. 학명이 말해주듯 이 개미는 두 가지 색을 띠는데, 머리와 가슴은 선명한 주황색이고 배는 검은색이다. 겨우 몇 밀리미터밖에 되지 않는 이 개미는 중앙아메리카와 미국 남부에 서식한다. 도리미르멕스는 먹잇감이 있는 곳을 발견하면 정오개미처럼 적 군락의 위치를 확인하기 위해 그 주변을 순찰한다. 꿀단지개미의 굴은 주로 입구가 하나로 가장자리에 작은 돌멩이를 두른 분화구 같은 모양을 하고 있으며, 주변에 몇 마리가 보초를 서고 있다. 연적의 소굴을 확인한 도리미르멕스들은 급히 달려와 입구를 둘러싼 뒤 입구에 놓인 돌멩이를 적수의 얼굴에 집어 던진다. 공격에 놀란 꿀단지개미들은 돌팔매질을 피하려 집으로 들어간다. 적수의 후퇴에도 불구하고 도리미르멕스들은 굴 깊은 곳까지 이어지는 갱도 안으로 계속해서 돌멩이를 던져 넣는다. 10분 남짓이 흘러 꿀단지개미들이 은신처의 가장 깊은 곳으로 사라지면 도리미르멕스 무리 대부분은 자리를 떠나고 대여섯 마리 정도의 순찰대원만 남아 집중 공세를 이어간다.

개미는 혼자 분당 열 개의 돌멩이를 몇 시간 동안이나 던질 수 있다. 이와 같은 공세는 두세 달까지 이어지기도 하며 꿀단지개미들의 채집 활동도 80퍼센트까지 줄어든다! 여러분이 슈퍼마켓에서 유유히 장을 보고 있는 동안 식구들이 도둑일지도 모르는 이에게 돌멩이 세례를 퍼붓고 있다고 상상해 보라…….

경쟁을 피하기 위해 이보다 더 효율적이고 에너지를 아낄 수 있는 방법은 적수의 굴 입구를 이중으로 잠그는 것이다. 호리호리한 몸에 긴 다리를 가진 멕시코의 수확개미 노보메소르 코케렐리(Novomessor cockerelli)는 포고노미르멕스 바르바투스(Pogonomyrmex barbatus)와 싸울 기회를 호시탐탐 노린다.

더위에 약한 노보메소르는 오후 끝자락에 굴을 떠나 선선한 밤 날씨를 즐기며 씨앗을 모으고 오전 아홉 시쯤 귀가한다. 경쟁자 포고노미르멕스의 경우에는 해가 뜨는 오전 다섯 시부터 정오 즈음까지 활동하는데, 이때 지면 온도는 40도 가까이 올라간다.

즉 이 두 종은 오전 다섯 시에서 아홉 시 사이에 활동 시간이 겹친다. 경쟁에서 이기기 위해 노보메소르는 오전 다섯 시가 되기 전 포고노미르멕스의 굴에 다가가 개미가 잠든 틈에 돌멩이와 모래로

굴 입구를 꽁꽁 틀어막는다. 포고노미르멕스가 세 시간 동안 길을
치우고 있을 때 노보메소르는 평화로운 시간을 즐긴다.

가미카제

오드레 뒤쉬투르

아서 쾨슬러(Arthur Koestler)가 저서 《한낮의 어둠》에서 스탈린 체제에 대하여 나눈 가르침에 따르면, 개인은 영(zéro)이고, 자신을 희생해야 하며, 전체의 부분으로서밖에 존재하지 않는, "백만으로 나눠진 여러 백만"이다. 이러한 사회에서 개인은 대체가 가능한 단위의 일군 속에 융해되고, 각각은 집단에 봉사하기 위한 목적으로만 존재한다. 자유로운 인간 정신에는 악몽과도 같은 이러한 사회 모델은 어떤 개미 군락에서는 현실에 가깝다. 많은 개미종에서 일꾼의 행동 또는 생리학적 적응은 개체의 희생을 통해 군락의 이익으로 이어진다.

포렐리우스 푸실루스(Forelius pusillus)는 남아메리카가 원산지인 열대종으로, 이 개미종의 일개미는 건조한 기후를 좋아한다. 주황색을 띠는 이 개미는 몸길이가 2밀리미터를 넘지 않는다. 깔때기처럼 생긴 개미굴은 입구 주변으로 100여 마리가 분주히 오가기 때문에 낮에는 찾기 무척 쉽다. 매분 개미 100여 마리가 큰턱 사이에 작은 모래 공을 물고 굴을 나온다. 깊은 곳에서 파 올린 이 모래는 입구에서 몇 센티미터 떨어진 곳에 쌓여 분화구 모양을 이룬다. 만약 해가 진 뒤 관찰을 잠시 멈추고 저녁을 먹으러 다녀온다면, 안타깝지만 이 개미굴을 다시 찾을 수 없을 확률이 매우 높다. 브라질 상파울루주의 상시망 근방의 사탕수수밭에서 여러 개의 포렐리우스 푸실루스 군락을 관찰하던 연구진은 이러한 현상에 주목했다. 이들의 관찰에 따르면 개미의 굴착 활동은 일몰과 함께 빠르게 중단되었다. 일꾼들은 저마다 노역을 그만두고 달콤한 휴식을 위해 집으로 돌아갔다. 몇십 분 뒤 굴 밖에 남은 개체는 서너 마리뿐이었다. 이를 더 가까이에서 들여다본 연구진은 이 개미들이 분화구 꼭대기의 모래 공 여러 개를 집 입구에 가져다 놓는 모습을 발견했다. 다른 개미들이 이 공들을 집 밖으로 꺼내느라 하루를 다 보냈으니 이러한 행동은 완전히 비생산적인 것처럼 보였다. 20여 분이 지나자 개미굴 입구는 이렇게 쌓인 모래 구슬로 가로막혀 출입할 수 없는 상태가 되었다. 하지만 아직 첫 단계에 불과했으니, 모래 바리케이드가 올려지긴 했지만 여전히 굴 입구는 맨눈으로 볼 수 있는 상태였다. 굴 밖에 갇힌 개미들은 뒷다리로 땅을 긁어 일어난 고운 모래로 굴 입구를 덮어 집을 숨겼다. 50분 뒤 굴은 자세히 들여다보아도 찾을 수 없게 되었다. 이 개미들은 비합리적인 행동을 한 게 아니라 그저 집 문을 닫은 것일 뿐이다. 하지만 이렇게 바깥에 갇힌 개체들은 어떻게 되는 것일까? 이른 아침 개미굴이 다시 열리기 전, 연구진은 생존자들을 찾아 굴 주변을 자세히 탐색했다. 돌멩이를 뒤집어 보기도 하고 작은 관목과 풀잎 사이사이도 뒤져 보았지만 허사였다. 연구진은 확실히 확인하기 위해 집 문 봉인을 끝낸 개미들을 뒤쫓아 보기로 했다. 금세 알 수 있었던 사실은 개체 대부분이 바람에 휩쓸려 가거나 포식자에게 잡아먹힌다는 것이었다. 몇 마리만이 굴에서 멀리 떠나 다시는 돌아오지 않았다. 연구진은 그 개미들이 길을 잃었을 것으로 추측했다.

개미가 기습 공격을 피하려고 밤에는 이중으로 집 문을 걸어 잠

그는 일이 흔하지만, 희생을 치러가면서까지 그러는 경우는 드물다! 대개 개미는 어떤 포식자에게는 입구가 잘 보이더라도 굴 입구를 막는다. 한편 평균적으로 포렐리우스 푸실루스 군락은 공격을 예방하는 차원에서 문을 숨기는 데 하루에 서너 마리의 일개미를 희생한다. 성숙한 군락의 경우 10~20만 마리가 모여 살고 여왕개미가 하루에 알을 400개 이상 낳기도 한다. 개체 수가 이처럼 증가할 때 하루에 일개미 서너 마리를 잃는 것 정도로는 군락에 큰 피해가 일어나지 않는다. 사실 굴 문을 닫는 개미의 희생은 사회를 위하여 치르는 사소한 대가다. 여러분이라도 흉포한 포식자의 공격으로부터 자매 수천 명을 보호할 수 있다면 이러한 희생을 치를 수 있지 않겠는가?

어떤 희생은 이보다 훨씬 더 잔인한 방식으로 이루어지는데, 자살 임무를 연상시키기도 한다. 폭탄개미(fourmi explosive) 또는 가미카제개미(fourmi kamikaze)라는 이름으로 잘 알려진 마름개미속(Colobopsis) 개미는 동남아시아가 원산지다. 이 개미 군락은 서로 연결된 굴 여러 개에 걸쳐 살기도 하는데, 그 영역이 2,500제곱미터에 달하는 경우도 있다. 개미굴은 대개 수렵개미가 꽃꿀을 채취하고 곤충을 사냥하는 나무 속에 지어진다. 군락에서 일개미는 큰 크기의 대형 개미와 작은 크기의 소형 개미로 구분된다. 대형 개미와 소형 개미는 자매지간임에도 다른 종처럼 보인다. 머리가 코르크 마개처럼 생긴 대형 개미는 문지기 역할을 맡는다. 작은 구멍인 굴 입구를 이 개미가 머리로 막으면 어떤 침입자도 내부로 들어올 수 없다. 반면 소형 개미는 외형이 더 고전적이지만 폭발성의 체질을 지니고 있다. 신기하게도 가미카제개미 군락은 소형 개미가 먹을 것을 채집하고 군락을 지키는 동안 대형 개미가 안전하게 집을 지킨다. 소형 개미는 식구들을 보호하기 위해 아주 독특한 기술을 가지고 있다. 바로 적의 눈앞에서 폭발하는 것이다! 이 개미를 처음 기록한 것은 1970년대 한 박물학자다. 그는 집게로 이 개미를 잡으려 하자 개미가 이상한 액체를 내뿜으며 터져 버렸다고 기록했다.

가미카제개미의 소형 개미는 머리부터 가슴을 거쳐 배 끝까지 이어지는 비대한 큰턱 분비샘을 가지고 있다. 이 분비샘은 몸을 따라 펼쳐진 커다란 턱 근육 전체에 연결되어 있다. 이 큰턱 분비샘 물질의 색은 아종(sous-espèce)에 따라 크림색부터 아주 밝은 흰색까지 다양하며, 노란색이나 주황색, 빨간색을 띠기도 한다. 수렵개미의 배가 꽉 차 있거나 배를 들어 올리는 경우 이 액체가 투과되어 보이기도 한다. 이렇게 뚜렷한 색을 띤 배를 본 포식자는 개미에 독이 들어서 먹을 수 없다고 생각하게 된다.

콜로봅시스 엑스플로덴스(Colobopsis explodens)의 분비액은 선명한 노란색에 카레 냄새가 난다! 포식자에게 공격당하거나 영토 싸움을 할 때 가미카제개미는 적수를 붙잡고 거칠게 턱 근육을 구부린다. 그 압력에 배의 막이 찢어지며 분비액이 터져 나온다. 이렇게 방출된 액체는 점성과 부식성이 있고, 자극적이며, 공기에 노출되면 그대로 굳는다. 이 액체에 마비된 상대는 대개 사지를 제어하지 못하다 몇 초 뒤 죽는다. 폭탄개미 한 마리는 독 공격으로 한 번에 여러 마리를 제압할 수 있으므로 전투에서 수가 적어도 유리하다. 하지만 종종 이 공격에 살아남는 상대도 있는데, 이때 적수는 제 머리 위에 가미카제개미의 머리를 단 채 끈적끈적해진 몸으로 집에 돌아가게 된다. 죽은 이후에도 가미카제개미는 잡은 것을 놓지 않기 때문이다.

이 개미의 자살 임무는 일본의 가미카제를 연상시킨다. 2차 세계 대전 당시 일본 육군 장관이었던 도조 히데키(Tojo Hideki)는 이렇게 말했다. "적의 손에 산 채로 잡히는 것보다 더 큰 수치는 없다."

이러한 구호에 해군 중장 오니시 다키지로(*Onishi Takijiro*)는 가미카제, 즉 '신풍'이라는 이름 아래 비행사 집단을 조직한다. 이들의 유일한 목표는 250킬로의 폭탄을 싣고 적의 군함에 충돌하는 것이었다. 이들의 영웅심은 '천 개의 빛으로 부서지는 보석'이라는 뜻의 교쿠사이라는 별명으로 불리며 일본 국민에게 여전히 기려지고 있다.

살아있는 시체들의 밤

오드레 뒤쉬투르

자연에서 동물은 노쇠하여 죽는 일이 드물고, 바이러스, 박테리아, 기생충 감염으로 죽는 경우가 많다. 개미들은 관계가 아주 긴밀한 식구들과 함께 살기 때문에 이러한 이유로 죽을 위험도 무척 크다. 실제로 개미는 서로 쓰다듬고 핥아주며 입을 맞추는 데 대부분의 시간을 보낸다. 입으로 식량을 먹이는 행동이나 영양 교환은 병균에게는 절호의 기회다. 장염이 개미 군락 내에서 일으킬 수 있는 피해를 상상해 보라. 군락에서 온갖 종류의 병원체가 득실거리는 외부 세계를 탐험하는 유일한 개체인 수렵개미는 병의 주요 숙주다.

잎꾼개미를 관찰하다 보면 초소형 개미라고 부르는 아주 작은 크기의 개체가 채집 경로에 다니는 것을 자주 볼 수 있다. 이 개미가 나뭇잎 조각을 자르지 못함에도 식량 채집에 참여한다는 사실은 꽤나 흥미롭다. 더 신기한 것은 이 초소형 개미가 개미굴에 돌아갈 때 절대 걸어서 가지 않고 꼭 히치하이크를 한다는 사실이다. 이 개미는 동료가 옮기는 나뭇잎 조각 위에 앉는다. 평균적으로 세 마리 중 한 마리가 짐 외에도 1~3마리의 초소형 개미를 옮긴다. 파나마의 바로 콜로라도 섬에 사는 아타 콜롬비카 군락의 행동을 연구한 연구진은 이 히치하이커들이 적으로부터 동료를 보호한다는 사실을 밝혀냈다. 그 적은 바로 개미참수파리(mouche décapiteuse de fourmis)라는 별명으로 불리기도 하는 아포체팔루스 아토필루스(Apocephalus attophilus)다.

아포체팔루스 아토필루스는 아타의 머릿속에 알을 낳는다. 이 파리는 개미가 지고 있는 짐을 착륙 지점으로 이용하기 때문에 나뭇잎 조각을 운반하고 있는 개미를 주로 공격한다. 나뭇잎 위에 착지한 파리는 개미를 향해 몸을 돌려 갈고리 모양의 길쭉한 산란관을 뻗어 개미의 입을 찾아 더듬거린다. 산란관을 조준하고 나면 파리는 숙주의 구강에 바로 알을 낳고는 달아난다. 이러한 행동은 10분의 1초도 되지 않는 짧은 시간에 이루어지기 때문에 상당한 재주를 요구한다. 시속 100킬로미터로 고속도로를 달리는 세미트레일러트럭 안에 알을 낳으려는 비둘기와 비슷하다. 개미 입속에 있던 알은 부화하여 애벌레가 되고, 이 애벌레는 자라서 개미 머릿속 공간 전체를 차지한다. 애벌레는 숙주의 턱 근육을 먹고 자라는데, 초반에는 신경계를 잘못 건드려 개미가 너무 일찍 죽지 않도록 각별히 주의한다. 기생충의 침입이 있고 며칠이 지나면 감염된 수렵개미는 턱을 움직이지 못하게 되면서 더 이상 나뭇잎도 자르지 못한다. 2주 뒤, 애벌레의 조종에 따라 개미는 구강 기관을 덜렁이며 좀비처럼 길을 서성이게 된다. 한 달 뒤, 애벌레는 개미의 뇌를 먹어치우고 머리의 각피를 녹이는 효소를 분비하여 머리를 뚝 떨어뜨린다. 이렇게 개미는 긴 시련의 끝을 맞게 된다. 숙주를 참수하고 나면 애벌레는 버려진 개미 머릿속에서 고치를 만들고 변태를 시작한다. 변태가 끝나면 에일리언처럼 개미의 입에서 새로운 파리가 솟아오른다.

초소형 개미가 히치하이크를 함으로써 개미참수파리가 나뭇잎에 머무는 시간은 크게 줄어든다. 파리채 역할을 하는 초소형 개미는 다리와 더듬이로 개미참수파리를 서슴없이 때려잡는다. 나뭇잎을 운반하는 개미는 파리의 수가 많아지면 뒷다리로 배에 있는 돌기를 문지르며 도움을 요청한다. 근처에 있던 초소형 개미는 날카로운 마찰음을 듣고 나뭇잎 조각에 올라타 훼방꾼을 쫓아낸다.

연구진은 이 히치하이커가 기생충을 막는 데 그치지 않고 나뭇잎 조각을 소독하는 역할까지 한다는 사실을 밝혀냈다. 자연 세계의 식물과 토양에는 수많은 세균이 사는데, 이 세균 중에는 개미 군락에게 매우 위험한 것도 있다. 그중에서도 매우 공격적인 곤충병원성(entomopathogène) 곰팡이 메타리지움(Metarhizium)은 수많은 곤충을 죽일 수 있다. 이 기생물은 아주 효과적으로 곤충을 죽이기 때문에 인간도 집을 갉아먹는 흰개미를 퇴치하는 데 이 곰팡이를 사용한다. 이 곰팡이 포자는 한 번 닿기만 해도 숙주 위에 자라기 시작한다. 균사는 효소를 분비하여 곤충의 각피에 균열을 낸 뒤 몸을 뚫고 들어가 가장 먼저 지방질, 그리고 근육, 마지막으로 신경계 곳곳으로 퍼져 숙주를 죽인다. 곰팡이 감염으로 죽은 개미의 몸 전체에서 터져 나오는 초록빛의 곰팡이는 수천 개의 포자로 군락 전체를 감염시킬 수 있다. 그러니 이 암살자를 개미굴에 애초부터 들이지 않는 것이 가장 중요하다.

현장의 연구진은 개미가 자른 나뭇잎 조각이 굴에 들어가기 직전보다 이제 막 잘랐을 때 세균이 더 많다는 사실을 확인했다. 이 현상을 이해하기 위해 메타리지움 포자로 뒤덮인 나뭇잎을 실험실 군락에 넣은 연구진은 개미가 옮기고 있는 나뭇잎 조각에 타고 있던 초소형 개미 중 다수가 나뭇잎이 굴에 도착하기 전 포자를 일일이 떼어내는 모습을 발견했다. 초소형 개미는 위생 감독관 역할에 아주 진지하게 임하여 굴 안으로 들어가기 전 수렵개미도 깨끗이

닦아준다.

그러나 초소형 개미의 이와 같은 위생 감독에도 빈틈은 있을 수밖에 없어서, 종종 세균이 포위망을 뚫고 군락에 침입하는 경우가 생긴다. 슈퍼마켓에서도 살모넬라균이 감독관의 눈을 피해 여러분의 뱃속으로 들어가는 일이 더러 있지 않은가. 온상에 들어온 기생물은 없애는 것밖에는 답이 없다.

유럽 개미 템노토락스 우니파시아투스(*Temnothorax unifasciatus*)는 갈색과 주황색을 띠며 배에 검은 선이 있다. 이 개미의 집은 무척 단순하여 하나의 방으로 이루어져 있고 여기에 보통 100~200마리의 개체가 모여 산다. 템노토락스 우니파시아투스는 대개 작은 돌 아래나 나무껍질 아래에 서식한다. 솔직하게 이야기하자면 나른해 보이기만 하는 이 개미는 첫눈엔 특별한 점이 하나도 없다. 하지만 개미를 겉만 보고 판단해서는 안 되는 법이다.

이 개미가 보여주는 아주 흥미로운 행동은 대개 코끼리나 고양이에게서 관찰되는 것으로, 바로 죽기 전에 몸을 숨기러 떠나는 것이다. 실제로 연구진이 곤충병원성 곰팡이 메타리지움 포자로 군락의 수렵개미 몇 마리를 감염시키자, 이 개미들은 모든 사회적 상호작용을 멈추고 몇 시간, 길게는 며칠을 집을 떠나 있다가 다른 개미들의 시선을 피해 밖에서 죽음을 맞이했다. 이 기이한 행동은 개미가 식구들을 보호하기 위해 숙고 끝에 결정한 선택일까, 아니면 비열한 곰팡이가 포자를 퍼뜨리기 위해 개미를 조종한 결과일까? 실제로 메타리지움은 남을 속이는 데 아주 탁월한 재능이 있으므로 개미가 이 곰팡이에 의해 꼭두각시처럼 조종당하는 것일 가능성도 있다.

최고의 꼭두각시 조종자는 오피오코르디쳅스(*Ophiocordyceps*) 곰팡이로, 이 곰팡이는 수많은 개미종을 감염시키고 '좀비화'한다.

수렵개미는 굴 밖에서 식량을 채집하다가 이 곰팡이 포자와 접촉하게 된다. 곰팡이는 감염시키는 동안 숙주의 행동을 점진적으로 바꾸다가 개미가 굴을 떠나게 만든다. 곰팡이는 중장비 기사처럼 개미의 다리 근육과 큰턱을 직접 조종한다. 트랜스 상태에 빠진 수렵개미는 몇 미터 걸어가다 채집 경로에 튀어나와 있는 식물 속으로 뛰어든다. 그리고 풀잎 끝으로 올라가 큰턱으로 꽉 물고 매달린다. 이는 아주 드문 광경으로, '죽음의 움켜쥠(prise de la mort)'이라고 불리는 행동이다. 마술에 걸린 수렵개미가 이 자세로 매달려 있는 동안 곰팡이는 개미를 안에서부터 잡아먹는다. 곰팡이는 숙주의 각피를 찢고 개미의 몸보다 세 배 이상의 긴 줄기를 뻗어 내는데, 포자낭과(sporocarpe)라고 불리는 이 기관에는 수천 개의 포자가 들어 있다. 공포 영화의 시나리오를 연상케 하는 장면이다. 곰팡이의 목적은 전략적으로 중요한 장소, 개미가 자주 다니는 길 위로 숙주 자신을 옮기도록 하여 포자를 효율적으로 퍼뜨리는 것이다.

기생물의 조종 능력이 이처럼 놀라운데 어떻게 템노토락스 우니파시아투스가 죽기 전 몸을 숨기러 떠나는 것이 메타리지움의 영향이 아니라는 사실을 확신할 수 있을까? 연구진은 이 가설을 배제하기 위해 개미를 병들게 해 보았다. 이번에는 기생 곰팡이나 박테리아, 세균을 사용하지 않고 과도하게 흡입할 경우 생물의 수명을 줄이는 이산화탄소, CO_2를 맡게 했다. 연구진은 이산화탄소를 흡입한 개미도 병원체에 감염된 개미와 똑같이 단연히 굴을 나서더니 일주일 뒤 동료들을 떠나 죽는 모습을 확인했다. 이러한 결과는 개미가 자신의 의지로 격리에 들어간다는 가설을 확인시켜 준다. 심지어 이렇게 다른 개미들에게서 멀리 떨어져 스스로 격리한 개미를 다시 굴에 데려다 놓자, 개미는 다시 집을 떠나 다른 개미들과의 모든 접촉을 철저히 피했다. 사회적 퇴거는 병의 전파를 예방할 수 있는 간단한 메커니즘이다. 죽기 전 굴을 떠나는 것이 무리가 작거나 굴이 단순해서 **빽빽**하게 서로 붙어사는 개미종의 특유한 적응 방식일 수 있다는 것이다.

100제곱미터의 방에 200명의 사람과 함께 갇혀 있는데, 코로나 바이러스에 감염된 사람이 방에 들어온다고 상상해 보라. 사회적 거리 두기 원칙을 지킬 수 없을 것이 분명하다. 그럴 때는 환자가 방을 떠나는 편이 더 낫지 않겠는가!

제10장

아홉 번째 시련

공격하고 역습하기

두려움과 떨림

앙투안 비스트라크

적으로부터 자신을 보호하는 좋은 방법 하나는 공격하는 것이다! 다시 아마존으로 돌아가 보자. 땅거미, 재규어, 독사가 사는 아마존 숲을 산책할 때 무사태평할 수만은 없을 것이다. 그런데 어떤 관광객 산책로 표지판은 놀랍게도 땅거미, 재규어, 독사에 대해서는 언급하지 않는 대신, 이렇게 적혀 있다.

'총알개미(fourmi balle de fusil) 조심!'

이 안내문은 파라포네라 클라바타(Paraponera clavata)를 가리키는 것으로, 이 개미는 여러분에게 영원히 잊지 못할 기억을 안겨 줄 수도 있다.

이전 장에서도 언급했지만, 저스틴 슈미트 박사는 곤충의 침으로 인한 고통의 단계를 구분했다. 그의 방법은 간단했는데, 운 나쁘게 침에 쏘이게 되었을 때 그 고통을 평가하는 것이다. 그다지 객관적이지 못한 방식이라고 생각하겠지만, 이 작업에서 중요한 것은 객관성이 아니라 주관적으로 느낀 고통을 평가하는 것이다. 연구하는 동안 그는 150종 이상의 침독을 경험했고, 확실한 결과를 얻기 위해 한 종에게 여러 차례 침을 쏘인 적도 여러 번이었다. 슈미트 고통 지수는 1에서 4까지의 숫자로 나타내는데, 1은 약한 고통, 4는 극한의, 끔찍한, 상대를 완전히 무력화하는 고통을 의미한다. 물론 이렇게 느껴지는 고통에 몇몇 사람들이 가지고 있는 알레르기 반응은 포함되지 않는다. 고통 지수 2는 꿀벌, 보통땅벌(guêpe commune), 유럽 말벌에 쏘였을 때의 고통을 나타낸다. 몇몇 작은 유럽 정원개미 침의 고통 지수는 1이고, 모기의 경우에는 0이다. 고통 지수 3은 훨씬 드물지만 아주 예사롭지 않은 경우다. 이 정도 고통 지수는 주로 붉은색을 띠는 땅벌 폴리스테스 카나덴시스(Polistes canadensis) 같은 큰 몸집의 열대종에게 주어진다. 1984년 아마존 숲을 산책하던 슈미트는 공교롭게도 파라포네라 클라바타를 마주치게 된다. 우람한 전사와도 같은 2센티미터의 이 개미는 붉은빛의 광택이 나는 검은 갑옷을 입고 있는데, 슈미트는 다른 종들보다 확연히 고통스러운 침을 가진 이 개미종을 구분하기 위해서 4단계를 만들어야 했다. 슈미트는 이 개미의 침을 "발뒤꿈치에 10센티미터 길이의 녹슨 못이 박힌 채 활활 타고 있는 숯불 위를 걷는 듯한 순수하고, 강렬하고, 번뜩이는 고통"이라고 표현했다. 침에 쏘이는 그 순간은 "리볼버 총알"을 맞는, "망치로 크게 때리는" 듯한 느낌이 들며, 그 후에 따라오는 고통은 몇 시간 동안이나 지속된다! 슈미트는 이렇게 설명한다.

"얼음과 맥주 찜질이 효과가 있기는 했지만, 열두 시간이 흐른 뒤에도 나는 여전히 몸을 떨며 끝없이 이어지는 꿈틀대는 고통의 파도 때문에 울부짖고 있었다."

파라포네라의 침에 쏘였던 때를 또렷이 기억하는 불운한 사람들이 많다. 예를 들어 박물학자 스티스 백쉘(Steve Backshall)는 이렇게 설명한다.

"그 고통은 몸 전체에서 느껴진다. 몸이 떨리기 시작한다. 땀이 나기 시작한다. 이는 완전히 순환계의 문제다. 고통은 온몸을 타고 흘러 신경계에 영향을 끼친다. 심장 박동이 빨라진다. [침을] 많이 맞았다면, 의식과 무의식 상태를 오가게 된다. 적어도 서너 시간 동안은 여러분의 세계에 이 고통 외에는 아무것도 존재하지 않게 된다."

개미 사진으로 유명한 텍사스 생물학자 알렉스 와일드(Alex Wild)는 그 고통을 조금 더 잘 견딘 듯하다.

"총을 맞은 것보다는 덜할 것 같지만, 노루발장도리로 제대로 한 방 맞은 후에 찾아오는 고통에 가깝다. 견딜 만은 했지만, 나의 경우에는 여덟 시간을 자고 난 뒤에도 여전히 고통이 느껴졌다."

고통 외에도 억제 불가능한 떨림, 열, 식은땀, 메스꺼움, 구토, 부종, 부정맥 등 다른 증상들이 이후에도 나타날 수 있다. 그런 표지판이 왜 있었는지 조금 더 이해가 간다!

이 개미는 현지인들에게 널리 알려져 콩가(Conga), 차차(cha-cha), 발라(bala), 무누리(munuri), 쿠마나가타(cumanagata), 시암냐(siámña), 욜로사(yolosa), 투칸데이라(tucandeira) 등 다양한 이름을 가지고 있다. 이 이름들은 '깊은 상처를 주는 개미', 영어로는 'bullet ant'라고 하는 '총알개미', 그리고 고통이 지속되는 시간을 따서 '24시간 개미'라는 뜻을 가지고 있다. 아마존의 여러 부족은 파라포네라를 다양한 통과의례에 사용한다. 가장 잘 알려진 의례는 아마도 브라질의 사테레마웨(Sateré-Mawé)족이 12세를 맞은 소년들을 대상으로 치르는 의례일 것이다. 먼저 개미들을 천연 진정제로 잠재운 뒤, 침이 안쪽을 향하도록 하여 자그마치 80마리를 오븐 장갑처럼 생긴 나뭇잎으로 만든 장갑에 끼운다. 개미들이 깨어나면 소년은 장갑에 손을 집어넣고, 자신을 지탱하고 있는 친구들 위에서 춤을 추며 5분 동안 버텨야 한다. 의례가 끝나고 나면 소년의 손과 팔은 통제할 수 없이 떨리고 이 떨림은 하루 넘게 이어진다. 전

사라는 이름에 어울리는 남자가 되기 위해서는 일생 이러한 시험을 최대 스무 번까지 견뎌야 한다!

호주 희극 배우 해미시(Hamish)는 카메라로 이 의식을 경험하는 모습을 담고자 했다. 그는 침에 쏘일 당시에는 그 고통을 설명하지 못했는데, 장갑에 손을 집어넣자마자 울부짖으며 미친 듯이 몸을 떨고, 욕을 하며 구슬땀을 흘리다 결국 눈물을 흘리며 땅 위로 나뒹굴게 되었기 때문이다. 그는 몇 시간이 지나서야 병원에서 해쓱한 얼굴을 하고 작은 목소리로 소감을 남겼다. "정말 대단했어……." 그에 따르면 그것은 "인간이 경험할 수 있는 가장 끔찍한 고통"이다. 인터넷에서 쉽게 영상을 찾을 수 있지만, 마음의 준비를 하고 보길 바란다.

이 개미의 침은 왜 이렇게도 고통스러운 것일까? 이에 대한 답은 파라포네라의 진화사에 따라 부분적으로 설명된다. 이 개미종이 최초로 기술된 것은 1775년으로, 덴마크 동물학자 요한 크리스티안 파브리시우스가 포르미카 클라바타(Formica clavata)라는 이름으로 기록을 남겼다.

개미를 설명할 때는 그 개미가 계통수에서 어떤 지점에 위치하는지도 알아야 한다. 간단히 설명하자면 개미의 과(famille)는 여러 개의 아과(sous-famille)로 나뉘고, 이 아과는 다시 여러 족(tribu)으로, 또 속(genre)으로, 그리고 마지막으로 종(espèce)로 분류된다. 우리의 파라포네라는 필시 분류하기 어려운 개미였을 것이다. 1775년부터 2003년까지 각기 다른 여섯 개의 이름으로 다섯 번이나 재분류가 되었기 때문이다! 이유는 간단했다. 파라포네라는 아주 독특한 경우기 때문이다. 오늘날 전문가들은 '파라포네리네(Paraponerinae)'라고 부르는 자신의 아과를 유일하게 대표하는 개미라는 데에 의견이 일치한다. 비교를 위해 이야기하자면, 우리 정원에 있는 작고 평범한 검은색의 개미는 불개미아과(Formicinae)에 속하며, 여기에는 4000종 이상의 개미들이 속해 있고, 온 지구에 널리 퍼져 있는 이 개미종은 51개 속으로 구분되며, 이 속은 다시 11개의 족으로 분류된다. 그러니 하나의 종으로 구성되어 있다는 점에서 총알개미의 아과는 매우 협소한 것이다! 이 개미가 계통수에서 다른 개미들과 동떨어져 있게 된 것은 1억 2,000만 년도 더 된 일이다. 1994년에는 한 곤충학자가 파라포네라 디에테리(Paraponera dieteri)라고 하는 자매종을 하나 발견하긴 했지만, 가족 잔치를 열 수 있겠다며 마냥 들뜰 수는 없는 상황이다. 이 종은 1,500만 년 전에 죽어 호박 화석에서 발견된 오래된 조상이기 때문이다. 결국 파라포네라 클라바타는 슬프지만 외톨이 신세다.

이러한 진화적 고립은 왜 이 개미종이 고통스러운 침과 같은 독특한 특징을 갖게 되었는지를 설명해 준다. 실제로 연구자들은 이 개미의 침독에서 독특한 성분을 추출했는데, 바로 '포네라톡신(poneratoxine)'이다. 이 독소는 끔찍한 고통을 일으키는 주원인으로, 다른 곤충 독과는 다르게 세포를 파괴하지 않지만 몇 종의 뱀이나 거미가 가진 독처럼 확실하게 신경계 신경 전달 이상을 일으킨다. 파라포네라의 침독을 맞아보겠다고 시도했던 불쌍한 해미시가 침에 쏘이자마자 팔에 경련을 일으켰던 것도 그런 이유에서다. 다행인 것은 이 개미가 그런 특성을 가진 유일한 개미라는 점이다. '총알개미'나 '24시간 개미' 같은 개미가 수천 종이나 지구 곳곳에 퍼져 있다면 정원에서의 낮잠은 있을 수 없는 일이 될 테니까!

이제 이 개미가 왜 이와 같은 무기를 지니고 있는지 알아볼 차례다. 엄청나게 큰 먹잇감을 쓰러뜨리기 위해 이처럼 강력한 독을 사용하게 되었다고 생각할 수도 있겠지만, 사실은 그렇지 않다. 파라포네라의 습성을 다룬 과학 논문들은 아이들이 잠들기 전 읽어주는 목가적인 동화를 떠올리게 한다. 이 개미는 주로 오후 끝자락의 햇살을 즐기기 위해 작은 무리를 지어 외출한다. 평화주의적인 이 개미들은 얌전히 나무를 타고 올라 함께 나무 수액과 우듬지에 핀 꽃의 꽃꿀을 모으고, 잔가지나 이끼, 알록달록한 꽃잎을 채집한다. 어떤 개체들은 작은 곤충을 잡아 와 채식 위주의 식사를 보충하기도 한다. 바주카포처럼 강력한 침을 무기로 삼아야 할 이유가 전혀 없다.

하지만 침입자가 굴을 공격했을 때 답은 자명해진다. 파라포네라는 격노하여 매우 난폭해진다! 결국 이 개미의 무기는 공격이 아니라 방어를, 더 정확히는 반격을 위한 것으로, 침략자가 후퇴하지 않을 때 개미는 주저 없이 세상에서 가장 고통스러운 침 맛을 보여 준다.

저스틴 슈미트는 다양한 여러 가지 침에 무수히 많이 쏘여 본 경험을 토대로 이에 대해 숙고해 본 결과, 매우 흥미로운 설명을 내놓는다. 우선 그는 고통을 느끼는 능력은 우리의 신체를 보호하기 위해 존재한다는 사실을 짚는다. 고통은 우리에게 신체에 손상이 생길 것이라는 경보로, 위험에 즉각 대응하도록 하는 이점이 있다. 고통을 느끼지 않는다는 건 사실 축복이라고 할 수 없다. 선천성 무통각증이 있는, 즉 고통을 느끼지 못하는 사람들은 불 가까이에서 손을 떼지도, 뜨거운 찻잔에서 입술을 떼지도 않아 대처하기에 너무 늦기도 한다! 아이에게 다양한 상처, 화상, 자상, 심지어 골절까지 다수 발견될 때 의사들은 대부분 선천성 무통각증을 의심한다.

신기하게도 곤충의 침으로 인해 느껴지는 고통이 무조건 신체상의 피해로 이어지는 것은 아니다. 예를 들어 슈미트는 최근에 소수 정예인 고통 지수 4단계 곤충 클럽에 멤버 하나를 추가했는데, 중앙아메리카에 서식하며 단독 생활을 하는 땅벌 펩시스 그로사

(Pepsis grossa)다. 영어로는 'Tarantula hawk wasp'라고 하는 이 소박한 이름은 '타란툴라 매 땅벌'이라는 뜻이다. 5센티미터 길이의 이 땅벌은 검은색, 청색, 주황색 광이 도는 몸을 가지고 있으며, 가만히 있기만 해도 경외와 경계심을 불러일으킨다. 거대한 펩시스 그로사는 주로 힘차게 윙윙거리는 소리로 자신이 왔음을 알리며 구경꾼들의 눈을 사로잡는다. 공포 영화에나 나올 법한 이 땅벌은 거대한 타란툴라를 산 채로 잡아 와 애벌레들에게 먹인다. 이 땅벌의 침 중에서 긴 것은 7밀리미터에 달하는데, 곤충의 침 중 가장 긴 것으로, 운이 나빠 이 침에 쏘이게 된다면 느끼게 될 고통에 대해서는 미리 슈미트가 땅 위로 나동그라져 울부짖다 다음과 같이 기록으로 남겨 두었다. "눈앞이 아득해지는, 가혹한, 전류가 흐르는 듯한, 충격적인 고통"은 "거품 목욕을 하던 중 전원이 켜진 헤어드라이어를 욕조에 빠뜨린 것 같은" 느낌을 줄 것이다. 이러한 고통은 사지를 잃는 것처럼 극심하지만 매우 빠르게 사라져 5분 뒤면 기억도 나지 않을 정도로 괜찮아질 것이고, 작은 자국 하나 빼고는 어떤 손상도 남지 않을 것이다. 이건 순전히 사기가 아닌가! 실제로 이 땅벌의 침독은 완전히 무해하다. 고통은 끔찍하지만 아무런 피해가 남지 않는다니? 슈미트의 설명에 따르면 이는 우리 자연 경보 시스템의 우회 방식으로, 우리 몸으로 하여금 큰일이 있는 것처럼 덥석 믿게 만들어 놓고 사실 별것 없는 독인 것이다. 수백만 년 동안 이어져 온 고단수의 사기 행각이다. 많은 곤충이 이처럼 고통스럽지만 몸에는 해가 없는 독을 가지고 있고, 거의 모든 독이 피해보다는 고통을 주게 되어 있다. 이 작은 사기꾼이 이로 인해 얻는 이익이 무엇인지는 빤하다. 제조할 때 몸에 무리가 가는 독성 분자를 만드느라 골치를 썩일 필요 없이, 침입자를 속여 고통을 느끼게 하는 적절한 신호를 주입하기만 하면 놀란 침입자는 곤충을 놓아주고 말

것이다!

진화의 관점에서 이와 같은 기만은 경계색 신호를 연상시킨다. 경계색을 띤 동물들은 대낮에는 붉은색 표피나 파란색 부절, 또는 노란색과 검은색 줄무늬 등 선명한 색으로 보인다. 이러한 색은 일반적으로 그 동물이 독이 있거나 위험하다는 신호다. 하지만 다수의 종이 속임수를 쓰거나 이러한 색을 띰으로써 독을 만들어야 하는 수고를 아낀다. 얼마나 많은 무해한 파리가 땅벌을 연상시켰던가! 그리고 얼마나 많은 사람들이 이 파리를 보고 놀랐던가! 그러나 이러한 속임수가 통하기 위해서는 실제로 일정 정도의 종들은 독이 있어야 하는데, 그렇지 않으면 포식자가 집단 사기 행각을 금세 알아채고 노란색과 검은색 줄무늬의 곤충들을 망설임 없이 꿀꺽 삼켜버릴 것이기 때문이다. 포커 게임과 마찬가지로 늘 허풍으로 일을 해결할 수는 없는 것이다. 곤충의 침도 이와 마찬가지다. 고통스러운 침을 맛보여줌으로써 포식자로 하여금 실제적인 위험이 있다고 믿게 해야 한다. 사실 그 위험이 늘 진짜는 아닐지라도 말이다. 경계색처럼 독을 사용한 속임수도 일정 정도의 종들이 정말로 실제적인 피해를 야기하는 독을 가지고 있어야만 계속 이용할 수 있는 것이다. 한 연구진은 100여 종 이상의 벌목(hyménoptère), 즉 땅벌, 꿀벌, 개미가 가지고 있는 독의 독성을 연구했다. 다수의 예상과 같이 독이 더 고통스럽다고 해서 독성이 더 큰 것은 아니었다. 곤충 침에 쏘인 뒤 강한 고통을 느낀다고 해서 야단법석을 피울 거리가 없을 수도 있지만, 그조차 확실하지 않다는 것이다. 여러분에게 이런 사실을 알리게 되어 유감이다.

그래도 어떤 규칙은 존재한다. 슈미트의 이론에 따르면 꿀벌, 보통땅벌, 개미 전체와 같이 사회를 이루어 사는 곤충은 실제로 독을 가지고 있어야 할 필요가 있다. 단독 생활을 하는 땅벌 그리고 꿀벌과는 달리, 사회성 종은 대개 아주 기름진 애벌레나 아주 달콤한 꿀 등 엄청난 양의 식량을 지니고 있고 눈에도 잘 띄는 큰 군락을 이루어 산다. 이런 횡재가 또 어디 있을까! 요령이 있는 포식자라면 누구든 즐길 수 있는 간단하고 아주 훌륭한 식사인 것이다. 실제로 수많은 포유류가 개미 군락을 호시탐탐 노린다. 곤충은 우리의 조상이었던 수렵 채집인에게도 좋은 먹거리였으며, 오늘날까지도 상당히 많은 인간 사회에서 그렇게 여겨지고 있다. 침팬지와 대부분 영장류에게도 마찬가지이다.

사실 아주 기름진 애벌레를 잡아먹는 발상에 대하여 산업화한 서구 사회가 가지고 있는 혐오에 가까운 반감은 오히려 예외에 가깝다. 이처럼 수많은 잠재적 포식자 앞에서 사회성 곤충은 자신의 군락을 효과적으로 지키기 위해 진화하는 수밖에는 없었다. 고통스럽지만 전혀 해가 없는 침은 몇몇 포식자들로 하여금 고통을 느끼지 못하게 스스로 특수화하여 아무런 해를 입지 않고 군락의 식량을 배불리 먹을 수 있도록 만들었다. 그러니 사회성 곤충들도 허풍만 떨 수는 없었던 것이다.

데이터도 이러한 이론을 뒷받침하는 것처럼 보인다. 단독 생활을 하는 대부분 종이 독성이 아주 적은 독을 가지고 있는 데 반해, 사회성 곤충이 가진 독의 독성은 대개의 경우 실제적이며, 군락의 크기가 큰 만큼이나 그러하다. 실제로 곤충종이 이루어 사는 군락의 크기가 크면 클수록 포식자에게도 큰 횡재기 때문에 그 곤충종도 위험에 대응할 수 있다는 사실을 드러낼 필요가 커진다.

오늘날 꿀벌 군락은 꿀벌 한 마리보다 5억 배, 군락의 모든 꿀벌을 다 합친 무게보다 몇백만 배는 무거운 코끼리를 쫓아낼 수 있다! 이것이 얼마나 대단한 일인지 가늠해 보라. (평균 무게를 70킬로로 가정하여) 우리 인간으로 비교하자면 고질라보다 213배 무거운

3,500만 톤 무게의 포식자를 상대해야 하는 것이다. 영화 팬들의 추측에 의하면 고질라의 무게는 16만 4,000톤밖에 나가지 않기 때문이다.

코끼리가 도망치는 것도 옳은 것이, 꿀벌의 독은 실제적인 피해를 일으키기 때문이다. 꿀벌의 '치사력(capacité létale)', 즉 이론상 1회의 침 공격으로 50퍼센트의 확률로 죽일 수 있는 상대의 무게는 57그램이다. 1만 5,000마리 정도 되는 꿀벌 군락의 절반이 공격하면 855킬로의 포식자를 죽일 수 있는 것이다. 효율적이지 않은가? 신기하게도 꿀벌 독의 성분 중 가장 독성이 강한 것은 포스포리파아제(phospholipase)로, 우리의 세포막을 파괴하지만 고통은 전혀 일으키지 않는 단백질이다. 고통과 독성은 전혀 다른 문제다.

사회성 곤충인 우리 총알개미의 독에도 독성이 있다. 이 독성은 부분적으로는 포네라톡신에 기인하는데, 이 성분의 치사력은 1회의 침 공격으로 50퍼센트의 확률로 죽일 수 있는 포식자의 무게는 286그램이다. 작은 쥐 한 마리를 잡을 수 있는 수준이다. 우리 인간이 느끼는 그 견디기 어려운 고통에 비하면 독성은 코웃음이 나오는 정도다.

이제 우리는 총알개미를 더 잘 이해할 수 있게 되었다. 포식자에게 취약한 군락을 이루는 사회성 곤충으로서 총알개미는 자신의 군락을 지키기 위해 무척이나 효율적인 독을 가지고 있다. 침입자가 즉시 도망가게 만드는 강렬한 고통과 고통을 느끼지 못할지도 모르는 포식자를 피하기 위한 약간의 독성이 있는 독이다. 하지만 여전히 질문은 남아 있다. 파라포네라의 조상들은 왜 이토록 고통스러운 침을 갖게 되었을까? 빈대를 잡는다고 망치를 휘두르는 것처럼 그다지 필요하지 않은 고통에 불과한 것일까? 아니면 동시대를 살던 공룡이나 마스토돈을 맞서기 위해서였을까? 왜 이처럼 무시무시한 무기를 가지고도 제 아과를 대표하는 유일한 개미가 되었을까? 아무도 답을 알 수 없는 문제처럼 보인다.

로보캅

오드레 뒤쉬투르

많은 개미종 군락에서 보통 일개미보다 훨씬 큰 일개미들을 흔하게 볼 수 있다. 모두 암개미이기 때문에 '여군'이라고 부르는 것이 더 적절할 수도 있겠지만, 이 개미들은 보통 병정개미라고 불린다. 이처럼 큰 개체는 작은 크기의 동료들과 유전적으로 크게 차이는 없으며, 그저 성장 과정에서 더 많이 먹었을 뿐이다. 흔히 하는 "잘 먹어야 쑥쑥 큰다"라는 말은 개미를 두고 하는 말 같다.

전체 개미종 1만 3,000종 중 1,000종 이상이 혹개미속(Pheidole)에 속한다. 혹개미 군락에는 확실한 두 개의 불임 계급이 존재한다. 소형 개미라고 불리는 작은 일개미와 몸에 비해 유달리 커다란 머리와 큰턱을 가진 병정개미다. '큰머리개미(fourmi à grosse tête)'라는 별명이 단박 이해가 가는 외관이다. 병정개미는 배보다 머리가 훨씬 커서 늘 앞으로 고꾸라질 것처럼 보인다. 군락의 95퍼센트를 차지하는 소형 개미들은 어린 개미 보육과 굴 건설, 식량 채집을 맡는다. 5퍼센트밖에 되지 않는 병정개미들의 주 역할은 군락을 보호하고 굴로 들어온 식량을 잘게 부수는 것이다.

신기하게도 혹개미속에 속한 종 중 8종의 개미에는 세 번째 계급이 존재하는데, 바로 '대형 병정개미(supersoldat)'다. 이 개미는 보통 병정개미보다 몸집이 두 배 더 크고 머리는 세 배 더 크다. 혹개미의 게놈을 연구한 연구진은 이 큰머리개미의 먼 조상이 모두 대형 병정개미를 만들 수 있었으나, 아마도 너무 수고스럽다는 이유에서 이러한 특수화가 사라지게 된 것이라는 사실을 밝혀냈다. 현대 개미종의 유전 물질을 조사한 결과, 모든 큰머리개미가 사실 거대한 개미를 만드는 데 필요한 유전자를 가지고는 있지만 만들지 않는 것뿐이라는 사실도 드러났다.

마블 시네마틱 유니버스의 영화 〈캡틴 아메리카〉에서 스티브 로저스는 체력과 지구력을 보통 인간보다 한참 윗돌만큼 증강하는 혈청을 주입받은 뒤 슈퍼 솔저가 된다. 우리 인간 사회에서 슈퍼 솔저의 탄생은 공상 과학 영화나 몇몇 부대가 품는 공상의 영역에 속하겠지만, 개미에게 있어서는 현실임이 생물학자들에 의해 밝혀졌다. 연구진은 대형 병정개미를 평소에는 만들지 않는 큰머리개미종에서 대형 병정개미가 발전하게 된 과정을 추론해 냈다. 이를 위해 그들은 애벌레들에 상당한 양의 유충 호르몬(hormone juvénile)을 주입했는데, 이 호르몬은 우리의 성장 호르몬과 비슷한 물질로 배아의 발달을 관장한다. 그 결과, 사용되지는 않지만 게놈에 저장되어 있는 유전적 메커니즘을 작동시키는 것이 가능하다는 사실이 밝혀졌다.

자연에서는 흔적으로만 남아 있던 특징이 우연의 일치나 환경적 요인에 따라 다시 등장하는 모습을 자주 볼 수 있는데, 이는 보통 격세유전(atavisme)이라고 부르는 현상이다. 뒷다리가 있는 고래, 이빨이 있는 닭, 꼬리 또는 두 개 이상의 유두를 가지고 태어나는 인간 등이 그 예다. 율리우스 카이사르(Jules César)와 나폴레옹(Napoléon), 알렉산더 대왕(Alexandre le Grand)이 탔던 말들도 먼 조상으로부터 내려온 형질을 보여 발굽이 세 개였다고 전해진다.

연구진은 큰머리개미의 경우 환경적 조건이 어떤 유전자를 확실히 재활성화하여 8종의 개미가 조상 유래의 거대한 병정개미를 만들게 되었다고 추측한다. 신기하게도 대왕 병정개미를 만드는 큰머리개미 8종 중 7종은 멕시코의 사막 지역에 사는데, 이곳은 거의 전적으로 개미만 먹고사는 육식성 군대개미 네이바미르멕스 텍사누스(*Neivamyrmex texanus*)가 지배적인 지역이다. 먹잇감으로 삼은 개미들이 공격해 오면 네이바미르멕스들은 큰머리개미 굴로 수백 마리가 모여 사냥 행렬을 조직한다. 이 군대개미들은 적의 영역에 다다르면 빠르게 뿔뿔이 흩어져 적수를 공격하는데, 수적으로도 불리해진 상대 개미들은 네이바미르멕스의 맹렬하고 반복적인 큰턱과 침 공격을 막아내느라 무진 애를 쓴다. 신기하게도 큰머리개미 대왕 병정개미들은 군대의 대령처럼 부대원들 뒤쪽에 머무르며 이 전투에 참여하지 않고, 뒤로 물러나 개미굴 꼭대기에서 몸을 피한다. 작은 공격에도 후퇴한다면 대왕 병정개미를 만드는 게 무슨 소용이겠냐고 묻고 싶을 것이다. 실제로 이 대왕 병정개미들은 가장 중요한 역할을 맡고 있는데, 바로 굴 입구를 보호하여 무슨 수를 써서라도 군대개미들이 굴에 침입하지 못하게 막는 것이다. 대왕 병정개미들은 레고처럼 서로 몸을 포개며 큰 머리를 이용하여 넘을 수 없는 벽을 세우고, 멈추지 않는 적의 큰턱과 침 공격에도 움직이지 않고 버틴다. 장벽을 뚫는 데 실패한 군대개미 무리는 굴의 주 입구 주변을 떠나 다른 입구가 있는지 주변을 탐색한다. 적이 흩어지는 것을 본 대왕 병정개미들은 성벽을 우르르 무너뜨리고 굴에서 튀어나와 기습 공격을 시작한다. 어떤 개미들은 정찰을 떠난 군대개미 무리를 쫓고, 또 어떤 개미들은 배를 땅에 대고 긁으며 사냥 행렬이 있는 방향으로 뛰쳐나간다. 이러한 공격에 군대개미들은 길을 잃고 사방으로 뛰어다닌다. 대왕 병정개미들이 배를 땅에 찍음으로써 사냥 행렬이 따르던 페로몬 흔적을 지우거나 거기에 다른 화학 물질을 더함으로써 페로몬 흔적을 변질시키는 것으로 추측된다. 매우 낮은 시력을 가진 군대개미는 집으로 연결된 이 실마리에 크게 의존하기 때문에 이것이 어떤 식으로든 손상되면 완전히 길을 잃고 만다. 이때 큰머리개미들은 군대개미들이 후퇴할 때까지 방어와 공격을 번갈아 가며 반복한다. 연구진의 가설은 군대개미의 지속적인 압박으로 인해 큰머리개미의 오랜 특성이 재활성화되었고 이 덕분에 무적의 부대를 꾸릴 수 있게 되었다는 것이다.

한 연구진은 어떤 큰머리개미들의 경우 병정개미의 크기가 아니라 그 수를 늘림으로써 장기적으로 스스로 보호할 수 있었다는 사실을 증명했다. 페이돌레 팔리둘라(Pheidole pallidula)는 유럽의 보편종으로, 프랑스 남부에서도 흔히 볼 수 있다. 페이돌레 팔리둘라 군락은 많게는 20만 마리로 이루어져 있으며 자연에 있는 병정개미의 5~25퍼센트가 이 개미종에 속한다. 이 개미들은 이웃 군락과 영역을 공유하는 것을 좋아하지 않아 버려진 치즈 조각 하나를 두고도 서슴없이 서로를 죽인다. 실험실에서 진행한 한 실험에서 큰머리개미들은 8주간 식량을 모으기 위해 적 군락의 영역을 가로질러야 하는 상황에 놓이게 되었다. 수렵개미들은 공격을 당하지 않으면서도 적을 볼 수 있도록 철망으로 지어진 터널을 통해 이동해야 했다. 즉 이 개미들은 안전한 상태에서 적을 보고, 더듬이로 만지고, 적의 냄새를 맡을 수 있었다. 대조구 개미들은 적의 존재를 느낄 수 없도록 불투명한 플라스틱 터널 아래로 적의 영역을 넘나들었다. 한 달 후, 실험구 개미들은 병정개미의 수가 두 배까지 증가한 반면, 대조구에서는 아무런 변화가 없었다. 즉 큰머리개미들은 지속적으로 안전상의 위협을 느낄 때 병정개미의 생산을 늘릴 수 있었다. 이러한 결과는 다른 큰머리개미종들의 현장 실험에서 확증되었다. 플로리다의 연구진은 페이돌레 모리시이(*Pheidole morrisii*) 군락이 솔레놉시스 인빅타 군락과 치열한 경쟁 상황에 놓일 경우 두 배 더 많은 병정개미를 생산해 낸다는 사실을 밝혀냈다. 한편 이러한 증가로 인해 병정개미의 크기는 작아진 것으로 나타났다. 역시 모두 다 가질 수는 없는 법이다!

인간 사회에서도 우리는 이와 무척이나 비슷한 전략을 구사한다. 예를 들어 2차 세계 대전 종전 이래 남한은 북한의 지속적인 위협에 대응하기 위해 정규군 68만 명과 예비군 450만 명을 소집했다. 북한의 병력은 정규군 120만 명, 예비군 770만 명으로 예상된다. 비교를 위해 논하자면 북한보다 인구가 다섯 배 많은 일본은 정규군 24만 8,000명과 예비군 5만 명을 두고 있다…….

한니발

오드레 뒤쉬투르

거의 무엇이든 먹는 개미들이 많기는 하지만, 어떤 종들은 편집 증적으로 한 가지 종류의 먹이만 먹기도 한다. 포르미카 아르크볼디(*Formica archboldi*)는 앞서 설명했던 덫턱개미 오돈토마쿠스만 먹는다. 앞으로 '푸른수염개미(*fourmi Barbe-Bleue*)'라고 부르게 될 포르미카 아르크볼디는 미국 남동부, 플로리다, 조지아, 앨라배마에 서식한다. 이 개미에 대한 첫 기록이 이루어지고 얼마 되지 않은 1958년, 과학자들은 음산한 광경을 목격하게 된다. 모든 푸른수염개미의 굴에서 오돈토마쿠스들의 머리가 모여 있는 것을 발견한 것이다. 덫턱개미가 다른 곤충에게는 사나운 포식자라는 사실을 고려했을 때, 수긍이 가능한 유일한 가설은 푸른수염개미가 덫턱개미의 옛 집터를 사용한다는 것이었다.

하지만 현실은 그보다 잔인했다. 한 연구진은 최근 푸른수염개미가 덫턱개미의 냄새를 완전히 똑같이 따라 만들 수 있다는 사실을 발견했다. 모든 개미는 화합물 복합층인 각피 탄화수소(*hydrocarbure cuticulaire*)로 덮여 있는데, 이 화합물 복합층에서는 개미 종 또는 군락에 특유한 냄새가 난다. 예를 들어 수렵개미는 매일 외출할 때 이 냄새를 통해 자매와 생판 남을 구분한다. 사실 개미들이 서로를 개별적으로 알고 지내는 경우는 꽤나 드물다. 서로 빼닮기는 했어도 한 개미굴에는 수천 또는 수백만 마리의 개체가 살 수도 있다는 사실을 잊어서는 안 된다. 우리 인간들은 많아야 몇백 명의 사람들을 상대하고 살아가지만 이름이나 얼굴을 잊어버리는 일이 얼마나 많던가.

한 개미종이 다른 종의 냄새를 완벽하게 똑같이 재현할 수 있는 것은 흔치 않은 일이다. 그러나 푸른수염개미는 덫턱개미 한 종뿐만 아니라 다른 개미 3종이 가진 서로 전혀 다른 냄새를 따라 만들수 있다. 푸른수염개미는 눈에 띄지 않고 먹잇감에 접근하기 위해 이러한 화학적 모방 능력을 이용할 가능성이 매우 크다.

연구진은 해골 수집가 푸른수염개미와 포르미카 팔리데풀바 (Formica pallidefulva)의 공격 및 방어 행동을 비교했는데, 후자는 푸른수염개미와 가깝지만 그처럼 사악한 관습은 없는 개미종이다. 실험은 푸른수염개미와 포르미카 팔리데풀바를 각각 덫턱개미와 함께 놓아두고 두 개미 간의 결투를 관찰하는 것이었다. 초당 500장의 초고속 영상 촬영을 통해 연구진은 푸른수염개미만이 이 무시무시한 경쟁자를 효과적으로 제압할 수 있다는 사실을 밝혀냈다. 그 전술은 바로 산(acide) 공격이었다. 푸른수염개미는 먼저 상대의 한쪽 다리를 잡고 땅에 몸을 웅크린 뒤, 상대를 향해 배를 보이며 그 머리에 산을 뿜는다. 이러한 공격에 덫턱개미는 완전히 마비되어 일어서 있는 것도 힘겨워진다. 그러면 푸른수염개미는 마비된 상대를 제 굴로 옮겨 다리를 뽑고 머리를 자른다. 개미들은 식사 후 찌꺼기가 남으면 내다 버리는 경우가 많지만, 푸른수염개미는 먹잇감의 머리를 가지고 있는 것을 선호한다.

푸른수염개미의 사촌종은 왜 덫턱개미를 제압하지 못했는지 알아보기 위해, 연구진은 실험을 진행한 두 개미의 산이 함유된 분비샘을 해부했다(겨우 4밀리미터밖에 되지 않는 개미였으니 어려운 수술이었을 것이다). 그리고 이 분비샘을 작은 알약통에 털어 넣고 붓으로 내용물을 덫턱개미에 칠했다. 그 결과 푸른수염개미와 사촌종의 산 성분은 둘 다 오돈토마쿠스를 마비시키는 효과가 있었다. 그렇다면 왜 푸른수염개미만이 상대를 죽일 수 있었느냐는 의문이 생긴다. 결투 장면을 자세히 관찰한 결과, 연구진은 결투에서 분비된 산의 양이 완전히 다르다는 사실을 확인했다. 포르미카 아르크볼디, 즉 푸른수염개미는 자동 살수기처럼 산을 뿜어냈던 반면, 사촌종의 경우에는 툭툭 튀기는 정도였다!

제11장

열 번째 시련

선택하고 최적화하기

아리아드네의 실

앙투안 비스트라크

사막의 번개와도 같은 카타글리피스에 대해 다시 한번 이야기해 보자. 카타글리피스 포르티스(*Cataglyphis fortis*) 등 몇몇 종은 모래 언덕이 아니라 사하라의 호수 속에 산다. 이름은 호수지만 이 호수에는 물이 한 방울도 없다. 방향을 잡을 수 있는 지표가 전혀 없이 마른 소금만 있는 곳이다. 어디를 보고 서 있든 끝없이 펼쳐진 흰색의 평평한 땅만 보인다. 이곳에서도 과열의 위험은 엄청나다. 그러므로 외출에 나선 카타글리피스는 바깥에 오랫동안 머무르지 못할 뿐 아니라 타 죽을 위험을 피하기 위해서는 길을 잃는 것도 금물이다. 이 모든 위험에도 불구하고 바싹하게 구워진 작은 먹잇감 하나를 찾겠다는 일념으로 개미는 멀리, 아주 멀리 떠나 타오르는 태양 아래서 1킬로미터 넘게 걷기도 한다! 결국 개미의 몸은 아주 뜨거워지게 되어 있고, 그러면 몇십 초 안에는 시원한 굴로 돌아가야 한다. 하지만 소금 호수 한가운데서 군락의 작디작은 그 입구를 어떻게 찾는단 말인가?

보통 지표가 없을 때 동물은 이리저리 다니며 길을 찾는다. 해변에서 하루를 보내고 모래 속에서 잃어버린 열쇠를 찾는 것처럼 말이다. 이 개미종을 연구하는 한 연구자이자 전문가도 마찬가지였다. 그 역시 몇 날 며칠을 소금 호수 위를 배회해야 했다. 그러던 어느 날, 그의 지도 학생이 사막에서 돌아오더니, 개미굴은 찾지 못했고, 손가락으로 어딘가를 가리키며 자신이 갖고 있던 모든 장비를 "어딘가…… 저기쯤……" 두고 왔다고 털어놓았다.

두 사람은 우왕좌왕하며 몇 시간을 찾은 끝에 잃어버린 장비를 되찾을 수 있었다. 이들에게 돌을 던질 수는 없는 것이, 이 독특한 환경은 길을 잃게 만드는 능력이 있기 때문이다. 하지만 카타글리피스는 무척이나 의연하다. 이 개미는 제 굴이 어디 있는지 아주 정확하게 알고 있고, 굴에 돌아갈 때는 망설임 없이 한 방향을 향해 일직선으로 돌진하여 그 조그만 굴의 입구를 찾아낸다. 놀랍도록 최적화된 경로를 찾는 것이다. 앞서 이야기했던 것처럼(〈더티 댄싱〉을 참조), 이러한 능력은 20세기 초의 박물학자들을 놀라게 했다. 그중 몇몇은 개미와 굴 사이에 서로 연결되어 있지만 보이지 않는 아리아드네의 실과 같이 신비로운 힘이 있다고 믿을 정도였다. 어떤 지표도 없는 환경에서 이러한 현상을 달리 어떻게 설명할 수 있을까? 100년이 넘는 실험 끝에, 우리는 이 아리아드네의 실의 정체를 밝혀냈다.

그 답의 첫 번째 힌트는 20세기 초의 동물학자 앙리 피에롱(Henri Piéron)의 기록에서 찾을 수 있다. 1905년, 그는 간단하지만 기발한 실험을 진행했다. 굴에서 멀리 떨어져 나온 개미 한 마리를 붙잡아 먹잇감을 주고, 잡았던 곳으로부터 100여 미터 떨어진 곳에 옮겨놓는 것이다. 개미는 손에서 놓여나자마자 평소처럼 전리품을 가지고 굴로 돌아가는 걸음을 서둘렀다. 그런데 개미는 굴이 아니라 옮겨지지 않았다면 자신이 있었을 그 지점을 향해 직선으로 달려갔다. 그 지점에 도착한 개미는 미친 듯이 주변을 탐색하기 시작했는데, 상상 속의 집을 찾기 위한 대단한 집념이 느껴졌다.

이 실험은 이후로 수없이 반복되었고, 이 개미의 전략이 굴의 위치를 알려주는 지상 지표를 인식하는 것이 아니라는 사실이 확인되었다. 모든 점을 고려해 보았을 때, 개미는 자신의 경로를 외울 수 있는 것으로 보인다. 이론상으로는 가능한 일로, 피에롱이 이야기한 개미의 '근육 감각(sens musculaire)'이 이와 관련되어 있다. 오늘날에 이 전략은 '경로 통합(intégration du trajet)'이라고 불린다. 우리 인간 역시도 이 전략을 사용할 수 있다. 다음과 같은 활동을 해 보라. 눈을 감고 한 방향을 향해 열 발짝을 걷는다. 그리고 오른쪽으로 몸을 90도 돌려 다섯 발짝을 걷는다. 그리고 이제 시작 지점으로 돌아가 보는 것이다. 만약 경로를 기억했다면 돌아갈 수 있다. 반면 경로가 길고 복잡해지면 이 방법의 정확도가 떨어질 것이라는 사실은 당연해 보인다. 방향과 거리 계산의 오류는 누적될 것이다.

이제 여러분이 카타글리피스가 식량을 찾으러 떠나는 경로를 외워야 한다고 상상해 보라. 이 개미는 최대 5만 보까지 이동한다! 경로 역시 직선과는 거리가 멀다. 개미는 갈팡질팡하며 한 방향으로 뛰어갔다가 또 다른 방향으로 돌진하고, 왼쪽으로 돌았다가 다시 몸을 반 바퀴 돌려 또다시 오른쪽으로 급커브를 도는 등, 개미의 모든 주의집중은 먹잇감을 찾는 데 쏠려 있다! 곡절 끝에 경로는 고양이가 몇 시간 동안 가지고 놀던 털실 타래처럼 알아볼 수 없게 된다. 물론 우리 인간의 뇌는 이러한 경로를 절대 외울 수 없다. 하지만 카타글리피스는 이를 해낼 뿐만 아니라 엄청난 정확도까지 자랑한다. 이 개미는 '경로 통합'에 매우 능하며, 이와 관련해서는 동물계의 챔피언이라 해도 과언이 아닐 것이다.

어떻게 시침 핀 머리만 한 크기의 뇌가 이 정도의 정보를 기억할 수 있는 걸까? 스위스 연구자 펠릭스 산치(Felix Santschi, 1872-

1940)는 일생의 대부분을 북아프리카에서 개미를 연구하는 데 보내며 실험을 진행했다. 카타글리피스의 수수께끼를 일부 해결해 준 그의 실험은 다음과 같다. 먼저 개미에게 태양이 보이지 않도록 개미 위쪽으로 판자를 둔다. 동시에 이 판자 맞은편에는 거울을 놓는데, 거울을 통해 태양이 보이도록, 즉 원래 태양이 있어야 했을 방향과 반대의 방향에 태양이 보이도록 각도를 맞추어 놓는다. 개미는 즉각적인 반응을 보였는데, 우뚝 멈춰 서더니 잠시 망설이다가 방향을 바꾸어 잘못된 방향으로 전진했다. 개미가 방향을 잡기 위해 태양을 사용한다는 증거였다. 하지만 실험이 완전히 만족스럽지는 못했는데, 개미가 태양 없이도 방향을 잡을 수 있었기 때문이다. 푸른 하늘이 아주 조금이라도 보이면 개미는 다시 방향을 잡았다. 이에 따라 산치는 개미가 방향을 잡는 데 태양에만 의지하는 것이 아니라 우리 눈에는 보이지 않지만, 하늘에 존재하는 다른 지표도 이용한다는 결론을 내렸다. 그가 옳다고 인정을 받기까지는 60년이 넘는 시간이 걸렸다. 다른 연구자들이 개미가 빛의 숨겨진 특성, 편광(polarisation)을 이용한다는 사실을 발견한 것은 1970년대의 일이었다.

빛의 편광은 우리의 눈에 보이지 않기 때문에 이상해 보이는 개념일 수도 있다. 개미를 더 잘 이해하기 위해 이 현상이 무엇인지 설명해 보겠다. 빛은 파동이라고 이해할 수 있는데, 즉 빛은 진동한다는 것이다. 빛의 파동은 우리의 눈에 닿을 때 여러 방향으로 진동할 수 있다. 위에서 아래로 또는 좌에서 우로, 대각선으로도 진동한다. 이 진동 축을 우리는 편광 축이라고 부른다. 태양이나 거실 전등과 같은 광원은 대부분 여러 방향으로 진동하는 광파를 내보낸다. 반면, 이 광파가 자동차 앞유리창이나 호수 수면 위, 지구의 대기 중으로 튕기면, 이 광파는 모두 같은 방향으로 진동하게 된다.

이때 우리는 빛이 '편광되었다'라고 이야기한다.

우리 눈에는 어떤 차이도 없는 것이, 우리 망막의 수용체는 사방으로 향해 있어 빛의 편광 축이 어떻든지 간에 동일한 방식으로 빛을 감지하기 때문이다. 하지만 빛의 편광은 개미와 여러 종의 동물의 시야에는 직접적인 영향을 끼친다. 곤충의 눈에는 특별한 영역이 있는데, 하늘로 향해 있는 이 영역의 각 결정면에는 수용체들이 특정한 방향을 향해 정렬되어 있다. 이 수용체들은 빛이 제 방향으로 진동할 때만 감지할 수 있다. 다르게 이야기하자면 개미의 눈은 하늘에서 제각각의 방향을 가진 빛의 편광 축을 인식하는 것이다. 즉 우리 눈에는 푸르기만 한 하늘을 볼 때 개미는 모든 편광 무지개를 보는 것이다. 곤충의 눈으로 본 일몰은 아마도 대단한 장관일 것이다.

보통은 편광을 발견한 것이 17세기 덴마크 수학자 라스무스 바르톨린(Erasmus Bartholinus)이라고 알고 있지만, 사실 그보다 800년 전 바이킹이 해가 없을 때 바다를 통해 방향을 잡기 위해 편광의 특성을 이용했을 가능성이 매우 크다. 편광을 인식하기 위해 바이킹이 사용했던 것으로 추정되는 '태양석'은 아이슬란드에서 볼 수 있는 크리스털(빙주석)로, 이 크리스털은 편광에 따라 광선을 나누는 특성이 있다. 이 크리스털을 통해 구름 낀 하늘을 보면 몇몇 각도를 제외하고는 태양의 위치를 추측할 수 있어 온통 잿빛뿐인 북해에서도 방향을 잡을 수 있다.

이와 같은 방식으로 빛의 편광을 감지함으로써 개미는 조각하늘만 보고도 방향을 잡을 수 있는 것이다. 오늘날 우리는 편광된 빛의 특성을 바다에서 위치를 파악하는 데 사용하지는 않지만, 그보다는 좀 더 사소한 3D 영화 등의 분야에 활용하고 있다. 인간이 1,100년 전 편광을 발견했다고 뻐기는 동안, 개미는 1억 년도 전부터 매일매일 편광을 이용하고 있었다.

오늘날 우리는 카타글리피스가 방향을 잡기 위해 태양과 편광을 이용하는 데 그치지 않는다는 사실을 알고 있다. 카타글리피스는 하늘에서 빛 기울기나 색 기울기와 같이 무척이나 다양하고 미묘한 지표를 추출하는데, 여기서 자세히 설명하기에는 너무 긴 이야기다. 개미는 하늘에 보이는 이 모든 정보를 조합함으로써 방향에 대한 아주 정확한 이해를 갖게 된다. 개미는 눈에 나침반을 가지고 있다고 할 수 있다!

이제까지 확인한 사실은 개미가 아주 정확한 나침반 방향을 따라 이동한다는 것이다. 하지만 '경로 통합'을 위해서는 나침반만으로는 충분치 않고, 이동한 거리 역시 알고 있어야 한다. 여기에서도 개미는 놀라운 방법을 사용한다. 우리가 알고 있듯이, 꿀벌은 앞에서 뒤로 펼쳐지는 시각적 정보의 흐름을 이용하여 비행한 거리를 계산한다. 이와 동일한 방식으로 우리도 자동차에 타고 있을 때 창문을 통해 펼쳐지는 광경이 어느 정도의 속도로 지나가는지 관찰함으로써 지나온 거리를 계산할 수 있다. 개미의 경우에는 지나온 거리를 계산할 때 이동 시 파악한 시각적 정보의 흐름을 그다지 신뢰하지 않고 다른 기술을 사용한다.

10여 년 전, 거리 계산과 관련한 우리의 인식은 큰 진일보를 이루었다. 한 연구진은 이런 질문을 던지기도 했다. 개미가 그저 제 발걸음 수를 세고 있는 것은 아닐까? 이 가설을 시험하기 위해 연구진이 사용한 방법은 무척이나 기발했다. 사하라로 떠나 카타글리피스를 찾아 돼지털로 만든 죽마에 태우는 것이다. 다리도 긴 개미들이 죽마까지 타고 태연스레 걷는 모습은 장관이었다. 죽마를 탄 개미들은 큰 보폭으로 걷게 되었다. 보통 1.3센티미터였던 보폭은 40퍼센트 증가하여 평균 1.8센티미터로 커졌다. 연구진은 개체들이 굴에서 나와 죽마 없이 굴 10미터 밖에 놓아둔 먹잇감을 찾을 때까지 기다렸다. 연구진은 먹잇감을 찾은 개미들을 죽마에 태운 뒤, 개미들이 굴로 들어가는 모습을 관찰했다. 결정적인 결과가 나왔다. 죽마를 타지 않은 개미들은 굴까지의 거리인 10미터를 완벽하게 예측했지만, 죽마를 탄 개미들은 거리를 과대하게 계산하여 약 14~15미터를 걷다가 제집을 찾았다. 달리 말하면 이 개미들은 굴에서 나오면서 발걸음 수를 제대로 헤아렸지만, 죽마 때문에 그 보폭이 커졌다는 사실까지는 고려하지 못한 것이다. 연구진은 개미들이 출발 시와 귀가 시 모두 죽마를 탔을 때는 돌아올 때 거리 계산에 전혀 어려움을 겪지 않았다는 사실 또한 밝혀냈다. 개미들이 걸음 수를 근거로 판단을 내린다는 사실은 옳은 것처럼 보인다! 이 전략은 보폭의 평균 길이가 갈 때와 올 때 거의 비슷하기 때문에 가능한데, 돈모를 달아 다리를 길게 만든 개미는 꽤 드문 만큼 이 전략은 상당히 안전한 방법이다.

하지만 그렇다고 해서 우리가 "하나, 둘, 셋……" 하고 세듯이 개미들도 걸음 수를 '센다'라고 생각한다면 그것은 의인주의적인 해석이 될 것이다. 현실은 더 복잡하다. 심도 있는 이해를 위해 연구진은 카타글리피스를 위한 작은 롤러코스터 트랙을 지었다. 개미들은 떠날 때는 이 가파르게 올라갔다가 떨어지는 길을 이용해야 했지만, 돌아올 때는 평탄한 길을 이용했다. 이러한 경로로 인해 개미는 돌아올 때보다 떠날 때 더 긴 거리를 걸음으로써 전체적으로 훨씬 더 긴 거리를 걸어야 했다. 개미들이 돌아올 때 거리 계산을 과대하게 했을 것이라는 예상이 가능하다. 하지만 예상과는 달리, 개미들은 이러한 조건 속에서도 거리 계산을 완벽하게 해냈다. 이 마라톤 선수들은 좌우 곡절뿐만 아니라 위아래로도 굽어 있는 길을 파악하고 그로부터 굴까지의 실제 거리를 계산해냈다. 지나온 경로를 놀랍도록 훌륭하게, 그것도 3D로 표상할 수 있는 능력을 지니고 있는 것이다!

보행을 교란하기 위한 목적으로 사막개미들이 크게 굽이치는 표면을 걷게 한 실험도 있었다. 카타글리피스들은 (한 다리당!) 1초에 최대 40번의 걸음을 딛으며 엄청난 속도로 달렸다. 발을 어디에다 두는지도 모르고 달린 것이다. 개미들의 반응은 예상대로였다. 개미들은 구렁에서 비틀거리고 기복에서 넘어지는가 하면, 데굴데굴 구르다 나온 구렁에 다시 푹 쓰러지기도 했다. 이러한 조건에서 발걸음을 세어 보라! 하지만 여기서도 개미들은 돌아오는 길의 거리를 정확하게 계산해냈다. 솔직하게 말하자면 이렇게 발 빠른 개미들이 어떻게 이런 결과를 내는지 알아내기까지 우리는 아직 멀었다.

요약하자면 개미들이 걸어온 거리를 계산하는 방식은 발걸음 수와 연관되어 있지만, 단순히 발걸음을 세는 데만 국한되지는 않는다. 이는 '고유 수용 감각'에 대한 것으로, 자기의 몸이 한 공간 안에 어떻게 있는지에 대한 느낌을 받는 것을 말한다. 이와 같이 성공적인 결과를 얻기 위해 개미의 뇌는 수백여 개의 신체 수용체가 보낸 정보를 조합한다. 어떤 수용체들은 근육의 늘어남을 감지하고, 표피 판 사이에 위치한 수용체들은 관절의 각도를 측정하며, 또 다른 수용체들은 미세모들을 통해 중력장의 방향을 인식하기도 한다. 물론 여기에 더해 수십만 개의 신경 세포가 이 모든 정보를 통합한다.

한 가지 확실한 사실은 로봇에 이와 같은 능력을 구현하려면 가야 할 길이 아주 많이 남았다는 것이다. 명심해야 할 점이 하나 있다면, 개미들은 길을 잃지 않기 위해 하나의 지표만 신뢰하는 것이 아니라 다양한 여러 지표를 조합한다는 것이다. '한 바구니에 달걀을 모두 담지 말라'는 황금률과도 일맥상통한다. 지표들이 하늘에 보이든, 몸에서 느껴지든, 아니면 땅 위에 있든, 개미는 저마다 그로부터 무수히 많은 정보를 뽑아내고, 대조하고, 조합하고, 기억한다. 이렇게 개미들이 사용하는 지표만큼 다양한 섬유로 이루어진, 개미들이 길을 잃지 않고 굴 밖을 모험할 수 있게 해주는 아리아드네의 실이 만들어진다. 이 놀라운 실마리는 사막에서든 처녀림에서든, 한낮의 태양 아래서든 비 오는 저녁이든 문제없이 사용할 수 있다. 박물학자들이 경이의 눈으로 바라보았던 곤충과 보금자리 사이에 연결된 '신비로운 힘'이 바로 이것이다.

다시 길 위에서

앙투안 비스트라크

'이 개미나 저 개미나 그게 그거다.' 개미 위에 점만 찍어보아도 이 말이 얼마나 틀린 말인지 금세 깨닫게 된다. 각 개체가 색으로 구별이 가능해지고 나면, 이 작은 존재들이 가진 저마다의 개성과 경험에 따른 지혜를 실감할 수 있다.

호주의 앨리스 스프링스로 돌아가 멜로포루스 바고티를 다시 살펴보자. 주황빛 모래 위를 뛰어다니는 이 개미들은 불쌍하게도 종종 돌풍에 휩쓸리기도 한다(〈바람과 함께 사라지다〉 참조). 연구진은 이 개미의 수렵개미들을 각각 식별할 수 있도록 표시를 한 뒤 일상적으로 다니는 경로를 추적했다. 이를 위해 연구진은 저비용의 방법을 사용했는데, 수백 개의 못과 200미터 길이의 요리용 끈으로 굴 근처 땅 위를 체스판처럼 칸칸이 나누어 격자무늬를 만드는 것이었다. 그리고 난 뒤에는 동일한 수의 칸이 그려진 격자 도면을 종이에 인쇄했다. 굴을 나서는 개미의 경로를 도면 위에 연필로 따라 그리기 위함이었다. 새로운 경로가 만들어질 때마다 새로운 격자를 사용했다. 개미는 여러분도, 여러분이 가진 격자 도면의 존재도 까맣게 모른다. 개미들은 수상한 연구자가 자신을 가까이에서 들여다보며 공책에 그림을 휘갈기고 있다는 사실은 꿈에도 모른 채 여느 때와 같이 덤불 사이로 몇십 미터를 내달렸다.

이처럼 10여 마리의 개체가 보여준 100여 개의 경로를 기록한 연구진은 각 개체의 궤도를 통합하며 데이터를 정리했다. 그러자 놀라운 현상이 눈에 띄었다. 어떤 개체들은 우왕좌왕하며 매번 나올 때마다 다른 궤도를 그린 반면, 어떤 개체들은 매번 일관적으로 1센티미터 내외에서 같은 경로를 따랐다. 각 개미는 저마다 고유한 경로를 가지고 있었으며, 군락과 먹잇감이 있는 곳 사이를 하루에 연속으로 50번 이상 왕복하기도 했다. 식구가 많으면 장을 주기적으로 봐야 한다. 개미들의 흔들리지 않는 의지에 감탄이 나올 뿐이다. 그런데 이런 관습은 어떻게 생겨나는 것일까?

연구자들은 수렵개미들을 이동시켜 보기도 했다. 소중한 쿠키를 굴로 옮기던 멜로포루스를 집에 도착하는 순간 잡아다가 먹잇감이 있던 자리 근처에, 즉 돌아가는 경로의 시작점에 다시 데려다 놓은 것이다. 개미들에게는 달갑지 않은 경험이었을 것이다. 양손 가득 장을 보고 집 문 앞에 도착해서 열쇠를 꺼내려는 순간 다시 슈퍼마켓으로 순간 이동을 했다고 상상해 보라. 그러나 개미들은 낙심하지 않고 두 번째 귀가 경로를 그리며 곧바로 다시 길을 떠난다. 이 실험은 이 개미들이 경로 통합을 신뢰하지 않는다는 사실을 보여준다. 우리는 앞서 경로 통합이 발걸음 수와 하늘의 지표에 기반하여 개미가 '수행한' 경로를 외울 수 있게 해 주는 전략이라고 배웠다. 바람이나 성가신 연구자와 같은 외부 작용에 의해 이동된 개미는 경로 통합으로는 굴로 돌아갈 수 없다. 경로 통합을 사용할 수 없는 상황을 타개하기 위해 개미는 더 확실한 전략에 기댐으로써 수동적인 이동을 감당할 수 있게 된다. 우리처럼 개미도 익숙한 시각적 지표들을 이용하게 된다. 경험을 통해 개미는 길을 가는 동안 마주한 시각적 환경을 외우면서 경로를 익히게 된다. 평탄하고 단

조로운 환경의 소금 호수에 사는 카타글리피스가 경로 통합에 주로 의지하는 이유는 단지 주변에 어떤 지표도 존재하지 않기 때문이다. 다른 선택지가 없는 것이다. 숲이나 도시, 산악 지대, 호주 덤불숲 등 시각적으로 더 풍부한 환경에서는 지상의 지표들을 이용하는 것이 훨씬 더 믿을만한 전략이다.

그렇다면 시각적으로 풍부한 환경에 사는 행운을 가진 개미들에게 경로 통합은 쓸모없는 전략이라고 생각할 수도 있겠다. 하지만 사실 이 전략은 여전히 매우 중요하다. 나무 비계가 더 견고한 구조물 건설을 위해 사용되듯이, 경로 통합은 학습의 춤에서(《더티 댄싱》 참조) 개미의 첫 발걸음을 조율하는 역할을 한다. 그에 더해 슈퍼마켓을 발견한 개미는 경로 통합을 통해 직선 경로를 이용하여 굴로 돌아갈 수 있을 뿐만 아니라, 그 작은 머릿속에 개미굴에 관한 이 새로운 장소의 상대적 위치를 기록함으로써 경로 통합기에 따라 인식된 장소의 좌표를 외우게 된다. 이 덕분에 다음에 밖에 나올 때도 이 젊은 수렵개미는 경로 통합을, 즉 하늘의 지표를 이용하여 먹잇감이 있을 만한 장소로 직행할 수 있는 것이다.

즉 경로 통합 덕분에 경험이 많지 않은 개미는 초기에 찾은 여러 이익 지점 사이에 직선 경로를 만들고, 또 가능한 짧은 경로를 따라가며 시각적 학습을 할 수 있다. 왕복하는 동안 개미굴 경로는 개미의 시각적 기억에 새겨지고, 이에 따라 며칠 뒤면 이렇게 학습한 지상의 지표들에 의지하게 되면서 경로 통합을 사용할 필요가 없게 된다. 우리가 초행길에는 지도를 사용하여 정확한 지점에 도달하는 것과 마찬가지다. 가는 길을 외우고 나면 지도는 더 이상 필요 없어지고 일상적인 경로가 되는 것이다!

노련한 개체들의 경로가 굴로 식량을 옮기는 데 가장 효율적이라는 것은 부정할 수 없는 사실이다. 그중 어떤 개체들은 환경이 바

꿰지 않는다는 가정하에 바로 여러 개의 쿠키 조각을 옮기기까지 하는데, 여기서 이 최적화의 이면이 드러난다. 먹잇감이 있는 것으로 알려진 장소에 먹잇감이 떨어지거나 시각적 전경이 바뀌면, 경험이 많은 개미들은 새로운 경로를 다시 학습하느라 애를 먹게 되고, 심지어는 새내기 개미들보다도 효율성이 떨어지게 된다. 과거에 최적화된 이 개미들의 뇌에 꽉 찬 기억들은 이제 불필요해지고, 그 때문에 새로운 학습을 할 때 더 어려움을 겪게 된다. 젊은이들에게 자리를 넘겨야 하는 '한물간' 개미들이 되는 것이다.

이는 우리 모두에게 해당하는 발달 과정에 대한 멋진 은유다. 불안정하고 무모한 젊음은 우리를 새로운 세계로 이끈다. 그리고 학습과 반복을 통해 우리의 세계는 점차 운동적, 언어적, 개념적 일상으로 구체화된다. 행동의 경솔함은 줄어들고 효율성은 높아진다. 매번 같은 경로를 반복하는 베테랑 개미들처럼, 우리도 나이를 먹을수록 변화하는 환경에 적응하기 어려워진다. 모든 최적화의 비극이다. 오늘의 세계에는 더 익숙하지만, 내일의 세계에는 돌이킬 수 없을 정도로 적응하기 어려워지는 것이다.

자유의 이차선

오드레 뒤쉬투르

화학적 흔적을 따라가는 개미는 제 개미굴과 잼 병 사이의 경로를 거의 기억하지 못한다. 만약 다른 개미가 깔아놓은 길을 열심히 따라가던 개미 한 마리를 조심스레 집어 들고 앞서 보았던 카타글리피스처럼 100여 미터 떨어진 곳에 놓으면, 그 개미는 몇 시간이고 정처 없이 서성이며 길을 헤맬 것이다. 이와 마찬가지로 코팅된 식탁보 위에 남겨진 흔적의 아주 작은 일부를 스펀지로 지운다면, 미친 듯이 내달리던 개미들이 눈앞의 길이 무너진 것처럼 가던 길을 멈추는 모습을 볼 수 있을 것이다. 개미들은 새로운 땅을 디딜 엄두는 내지 못한 채 따라갈 길을 필사적으로 찾아 헤맬 것이다. 돌아가는 길을 표시해 놓은 빵가루 길을 새들이 다 쪼아 먹었다는 사실을 깨닫고 헨젤과 그레텔이 절망을 느끼던 대목을 떠올려 보라. 주변 환경을 머릿속에 넣어놓지 않으면 위험한 상황이 닥칠 수도 있는 것이다. 이러한 위험을 줄이기 위해 화학적 흔적을 이용하는 개미는 세 가지 핵심 원칙을 따른다.

첫 번째 원칙은 단순하다. 절대 혼자 길을 떠나지 않는 것이다. 두 번째는 질러가는 길이 아니라 동료들이 깔아놓은 길만 철저하게 따라가는 것이다. 세 번째는 헨젤과 그레텔의 사라진 빵가루 길을 교훈 삼아 길동무들이 남겨 놓은 흔적을 더욱 진하게 만드는 것이다. 그렇게 개미굴과 잼 병 사이를 연결하는 보이지 않는 길 위로 끊임없이 오가는 행렬이 만들어진다.

길 위를 전속력으로 내달리는 개미들을 보고 있자면 자신도 모르게 인간에 빗대어 생각하게 되고, 사람이 바글거리는 보행로에서 겪는 혼란이나 길을 가로막는 악몽 같은 교통난이 떠오른다. 이러한 광경은 박물학자들에게 늘 놀라움을 안겨주었다. 기원전 4세기, 아리스토텔레스는《동물지》에 이렇게 썼다.

"이들[개미들]은 비교적 곧은 선을 따라 제 굴로 돌아오며 길 위에서는 서로 불편을 겪지 않는다."

1세기의 플루타르코스는 이렇게 이야기한다.

"[…] 개미의 물자 보급과 저장품 관리 방식을 전부 다 세세히 이야기할 수는 없겠지만, 그렇다고 해서 아무 언급도 하지 않는다면 그것은 불성실의 소치일 것이다. 자연에서 개미만큼이나 작지만 그와 동시에 그토록 크고 아름다운 것을 보여주는 것은 아무것도 없다. 맑은 물방울처럼, 개미들은 모든 미덕을 보여준다. […] 개미들의 행동은 모두가 잘 알고 있다. 서로 만났을 때 서로에게 보이는 경의와 아무 짐도 지지 않은 이가 짐을 진 이에게 길을 양보하는 모습 말이다. […]"

정말로 개미들은 우리보다 교통 혼잡을 더 잘 관리하는 것일까? 개미들의 교통은 늘 그토록 물 흐르듯 빠르고 질서정연할까? 개미들 사이에 정말로 우선 통행 질서가 존재하는 것일까? 이러한 질문들은 이 책의 필자를 길고 긴 시간 동안 이어진 연구로 이끌었다. 우리 연구진은 우선 검은정원개미 라시우스 니게르를 사용했다. 숲이 우거진 곳이나 트인 곳, 도시 등 프랑스 전역에서 볼 수 있는 이 개미종은 땅속이나 돌 아래, 화분 속에 굴을 짓는다. 성숙 군락에는 최대 1만 마리가 살기도 한다.

첫 번째 실험에서 개미 군락은 플라스틱 다리를 통해 아주 달콤한 식량 자원과 연결되어 있었다. 1센티미터가량 되는 이 다리는 인간으로 치면 왕복 4차선 도로와 같은 규모다. 다리를 건널 수 있게 되자마자 개미들은 식량이 있는 곳을 향해 정신 나간 사람들처럼 내달리기 시작했다. 한눈에 보기에도 개미들은 이 새로운 구조물에 익숙해질 시간을 따로 들일 필요가 없는 듯했다. 다리 끝에 도착한 개미들은 설탕물을 빠르게 먹어 치운 뒤, 일정한 간격으로 배 끝을 땅 위에 찍어 화학적 흔적을 남기면서 다시 굴을 향해 전속력으로 달려가기 시작했다. 화학적 흔적의 냄새에 혹한 다른 개미들도 식량을 향해 돌진하기 시작했고, 몇 분이 지나자, 개미굴과 설탕물이 있는 곳 사이에는 왕래가 끊임없이 이어지게 되었다. 개미의 수를 실시간으로 헤아리는 것이 불가능했으므로 필자는 이 실험을 영상으로 남기기로 했다. 몇 시간 동안이나 TV 화면 앞에 앉아 다리 위를 달리는 개미가 몇 마리인지 세야 했다. 누군가 "어떤 일을 하세요?"라고 물어본다면 썩 멋있지 않은 대답을 해야 했을 것이다.

"저는 플라스틱으로 된 작은 다리 위에 개미가 몇 마리 다니는지 세는 일을 해요."

몇 시간의 기록을 모두 검토한 뒤 도출된 결과는 자명했다. 개미들의 교통은 완전히 혼란스러웠지만 이렇다 할 정체는 전혀 발생하지 않았다. 고속도로 위를 달리는 자동차들과는 달리, 다리 위에서 개미들은 일렬종대로 이동하지 않았다. 그 외에도 필자는 개미들 사이에서 충돌이 심심치 않게 일어나지만, 신기하게도 개미들이 충돌을 피하려고 하지도 않는다는 사실을 발견했다. 1센티미터 너비의 다리는 분당 160마리의 교통량을 견딜 수 있었다. 비교를 위해 이야기하자면, 프랑스의 4차선 도로에서는 분당 140대가 넘어가면 길이 꽉 막히고 만다.

필자는 이제 특단의 조치로 다리의 너비를 줄여서 개미들이 서로 마주칠 수밖에 없게끔 만들었다. 다리는 이제 지방 도로처럼 반대편에서 오는 이와 마주칠 경우 구덩이로 빠지지 않으려면 중앙분리대를 넘어가야 하는 수준이 되었다. 이런 길에서는 분당 50대만 넘어가도 필연적으로 정체가 생기게 되어 있다. 필자는 몇 시간의 영상 감상 끝에 또 한 번 놀라움을 금치 못했다. 이번에도 개미들의 교통량은 분당 160마리까지 올라갔던 것이다. 수렵개미들은 좁아진 다리에서도 전속력으로 달렸고, 어떤 교통 체증도 겪지 않았다. 정말 놀라운 결과였다! 반면 개미들은 이전 실험과 달리 더 좁은 다리에서는 일렬종대로 이동했다. 연쇄 충돌이 일어나면 0.5초를 잃어야 했기 때문에 서로 마주치는 것을 피한 것이다. 개미들은 서로 더듬이를 부딪치며 이러한 사실을 확인한 것으로 보인다.

하지만 우선 통행 방향을 알려주는 신호등도 없이 개미들은 어떻게 순서를 정하여 이동할 수 있었을까? 개미들은 여럿이 다리를 건너기 전 길이 비기를 기다렸다. 다리 양쪽 끝에서 관찰된 이 '질서 준수'로 인해 주기적으로 뒤집히는 모래시계와 같은 교대 시스템이 만들어졌다. 무리가 일렬종대를 이루어 한 방향으로 지나가고 나면 반대 방향의 무리가 이동하고, 이를 반복함으로써 감속을 야기하는 충돌의 수가 자동적으로 감소하여 원활한 이동이 가능했던 것이다. 정말 기발하지 않은가?

여전히 교통 체증을 일으키지 못한 필자는 이번에는 더 큰 군락을 가진 개미종을 이용하여 교통난을 심화해 보기로 했다. 필자의 선택은 침입종인 리네피테마 후밀레(Linepithema humile)로, 아르헨티나개미(fourmi d'Argentine)라는 이름으로도 잘 알려진 개미다. 이 종은 일반 군락이 아니라 초군락을 이루어 산다. 대부분 종과는 달리 아르헨티나개미의 공주개미는 날개가 없어 모든 위험을 피할 수 있는 군락 내에서 교미한다. 여왕개미는 수태하고 나면 한 무리의 일개미들과 군락을 떠나 멀지 않은 곳에 자리를 잡는다. 개미학자들은 흔히 이를 삽목(bouturage)이라고 부른다. 이 싹 군락은 어미 군락과 긴밀한 관계를 유지하며 식량과 노동력을 교환한다. 몇 년이 지나면 초군락은 수 킬로미터에 달하는 규모를 갖게 되고 수천 마리의 여왕개미와 수억 마리의 일개미를 거느리게 된다. 개미만 떼어놓고 보면 이 종은 특별한 점이 전혀 없다. 비교적 작고 연약한 몸에, 겉으로 보이는 위협 요소도 없다. 수적 우세로 환경을 지배하는 이 저비용 생물의 전략은 효과가 대단하다.

아르헨티나개미는 1920년대 남유럽에서 처음으로 관측되었다. 오늘날, 수십억 마리로 이루어진 아르헨티나개미의 유럽 초군락은 이탈리아 북부부터 프랑스 남부를 거쳐 스페인과 포르투갈 해안을 따라 6,000킬로미터 이상 뻗어 있으며, 서로 연결된 수백만 개의 굴 덕분에 세계에서 가장 큰 '초유기체'로 인정받게 되었다. 우리에겐 호재인 것이, 이 '작은 흑사병'이 툴루즈3대학 캠퍼스에도 퍼져 있기 때문이다.

현재 아르헨티나개미는 우리 연구소의 모든 층에 퍼져 있다. 벽 속에 살고 있는 군락이 정확히 얼마나 큰지는 모르지만, 어느 월요일 아침에는 우리에게 공포스러운 광경을 선사해 주기도 했다. 아르헨티나개미 군락이 주말 동안 메뚜기, 거저리 애벌레, 바퀴벌레 몇천 마리가 모여 있는 사육장을 기습한 것이다. 우리는 눈 앞에 펼쳐진 잔혹한 광경에 망연자실한 채 아무것도 할 수 없었다. 아르헨티나개미들은 건물 지하로 이어지는 엄청난 규모의 고속도로를 따라 남아 있던 곤충 퇴절과 머리, 가슴, 배 조각들을 옮기고 있었다.

다른 동료 몇 명도 가지고 있던 개미 사육장의 모든 개체가 이 탐욕스러운 개미들에게 하루아침에 도살당했다. 아주 거친 녀석들이다.

실험에 쓸 아르헨티나개미들을 잡기는 비교적 쉬운데, 숙식을 제공해 주기만 하면 플라스틱 상자 안으로 기꺼이 입주한다. 가장 어려운 일은 이렇게 잡고 나서 미리 만들어 둔 개미굴 안에 개미들을 잡아두는 것이다. 아르헨티나개미는 엄청나게 미끄러운 표면 위를 다니는 데도 전혀 어려움이 없기 때문에 탈출 방지를 위해 사용하는 물질인 플루온도 전혀 효과가 없다. 이 가출의 달인들을 잡아두기 위해서는 비눗물을 가득 채운 커다란 수조 안에 기둥을 세우고 그 위로 놓아둔 상자 안에 넣어야 하는데, 이 말썽꾼들은 아니나 다를까 뗏목도 만들 줄 알기 때문이다.

무리 이동의 보편적인 특징은 면적 단위당 개체 수라고 정의할 수 있는 밀도가 높아지면 속도가 줄어든다는 것이다. 밀도가 특정 수치를 넘게 되면 모두가 멈추게 된다. 밀려남이나 정면충돌과 같은 여러 상호작용으로 인한 결과다. 이러한 현상은 혼잡 시의 지하철 역사나 세일 날의 보행로에서 흔히 볼 수 있다. 개미들도 밀도에 민감한지 알아보기 위해 연구진은 다소 고생스러운 실험에 뛰어들었다. 연구진은 밀도를 조절하기 위해 개미굴과 식량 사이에 놓인 다리의 너비를 5~20밀리미터, 실험에 사용하는 개미의 수를 400~2만 5,000마리로 다양하게 조절하며 실험했다. 그 결과 수백 시간에 달하는 영상을 얻을 수 있었다. 개미들의 밀도와 속도를 계산하기 위해 연구진은 영상을 분석하는 데 1년을 할애했다. 엄청난 규모의 작업이었다. 이 기간 동안 눈을 감을 때마다 어른거리는 개미를 보아야 했다.

이러한 자료 분석 끝에 연구진은 개미들의 놀라운 전략 두 가지를 발견할 수 있었다. 밀도가 제곱센티미터당 8마리까지 올라가면 수렵개미들은 속도를 늦추는 대신 떼밀리면서 버린 시간을 상쇄하기 위해 속도를 높였다. 그와 반대로 밀도가 그 이하로 내려가면 속도를 약간 늦추면서 시간을 벌기 위해 충돌을 피하기 시작했다. 개미들이 세운 밀도 기록은 제곱센티미터당 20마리였으며, 이때 개미의 속도는 초당 0.5센티미터였다. 이는 인간으로 치면 1제곱미터당 다섯 명의 밀도에서 시속 10킬로미터로 달리는 것과 같다. 가로 1미터에 세로 1미터인 정사각형 안에 다섯 명이 들어가 보라. 그리고 이제 서로 딱 붙어서 그대로 시속 10킬로미터로 달린다고 상상해 보라! 불가능한 일이다. 인간은 제곱미터당 두 명을 넘어가면 이동 속도가 확연하게 줄어든다. 예를 들어 마라톤 출발 지점에서 밀도가 제곱미터당 두 명 이상일 경우, 선수들은 모두 같은 방향으로 이동함에도 불구하고 서로 흩어지기 전까지 출발 속도는 시속 3.5킬로미터까지밖에 올라가지 않는다.

실험을 진행하며 연구진은 밀도가 제곱센티미터당 20마리까지 올라갈 때 개미들이 다리를 건너기를 단호히 거부하고 교통량이 줄어들 때까지 굴에서 기다리기를 선호한다는 사실도 발견했다. 포화 상태의 고속도로 진입로에 접어드는 자동차들과는 정반대의 모습이다. 결국 무진 노력에도 불구하고 연구진은 아르헨티나개미들이 교통 체증을 겪는 모습을 볼 수 없었다.

여기서 포기할 수 없었던 필자는 잎꾼개미로 시선을 돌렸다. 앞서 보았던 이 개미는 고속도로를 짓는다. 아타는 검은정원개미나 아르헨티나개미와는 달리 식량을 운반할 때 사회위 속에 넣지 않고 머리 위에 진다. 버섯 재배를 위해 모으는 나뭇잎 조각은 아주 거추장스럽고, 머리를 뒤로 젖힌 채 옮겨야 때문에 길을 볼 수 없게 된다. 계속 천장을 보면서 달려야 한다고 상상해 보라. 그뿐만 아니라 제 몸무게의 최대 여덟 배에 달하는 짐의 무게를 지탱하기 위해 수렵개미는 다리를 벌린 채 걸어야 하기 때문에 속도가 크게 줄어든다. 엎친 데 덮친 격으로 나뭇잎 조각 때문에 바람에 날아갈 위험도 꽤나 크다. 이해를 돕기 위해 비교하자면 윈드서핑 보드를 머리 위에 지는 것과 같은 것이라고 보면 된다. 즉 이 개미들은 고속도로를 막아서 의도치 않게 교통난의 원인이 되는 세미트레일러트럭과 비슷하다.

연구진은 다양한 너비의 다리를 아타 군락과 식량 사이에 놓아보았다. 영상을 모두 확인한 연구진은 한 가지 기쁜 사실을 발견했다. 너비가 넓은 다리(5센티미터)에서는 분당 교통량이 120마리였던 반면 좁은 다리(0.5센티미터)에서는 60마리에 불과했다! 교통량이 너무 많을 경우 개미의 채집이 방해받을 수 있다는 이야기다. 하지만 그들의 기쁨은 오래가지 못했다. 잎꾼개미 수렵개미들이 굴 밖으로 많이 나왔지만, 식량을 지고 돌아온 개체는 많지 않았기 때문이다. 자연에서 아무것도 하지 않고 돌아다니는 개미의 비율은 80퍼센트에 달하기도 한다! 열심히 길을 치우는 개미들도 있지만 이런 개미들은 보통 수렵개미의 5퍼센트에 불과하다. 그렇다면 이렇게 아무 짐도 들지 않은 개미들은 길 위에서 무엇을 하는 것일까? 공격에 대비하여 나온 것일까? 사회위에 수액이라도 든 것일까? 아니면 그냥 굳은 다리 좀 풀어보려고 나온 것일까? 현재로서는 큰 수수께끼로 남아 있다.

이번에는 나뭇잎 조각을 굴로 나르는 개미들에게 집중해 보기로 한 연구진은 수렵개미들이 식량을 향해 이동할 때 좁은 다리를 이용했을 경우에는 나뭇잎 조각을 24개 옮겼던 반면 넓은 다리를 이용했을 때는 12개를 운반했다는 사실을 발견했다. 즉 개미들은 고속도로를 이용할 수 있음에도 지방 도로를 선택하여 혼잡한 곳에서 더 높은 효율을 보인 것이다. 아주 엉뚱스러운 결과다! 좁은 다리 위의 교통 상황을 관찰한 연구진은 잎꾼개미들이 검은정원개미들과 마찬가지로 일렬종대를 이룬 채 양방향으로 분주히 이동하는 모습을 볼 수 있었다. 굴 방향으로 이동하는 무리를 살펴보니, 이상하게도 아무 짐도 지지 않은 개미 10여 마리가 짐을 진 개미 3~4마리 뒤로 따라가고 있었다. 이 모습이 놀라운 이유는 짐이 없는 개미는 짐을 지고 있는 개미보다 이동 속도가 두 배 더 빠르기 때문이다. 여러분이라면 추월 가능 차선에 있는데 굳이 세미트레일러트럭 뒤에 콕 박혀 있기를 택할 것인가? 연구진은 이 기행을 이해하기 위해 속도 저하의 주요 원인인 개미 간의 정면충돌에 집중해 보기로 했다. 연구진은 개미들이 일련의 교통 규칙에 따라 이동한다는 사실을 발견했다. 굴에 들어오던 개미가 식량이 있는 곳으로 가는 중인 다른 개미와 마주치게 되었을 때, 들어오던 개미가 식량을 운반 중일 때는 항상 우선 통행권을 갖는다. 반대의 경우에는 나가는 중인 개미에게 길을 양보해야 하는데, 마치 제 임무를 완수하지 못한 데 대한 벌을 받는 듯한 모습이다. 굴을 나서는 개미들은 나뭇잎 조각을 운반하는 개미들이 콧노래를 흥얼거리며 방랑하는 개미들과는 달리 군락에 필요한 존재라는 사실을 이해하고 있는 것일까? 그럴 리가 있나, 사실 식량을 지고 있는 개미들은 굼뜨고 반응이 느리기 때문에 인내심이 부족하여 다른 개미들이 길을 내주기를 기다리지 못할 뿐이다.

정면충돌로 인해 개미가 우선 통행권을 잃을 때 이러한 과정으로 인해 개미는 0.5초를 잃게 된다. 길 위에서는 충돌이 아주 많이 일어날 수 있기 때문에, 짐 없이 귀가하는 개미는 멈추지 않고 이동함으로써 이동 시간을 쉽게 두 배로 늘릴 수 있다. 한편 연구진은 짐을 지지 않은 개미가 짐을 운반 중인 다른 개미 뒤에 딱 붙어 그에 부여된 우선 통행권을 몰래 함께 누린다는 사실을 발견했다. 이러한 전략은 우리도 길 위에서 종종 볼 수 있는데, 구급차 뒤에 가까이 붙어 따라가는 자동차들이 떠오른다. 이처럼 모두의 예상과 달리 세미트레일러트럭 뒤에 숨어 짐 없이 다니는 개미들은 시간을 절약하게 되는 것이다.

이와 같은 우선 통행 원칙으로 개미들이 체증을 겪지 않는 이유는 설명할 수 있지만, 식량을 운반하는 개미들이 좁은 다리를 선호하는 이유는 설명되지 않는다. 영상을 수없이 반복하며 분석한 결과, 연구진은 수렵개미가 식량을 짊어진 개미를 마주칠 때마다 잠시 멈추어 제 더듬이 끝으로 나뭇잎 조각을 잠시 살펴본 뒤 다시 길을 가는 모습을 발견했다. 개미들은 넓은 다리에서보다 좁은 다리에서 서로 더 자주 마주치게 된다. 이처럼 길을 가는 동안 식량과 반복적으로 접촉하는 행위가 사회학에서 사회적 촉진(facilitation sociale)이라 부르는 현상처럼 동기 부여로 작동하는 것일까? 우리에게도 종종 일어나는 일이다. 길을 가다 아이스크림콘을 든 사람을 한 명, 지나가다 또 한 명, 그리고 또 한 명을 보는 것이다. 갑자기 아이스크림을 사 먹고 싶은 충동이 억누를 수 없이 커진다.

연구진은 이 가설을 시험하기 위해 인공적으로 다리 위에서 일어나는 충돌의 수를 조작해 보기로 했다. 충돌을 늘리기 위해 그들은 금속 선을 이용하여 나뭇잎 조각들을 모터와 연결된 레일 시스템에 매달았다. 이 나뭇잎 조각들은 개미굴과 식량이 있는 곳 사이에 놓인 다리의 표면으로부터 몇 센티미터 정도 떨어진 높이에서 개미가 이동하는 속도에 맞추어 움직였다. 나뭇잎 조각들은 다리에 있는 수렵개미들의 더듬이와 머리에 닿지만 이동을 방해하지는 않는 정도의 높이에 달려 있었다. 그렇게 나뭇잎 조각들은 회전 초밥 전문점에서 컨베이어 벨트를 타고 손님들 앞으로 움직이는 초밥들처럼 다리 위를 왕복했다. 연구진은 멋진 실험 장치에 뿌듯해하며

304

첫 번째 실험을 시작했다. 개미들이 식량을 찾아 다리에 뛰어들자, 연구진은 멋진 장치의 전원을 켰다. 하지만 안타깝게도 실험은 대실패였다. 개미들은 나뭇잎 조각을 얌전히 스쳐 지나가는 게 아니라 나뭇잎 조각에 맹렬하게 달려들었다. 질겁한 연구진은 대부분의 수렵개미들이 나뭇잎에 매달려 다리 위를 날아다니며 지나가는 다른 개미들을 떼미는 모습을 지켜볼 수밖에 없었다. 혼돈 그 자체였다. 다리 위를 돌아다니는 것은 이제 나뭇잎 조각들이 아니라 수많은 개미였다. 스키장의 리프트를 연상케 하는 장면이었다!

쓰라린 실패에 연구진은 이번에는 개미 간의 접촉을 유발하기보다는 막아 보기로 했다. 이를 위해 연구진은 식량을 향해 가는 수렵개미들과 굴로 돌아오는 수렵개미들을 나누기 위해 두 개의 다리를 설치했다. 하지만 개미들이 갈 때와 올 때 다른 길을 이용하도록 만드는 것은 상당히 어려운 일이었다. 개미들이 표지판을 읽는 법을 배울 능력이 충분하긴 해도, 이는 엄청난 시간이 드는 일일 뿐 아니라 각각 교통 규칙을 가르쳐야 했기 때문이다. 하지만 아타 군락에는 최대 수만 마리의 개체가 산다. 개미들을 다리에서 한 방향으로만 이동하게 만들기 위해 연구진은 다소 유치한 방법을 사용했다. 미끄럼틀에 아주 미끄러운 코팅제인 플루온을 발라 각 다리의 양 끝에 놓는 것이다. 이 실험에서 굴을 나온 개미는 첫 번째 다리를 통해 식량을 채집하러 가야 한다. 다리의 끝에 도착하면 개미는 식량이 있는 곳으로 연결된 작은 미끄럼틀을 타고 미끄러져 내려온다. 이제 이 다리를 다시 올라갈 수는 없게 되는 것이다. 개미가 굴로 돌아갈 수 있는 유일한 방법은 근처에 놓여 있는 두 번째 다리를 이용하는 것이다. 굴 가까이에 이르면 개미는 아까와 동일한 방식으로 미끄러져 내려가야 다른 개미들을 만날 수 있게 된다. 처음 미끄럼틀을 탈 때는 주저하고 실수로 미끄러져 탄 경우가 많기는 했지만, 몇 번 왕복을 한 뒤로 수렵개미들은 이 실험 장치에 빠르게 익숙해졌다. 고속도로의 일방통행로처럼 질서정연한 교통 상황을 관찰할 수 있게 된 것이다. 이 실험에서 식량을 향해 가는 개미들은 그로부터 돌아오는 다른 개미들을 만날 수 없었다. 몇 분이 지나 연구진은 굴로 들어오는 나뭇잎 조각의 수가 크게 줄어들었다는 사실을 확인했다. 이러한 결과는 수렵개미들이 식량을 채집하도록 자극을 받으려면 식량을 짊어진 개미들과 접촉이 필요하다는 사실을 증명한다. 다르게 말하자면 다른 개미들이 굴을 나온 개미들에게 스스로에게 완수해야 할 임무가 있다는 사실을 끊임없이 상기시켜 주어야 한다는 것이다! 여러분도 사무실을 나와 복도에 섰는데 왜 나왔는지 잊어버린 경험이 있지 않은가?

개미들의 교통이 보행자 또는 자동차의 이동과 여러 유사점을 보이기는 하지만, 근본적으로 다른 점도 많다. 우리 인간들은 안전 거리 준수를 선호하는 반면, 개미들은 튼튼한 외골격을 가지고 있어 충격을 두려워하지 않기 때문에 속도를 낼 수 있다. 그뿐만 아니라 개미 군락은 이동할 때 식량 채집이라는 공동의 목적을 공유한다. 우리는 각자의 목적을 위해 달린다. 학교에 있는 아이들을 데리러, 퇴근하러, 친구들을 만나러, 장을 보러 등등……. 개미들은 교통 혼잡이라는 덫에 빠지지 않는 것처럼 보인다. 개미들의 우선 통행권 원칙은 늘 상황에 즉각적으로 맞추어 변화하기 때문이다. 예를 들어 개미들은 적색등이라도 교차로가 텅 비어 있을 때는 정지하지 않는다.

영광의 길

오드레 뒤쉬투르

독재주의자와 권위주의자들은 동의하지 않겠지만, 민주주의는 독재주의보다 더 잘 기능한다. 큰 무리에 의해 집단으로 이루어진 선택이 개별적인 개체들에 의해 이루어진 선택보다 더 적절할 확률이 높다는 것은 우리 모두 오래전부터 알고 있는 사실이다. 퀴즈쇼 〈누가 백만장자가 되고 싶은가?〉에서 참가자가 대중의 의견을 물었을 때 대부분 경우 옳은 답을 주는 것이 이를 보여주는 완벽한 예다.

이러한 군중의 지혜라는 개념은 아리스토텔레스의 저작에서도 드러나는데, 기원전 335~323년 쓰인 《정치학》에서 그는 "다수가 더 훌륭한 심판자"라고 이야기한다. 마르키 드 콩도르세(marquis de Condorcet)라는 이름으로 알려진 18세기의 인물 마리 장 앙투안 니콜라(Marie Jean Antoine Nicolas)도 "머리 하나보다는 여럿이 낫다"라고 말했다. 콩도르세의 배심원 정리는 배심원단에서 각 구성원이 '피고는 유죄인가 무죄인가'에 대하여 옳은 답을 할 수 있을 가능성이 50퍼센트 이상이라는 사실을 증명한다. 배심원의 수가 많을 경우, 다수결의 원칙에 따라 배심원들이 집단으로 옳은 결정을 내릴 확률은 더욱 커진다. 예를 들어 각 배심원이 옳은 결정을 내릴 확률이 60퍼센트라면, 17명으로 이루어진 배심원단이 올바른 판결을 할 확률은 80퍼센트이며, 배심원의 수가 45명일 경우 이 확률은 90퍼센트까지 올라간다. 콩도르세는 여기서 〈12인의 성난 사람들〉의 배심원들처럼 관점을 공유하지는 않지만 그 사실과는 무관하게 판결하는 배심원단에 대해 이야기한다.

다윈의 사촌이었던 프랜시스 골턴(Francis Galton)은 실험을 통해 군중의 지혜를 처음으로 증명한 사람 중 한 명이다. 1906년 플리머스의 연례 농산물 장터에 방문한 그는 소의 무게를 맞추는 대회를 보게 되었는데, 정답을 맞힌 이가 그 소를 집에 데려갈 수 있었다. 골턴은 787건의 추측으로부터 도출된 543킬로그램이라는 평균이 실제 소의 무게인 543.4킬로그램과 400그램의 오차밖에 나지 않는다는 사실을 발견했다. 영국 브리스톨대학교의 물리학자 렌 피셔(Len Fisher)는 한 술집에서 이 실험을 재현했는데, 손님들에게 서로 논의하지 못하게 하며 단지 안에 들어 있는 감초 사탕의 개수를 맞추어 달라는 것이었다. 실험에서 도출된 평균은 60개로, 실제 사탕의 개수는 61개였다. 그는 많은 사람이 틀린 답을 내놓는다는 사실을 눈여겨보았는데, 사람들의 추측이 41개부터 93개까지 다양했기 때문이다. 일주일 후 그는 실험을 반복하되 이번에는 참가자들 간에 대화를 허용했다. 놀랍게도 사람들의 예측은 97개에서 112개로 전보다 더 비슷비슷했지만, 실제 사탕의 개수인 147개와는 거리가 먼 답이었다. 설득을 잘하는 사람이라고 해서 늘 옳은 답을 내는 것은 아니었던 것이다. 골턴은 이 실험을 통해 집단은 따로 고려된 구성원의 대부분보다는 나으며, 이는 오로지 구성원 간에 상의를 금지할 때만 그러하다는 결론을 끌어냈다.

개미도 군중의 지혜를 보여주는 완벽한 예이긴 하지만, 신기하게도 그와 정반대의 원리로 그러하다. 군락은 최적의 선택에 가까운 집단적 선택을 하는데, 이는 군락을 이루는 개체들이 상호작용을 하고 정보를 교환할 때 가능하다는 것이다!

장을 보러 집을 떠날 때는 목적지를 미리 정해야 한다. 여기서 목적지 선택은 두 가지 주요 기준에 근거한다. 집에서 슈퍼마켓까지의 거리와 슈퍼마켓에서 파는 상품의 질이다. 개미들도 식량을 구하러 굴을 나설 때 이와 비슷한 딜레마를 마주하게 된다. 가장 큰 차이라면 우리의 결정은 집을 떠나기 전 식구 중 한 명에 의해 내려진다는 것이다. 종종 치열한 이면공작이 벌어지기도 하지만 말이다. 이와 반대로 개미들에게 선택은 집을 나선 뒤 집단으로 이루어진다. 많은 개미종이 사냥을 나설 때 방향을 잡고 동료들을 모집하기 위해 화학적 흔적을 사용한다. 한 연구진은 앞서 소개한 검은정원개미 라시우스 니게르와 아르헨티나개미 리네피테마 후밀레와 같은 종들이 길을 의사소통의 도구로 사용하며 길 위에서 우회적으로 정보를 교환한다는 사실을 밝혀냈다.

실험실에서 진행된 첫 실험에서 연구진은 개미들에게 굴로부터 동일한 거리에 떨어져 있는 동일한 식량원을 제공했다. 연구진은 이를 위해 Y자 모양 다리를 사용하여 각각 설탕물 용액이 있는 곳으로 이어지는 동일한 거리의 경로를 제공했다. 낯선 장치가 개미굴 안으로 들어오자 호기심 많은 개미들은 미지의 물체 위로 빠르게 올라탔다. 그리고 갈림목이 나오자 빠르게 한 방향을 선택하여 설탕물 용액을 찾고 목을 축인 뒤 굴로 돌아가 동료들을 모았다. 다리는 금세 개미굴과 식량원 사이를 오가는 개미들로 붐비게 되었다. 그런데 15분쯤 지나 연구진은 수렵개미들이 주로 오른쪽 길을 이용하며 하나의 식량원만 찾고 있는 모습을 발견했다. 연구진은 실험을 반복해 보기로 했다. 실험을 시작하고 15분이 지나 이전 실험과 동일하게 수렵개미들이 하나의 길만 이용하고 있었는데, 이번에는 왼쪽 길이었다. 그러므로 개미들이 실험마다 선택해야 하는 방향을 외우는 것은 아니었다. 그랬다면 다시 오른쪽 길을 선택했을 것이기 때문이다. 실험을 20여 회 반복한 끝에, 연구진은 수렵개미들이 왼쪽이든 오른쪽이든 길을 이용하지만 절대 동시에 두 가지 길을 함께 사용하지는 않는다는 사실을 발견했다. 이는 또 어떻게 된 일일까?

연구진은 이러한 집단적 선택이 어떻게 이루어지는지 이해하기 위해 개미들의 행동을 꼼꼼하게 관찰하기로 했다. 도식화를 위해 굴에서 먼저 나온 수렵개미 다섯 마리를 관찰하기로 하고, 이 개미들을 각각 차례대로 캣니스, 트리니티, 레이, 리스베스, 퓨리오사라고 부르기로 하자. 실험을 시작하자마자 캣니스와 트리니티는 갈림길에 도착해서 두 갈래 길 중 하나를 임의로 선택했다. 캣니스는 오른쪽 길을, 트리니티는 왼쪽 길을 선택했다. 식량이 있는 곳에 도착하자 캣니스와 트리니티는 먹을 수 있는 만큼 양껏 설탕을 먹어 치운 뒤 굴로 돌아가면서 그 길을 따라 동료를 모으고 길을 안내할 페로몬을 분비했다. 신선한 화학적 흔적의 냄새를 맡고 신이 난 레이는 굴을 나와 다리에 접어들어 갈림길에 도착했다. 두 갈래 길 앞에서 레이는 우연히 왼쪽 길을 택하여 식량을 발견했고, 배불리 먹은 뒤, 집으로 돌아가는 길에 화학적 흔적을 더욱 진하게 만들었다. 이렇게 레이가 지나간 뒤 왼쪽 길은 오른쪽 길보다 두 배 더 짙은 페로몬이 남았다. 화학적 흔적에 매료된 리스베스 역시 갈림길을 마주하게 된다. 리스베스는 왼쪽 길이 페로몬이 더 짙음을 인지하고 그길로 접어들기로 한다. 리스베스도 다른 개미들과 마찬가지로 식사를 마치고 굴로 돌아갈 때 화학적 흔적을 남기게 되는데, 이로 인해 의도치 않게 두 갈래 길에 남은 흔적의 차이를 강화하게 된다. 그리고 갈림길에 도착한 퓨리오사는 오른쪽 길보다 페로몬 흔적이 세 배 더 짙은 왼쪽 길을 한 치의 망설임도 없이 선택한다.

이에 따라 연구진은 처음 나온 개미들의 선택이 이후에 나오는 개미들의 선택에 영향을 끼친다는 사실을 밝혀냈다. 눈덩이 효과에 의해 한쪽 길만 사용하는 결과가 나온 것이다. 집단적 선택에서 우연의 역할은 상당히 큰데, 개미들이 한쪽 길을 선호하도록 결정짓는 요인이 처음에는 존재하지 않기 때문이다. 개미들의 행동은 최적이 아닌 차선의 선택처럼 보일 수 있다. 왜 두 가지 식량원을 동시에 이용하지 않는 것일까? 간단히 말하자면, 모두 다 얻으려고 하다가 모두 다 잃을 수도 있기 때문이다. 자연에서 포식자와 경쟁자는 덤불 이곳저곳에 존재한다. 그러니 식구들과 식량을 더 잘 보호하기 위해서는 분산을 피하는 것이 바람직하다. 게다가 페로몬 흔적을 사용하는 개미들에게는 제 더듬이 너머도 잘 보이지 않는다. 그러니 개미로서는 길을 잃지 않으려면 동료가 남겨 놓은 지표를 철저히 따르는 편이 나은 것이다.

두 번째 실험에서 연구진은 설탕물 용액의 농도를 달리하여 Y자 모양의 다리 양 끝에 놓아 보기로 했다. 한쪽이 다른 한쪽보다 더욱 유혹적인 식량인 것이다. 15여 분이 지나 개미들은 더 달콤한 식량이 있는 곳으로 이어진 길을 선호했다. 설탕 농도가 더 높은 용액의 위치를 바꾸어 가며 실험을 여러 차례 반복한 연구진은 수렵개미들이 항상 옳은 집단적 선택을 내린다는 사실을 확인했다. 얼핏 보기에는 개미들이 두 식량을 모두 맛보고 더 좋은 쪽을 확인한 뒤 그 위치를 기억한 것처럼 생각하기 쉽다. 하지만 수렵개미들의 배에 페인트로 점을 찍어 확인한 결과, 연구진은 다수의 개미가 실험하는 내내 더 달콤한 식량만을 찾아갔다는 사실을 확인했다. 수렵개미들은 다른 선택지가 있다는 사실을 모르고도 좋은 선택을 할 수 있었던 것이다.

개미들의 결정 과정을 이해하기 위해 연구진은 이번에는 개미들의 개별 행동에 집중했다. 다시 수렵개미 두 마리, 캣니스와 트리니티가 갈림길에 도착했다고 상상해 보자. 캣니스는 오른쪽 길을 골라 우연히 더 달콤한 식량을 찾았다. 훌륭한 식량 발견에 만족한 캣니스는 게걸스레 설탕물을 들이켠 뒤 굴로 돌아가는 길에 열심히 흔적을 남긴다. 트리니티는 왼쪽 길을 선택하여 덜 달콤한 식량을 찾았다. 맛을 보고 보잘것없는 식량에 실망한 트리니티는 굴로 돌아가며 페로몬을 약간만 남기거나 아예 남기지 않는다. 캣니스와 트리니티가 굴에 도착하면 유혹적인 선택지로 이어지는 길은 매력 없는 선택지로 이어진 길보다 훨씬 진한 흔적을 보인다. 이렇게 서로 다른 표시를 갖게 된 두 길은 다른 수렵개미들에 의해 더욱더 큰 차이를 보이게 된다. 15여 분이 지나고 나면 맛이 없는 식량으로 이어지는 길에는 아무도 다니지 않게 된다. 실제로 개미들은 우리와 비슷하게 식사가 만족스러웠을 경우 주변에 그 사실을 알린다. 우리도 외식할 때 사람들이 많이 가고 가장 좋은 평점을 받은 식당을 찾기 위해 맛집 웹사이트를 찾아보지 않는가. 이러한 정보 덕분에 우리는 모든 식당을 일일이 다 가지 않고도 맛집을 찾을 수 있는 것이다!

세 번째 실험에서 연구진은 개미들에게 동일한 식량원으로 이어지는 다른 거리의 두 가지 길 중 선택하게 했다. 이를 위해 연구진은 한쪽 갈래가 다른 한쪽보다 세 배 더 긴 비대칭의 Y자 모양 다리를 사용했다. 개미들은 대부분의 실험에서 더 짧은 거리의 길을 선택했다. 인간 중심적 관점에서 보자면 수렵개미들이 이동한 거리를 계산하여 더 짧은 경로를 외웠다고 생각할 수도 있다. 하지만 개미들을 페인트로 칠해 구별한 결과, 개체 대부분이 실험하는 동안 더 짧은 경로만 이용한 것으로 밝혀졌다. 이전 실험 결과에서 힌트를 얻은 연구진은 개미들의 추적 행동에 집중해 보았지만, 이동한 거리에 따른 페로몬 분비의 변화 양상은 전혀 찾을 수 없었다.

사실 결정 과정은 매우 단순하다. 다시 캣니스와 트리니티가 굴에서 나와 갈림길 앞에 섰다고 상상해 보라. 페로몬 흔적이 없으니 개미들은 임의로 두 갈래 길 중에서 하나를 선택하게 된다. 캣니스는 짧은 길을 가는 반면, 운이 없는 트리니티는 더 긴 길을 가게 된다. 설탕물을 들이켠 뒤 개미들은 집으로 돌아가는 길에 열심히 흔적을 남긴다. 그런데 더 짧은 경로를 택한 캣니스는 트리니티보다 더 일찍 집에 도착하게 된다. 이제 캣니스는 굴에 들어가고, 트리니티가 식량원을 떠나기도 전에 퓨리오사가 굴을 나선다고 생각해 보라. 갈림길에 선 퓨리오사는 두 갈래 길에서 선택해야 한다. 페로몬 흔적이 있는 길과 흔적이 없는 길. 당연히 퓨리오사는 전자를 선택하고, 다음에 오는 개미들이 같은 길을 선택하도록 자신도 흔적을 남긴다. 페로몬이 조금씩 증폭되며 군락은 더 짧은 경로를 이용하게 된다.

이러한 발견에 이론 연구자들은 이 결정 규칙을 수식화하게 되는데, 이렇게 바로 개미 알고리즘(algorithme fourmi)이 탄생하게 된다. 사회성 동물의 행동에 직접적인 영감을 받아 탄생한 이론적 도구들은 우리 인간들이 풀지 못하는 몇 가지 최적화 문제를 해결하는 데 사용된다. 가장 대표적인 예로는 외판원 문제(problème du voyageur de commerce)가 있다. 이 문제는 1859년 윌리엄 로언 해밀턴(Wiliam Rowan Hamilton)이 '아이코시언 게임(Icosian Game)'이라는 이름으로 처음 제시한 것으로, 규칙은 다음과 같다.

"외판원은 유한수만큼의 도시를 단 한 번 방문한 후 출발점으로 돌아와야 한다. 외판원의 총 이동 거리를 최소화하는 도시 방문 순서를 찾아라."

이 수수께끼가 얼마나 어려운 것인지 이해하기 위해서는 도시 X 개를 방문할 때 가능한 경로의 수가 X-1계승을 2로 나눈 값과 같다는 사실을 알고 있어야 한다. 예를 들어 파리, 보르도, 툴루즈, 마르세유, 리옹을 연결할 때 가능한 경로의 수는 12다. 여기에 렌, 릴, 스트라스부르, 몽펠리에, 리모주를 더하면 가능한 경로의 수는 18만 1,440개가 된다. 도시가 스무 개면 가능한 경로의 수는 어마어마해진다. 6경 822조 5,502억 441만 6,000개로, 10억의 6,000만 배에 달하는 숫자다. 도시가 60개일 때 경우의 수는 우주에 존재하는 원자 개수만큼이나 많을 것이다.

가능한 수많은 조합 중 최적의 선택지를 찾기 위해서는 각 경로를 확인하고, 거리를 잰 뒤, 가장 짧은 경로를 선택해야 한다. 모든 도시를 연결하는 경로의 거리를 1마이크로초 만에 계산할 수 있는 컴퓨터를 가지고 있다고 가정해 보라. 도시 다섯 개를 연결하는 가장 짧은 경로를 계산하는 데 12마이크로초가 걸릴 것이다. 도시가 열 개일 경우에는 0.18초 만에 답을 얻을 수 있다. 반면 가능한 모든 선택지를 고려하며 도시 스무 개를 잇는 가장 짧은 경로를 찾기 위해서는 1928년이 필요하다. 도시 25개를 잇는 최적의 경로를 찾기 위해서는 100억 년이 넘는 시간 동안 컴퓨터 계산을 돌려야 한다. 1962년, IBM의 미국 수학자들은 외판원 문제를 하위 문제들로 분해하여 이를 반복적인 방법으로 풂으로써 계산 시간을 줄일 수 있다는 사실을 밝혀냈다. 그들에 따르면 25개 도시를 경유하는 최적의 경로를 찾는 컴퓨터 계산은 이제 '겨우' 68년밖에 걸리지 않는다.

1990년대에 이르러 이론 연구자들은 개미 알고리즘을 사용하면 외판원 문제를 훨씬 더 효율적이고 빠르게 풀 수 있다는 사실을 밝혀냈다. 먼저 풀어야 할 문제를 연결망(또는 그래프)으로 시각화하여 도시는 분기점으로, 두 도시를 연결하는 경로는 선분으로 표시한다. 이때 그래프가 '완성'되었다고 말하는데, 가능한 모든 도시 쌍이 연결되어 있기 때문이다. 그리고 인공 개미 몇 마리를 시뮬레이션하여 연결망 안에 투입한다. 개미들은 그래프 안에서 이동하며 가상의 페로몬을 분비한다. 예를 들어 처음에는 모든 개미가 툴루즈에서 출발하여 모든 도시를 방문한 뒤 다시 돌아온다. 한 도시를 떠난 개미는 아직 방문하지 않은 도시로 이동해야 하는데, 이때 페로몬이 가장 짙은 경로를 선택하게 된다. 강화되지 않는 페로몬 경로는 가상의 페로몬이라도 자연의 페로몬처럼 증발한다. 정보처리 기술자들은 가장 짧은 경로에 페로몬이 가장 많이 남도록 가상 개미들이 여정의 마지막에 경로의 총거리에 따라 분비하는 페로몬 양을 조절하는 능력을 부여하며 기능을 보강했다. 연구진은 이 개미 알고리즘을 이용하면 25개 도시를 잇는 최적 경로를 도출하는 데 10분도 걸리지 않는다는 사실을 증명했다.

이러한 유형의 문제는 다양한 분야에 적용할 수 있다. 만약 산타클로스처럼 여러 곳에 소포를 배달해야 하거나, 화물 운송 분야에서 일하거나, 원거리 통신망을 구상해야 할 때, 개미 알고리즘을 이용하면 시간을 절약할 수 있다. 다음에 식탁보 위를 지나가는 개미를 보거든 개미 알고리즘을 떠올려 보라.

제12장

열한 번째 시련

구조하고 치료하기

SOS 해상구조대

앙투안 비스트라크

다른 이를 구하기 위해 자신의 목숨을 거는 일만큼이나 숭고한 일이 어디 있을까? 이는 오랫동안 인류의 전유물로 여겨져 온, 그리고 할리우드 영화와 드라마들이 다루어 온 인간의 행동이다. 오늘날에는 다른 종들도 이웃을 도울 줄 안다는 사실을 우리는 안다. 동물들이 서로 돕는 영상들이 인터넷에 차고 넘친다. 주로 포식자로부터 동료를 구출하기 위해 용감히 맞서는 동물들이다. 누(gnou)가 도망치다 갑자기 돌아가서 친구를 붙잡고 있는 암사자에게 뿔로 일격을 가한다든지, 멧돼지가 제 새끼를 구하기 위해 악어에게 달려든다든지, 도마뱀붙이가 제 친구를 옥죄고 있는 뱀을 공격한다든지……. 포유류가 아닌 동물일 경우 더욱더 놀라운 모습이다. 대부분 비열한 포식자는 용감히 달려든 동물에게 반격을 가하는데, 이를 보면 그러한 구출이 구조하는 동물의 목숨을 걸고 이루어지는 것이라는 사실을 알 수 있다. 이야말로 진정한 이타주의적 행동이다.

학술 문헌에 처음으로 등장한 동물의 구조 활동에 대한 일화는 1956년으로 거슬러 올라간다. 수중 다이너마이트 폭발에 놀란 돌고래가 원을 그리며 돌기 시작하더니 45도 각도로 몸이 기울어진 채 죽어가고 있었다. 그러자 성체 돌고래 두 마리가 빠르게 헤엄쳐 다가오더니 기절한 돌고래의 가슴지느러미 아래로 제 머리를 놓고 수면 위로 올라가 숨을 쉴 수 있게 해주었다. 보통 수중 폭발이 일어나면 돌고래들은 곧바로 도망을 가지만, 이번에는 무리의 나머지 개체들이 근처에 머물러 있었다. 다른 돌고래들은 놀란 돌고래가 원기를 회복할 때까지 함께 곁을 지켜 주었다.

이처럼 동물의 구조 행동에 대한 기록이 1950년에 이르러서야 찾을 수 있다는 사실은 우리의 문화 자기중심주의를 여실히 보여 준다. 그렇기는 해도 어느 시대나 늘 제 시대를 앞서가는 이가 있기 마련이다. 바로 토마스 벨트(Thomas Belt)가 그런 사람이다. 1832년 영국 출생의 지질학자이자 박물학자인 그는 20세의 나이부터 세계 여행을 시작했다. 처음에는 금광 연구에 참여했던 그는 자연 세계에 큰 열정을 느껴 관찰기를 집필하고 펴냈다. 돌고래 이야기보다 100년 전 출간된 저작 《니카라과의 박물학자》에서 그는 일화를 소개하는 데 그치지 않고 동물의 구조 행동을 주제로 실험하고 그에 대해 기록했다. 더 놀라운 것은 포유류가 아니라 곤충을 다뤘다는 사실이다! 그는 이렇게 썼다.

"어느 날, 개미들이[앞서 이야기했던 에치톤이나 군대개미였을 것이다] 지나가는 모습을 관찰하다, 그중 한 마리 위에 돌멩이를 올려 움직이지 못하게 해 보았다. 그 뒤를 따르던 개미가 다가오더니 돌 아래 갇혀 있는 개미를 발견하고는 허둥지둥 길을 되짚어 돌아가 다른 개미들에게 소식을 알렸다. 그러자 금세 개미 여러 마리가 돌에 깔린 개미를 구하러 왔다. 어떤 개미는 돌멩이를 물어 움직여 보려고 시도했고, 또 어떤 개미는 깔린 개미의 다리를 잡더니 뽑을 듯이 잡아당겼다. 개미들은 깔려 있던 개미가 빠져나올 때까지 끈질기게 노력했다. 그리고 나는 다른 개미를 더듬이 끝만 나오게

끔 진흙 덩어리로 덮었다. 진흙더미에 갇힌 개미는 금세 동료들에게 발견되었고, 개미들은 즉시 작업에 착수하여 큰턱으로 진흙 덩어리를 조금씩 떼어내 갇혀 있던 개미를 구출했다. 또 한 번은 일정한 간격을 두고 지나가는 개미 몇 마리를 발견했다. 그중 한 마리를 진흙 뭉치에 가두었는데, 이번에는 행렬로부터 조금 떨어져 머리만 밖으로 보이게 덮어두었다. 처음에는 여러 마리가 그 옆으로 지나쳤는데, 그러다 그중 한 마리가 갇힌 개미를 발견했고, 그 위로 개미를 끌어당기며 빼내려고 했지만 허사였다. 개미는 어딘가를 향해 전속력으로 달려갔는데, 나는 이 개미가 갇힌 제 동료를 포기하는 줄로 생각했다. 사실 개미는 이 개미를 구조하기 위해 떠난 것이었다. 얼마 지나지 않아 개미 10여 마리가 황급히 도착했고, 상황은 이미 공유가 된 듯했다. 개미들은 즉시 갇혀 있는 동료를 돕기 시작했고, 금세 갇혀 있던 개미를 구출했다. 나는 이러한 행동이 어떻게 본능적으로 이루어지는지 알 수 없다. 이는 고등 포유류 중에서도 인간만이 보여줄 수 있는 동정에 의한 도움이었다. 개미들이 동료를 구할 때 노력을 쏟으며 보인 흥분감과 열기는 인간도 따라가지 못할 수준이었다. 심지어 매우 드물게 일어나는 위험에 대처하는 상황인데도 말이다."

인상적이지 않은가? 더 최근에는 파리13대학 연구진이 이와 비슷한 실험을 진행했다. 이번에는 군대개미가 아니라 카타글리피스 쿠르소르(Cataglyphis cursor)종을 사용했는데, 아마도 현실적인 이유 때문이었을 것이다. 몸길이 7밀리미터에 윤기가 나는 검은 표피의 이 개미는 프랑스 지중해 연안의 모래사장에 서식한다. 이 종은 아주 얌전해서 실험실 생활에도 잘 적응한다. 개미가 움직이지 못하게 만들기 위해 연구진은 효과적인 방법을 개발했는데, 가슴과 배 사이에 있는 배자루마디(pétiole)에 나일론 실을 묶어 종이에 고정하는 것이었다. 다른 개미들이 포로를 구출시키는 게 (이론적으로) 불가능하게 하여 구조하는 개미들의 끈기를 시험해 보는 것이 실험의 목표였다. 종이 위에 붙은 개미는 몸 앞쪽만 바깥으로 나오게 하여 자갈 섞인 모래사장 속에 묻혔다. 토마스 벨트가 130년 전 그랬던 것처럼, 이제 다른 개미들이 근처를 지나가면 어떤 일이 일어나는지 관찰하기만 하면 되었다. 인터넷에서 찾아볼 수 있는 영상은 토마스 벨트의 기록이 과장되지 않았음을 증명해 준다.

처음에는 아무 일도 일어나지 않고, 포로로 잡힌 개미는 외로이 잡혀 있다. 하지만 금세 개미 한 마리가 다가와 잡혀 있는 개미를 더듬이로 조심스레 두드려 보더니 구조를 시도하기 시작한다. 다른 개미들도 다가와 함께 구조 활동에 매달린다. 어떤 개미들은 큰턱으로 큰 돌멩이들을 치우고, 또 어떤 개미들은 개가 땅을 파는 것처럼 다리로 모래를 파낸다. 어떤 개미들은 포로 개미의 다리를 잡아당기다가 갑자기 멈추는데, 아마도 그렇게 해서는 구조가 불가능하다는 사실을 깨달은 듯하다. 결국 포로와 포로가 갇힌 함정이 모래 속에서 드러나며 사건의 진상이 밝혀진다. 포로를 잡아놓은 방식이 눈에 보이게 되면 구조대 개미들은 포로를 옭아매고 있는 나일론 실을 물어뜯기 시작한다. 어떤 경우에는 종이 뒷면의 실 매듭을 공격하기도 한다! 연구진의 갖가지 노력에도 불구하고 개미들은 여러 차례에 걸쳐 포로로 잡힌 동료를 구출하는 데 성공했다!

이러한 행동이 함축하는 바는 무엇일까? 먼저 소통이 이루어진다는 사실이다. 여러분이 도움을 요청할 때 목소리를 내거나 팔을 흔들어 표시하듯이, 포로로 잡힌 개미 역시 스트레스 페로몬과 같은 화학적 형태로 신호를 보낸다. 개미들만이 가지고 있는 소통 수단을 활용하는 것이다. 그렇다면 토마스 벨트가 예상했던 것처럼 신호를 감지한 구조대 개미들은 함정에 빠진 동료 개미에게 공감

하는 걸까? 유인원의 공감 능력에 대한 논의에도 많은 이가 난색을 보이는 시대에, 개미에게 공감 능력이라는 용어를 사용한다면 학술계에서는 조롱의 대상이 되기 쉽다. 곤충에게 인간의 감정을 투사하는 것은 확실히 성급한 판단일지도 모른다. 개미들이 실제로 포로로 잡힌 개미의 입장에 자신을 대입하고 그가 느낄 당혹감에 공감하여 다른 이를 도와야겠다는 의도로 행동에 나선 것인지, 아니면 그저 상대 개체를 구해야겠다는 일종의 충동을 일으키는 조난 신호에 대한 응답으로 행동한 것뿐인지 이 실험들만으로는 확실히 알 수 없다.

하지만 이 연구를 통해 개미들의 이러한 행동이 단순한 반사 작용 그 이상의 것임이 증명된 것도 사실이다. 연구진의 설명과 같이, 구조 요청이 구조대 개미들에게 다리를 잡아당기거나 포로 주변으로 땅을 파는 등의 자동적인 행동을 촉발하는 것이라면, 구조대 개미들이 정확히 나일론 실을 공격하거나 더 나아가 종이 뒷면의 매듭을 끊는 모습은 어떻게 설명할 것인가? 이 개미들이 발휘하는 행동의 유연성은 개미들의 머릿속에 포로를 구출한다는 하나의 목적이 분명히 존재하며, 그리고 그 목적을 이루기 위해 다양하고 적절한 결정을 내릴 줄 안다는 사실을 암시한다. 그뿐 아니라 연구진의 분석으로 구조대 개미들은 저마다 유연하게 행동하고 이전의 행동들을 고려한다는 사실이 증명되었는데, 이는 개미들이 기억력을 사용하며 상황의 변화를 어느 정도 이해하고 있음을 함축한다. 또한 개미들은 행동에 있어서도 저마다 다른 양상을 보인다. 어떤 개미들은 훌륭한 구조대원으로서 늘 구조에 임할 준비가 되어 있는 반면, 경험이 적은 개미들은 조난 신호를 감지해도 반응하지 않는 경우도 있었다. 그리고 추가 실험들에서는 개미들이 자기 군락의 개체들만 구조한다는 사실이 밝혀졌다! 개미들은 포로들이 같은 종이

든 아니든 낯선 개체일 경우 완전히 무시한 채 될 대로 되도록 내버려두었다. 이타주의에도 한계가 있었던 것이다. 이러한 모습은 구조 행동이 단순한 반사 작용 이상의 것이라는 사실을 증명하는 여러 특성을 보여준다. 개체 간 차이, 목적의식, 기억력, 학습, 유연성 등 꽤나 많은 능력이 요구되는 것이다.

하지만 개미들을 움직이게 하는 것이 우리가 공감이라고 부르는 것과 비슷하다고 확언하기에는 갈 길이 멀다. 토마스 벨트는 열의를 숨기지 않았다.

"혹시나 우리가 그들의[개미들의] 멋진 언어를 배울 수 있다면, 그들이 [그들의 행동뿐만 아니라] 정신적으로도 인류와 대등한 위치에 있다는 사실을 발견할 수 있을지도 모른다."

하지만 안타깝게도 우리 개미 친구들이 그 작은 몸으로 무엇을 느끼는가를 실제로 아는 것은 어려울 뿐만 아니라 불가능한 일이다. 우리의 해석은 우리가 내버릴 수 없는 인간의 필터를 거쳐 이루어질 수밖에 없다.

그렇지만 진화적 관점에서 이 행동의 기원을 찾고 더 깊이 파고들 수 있는 다른 방법이 존재한다. 연구진은 이러한 구조 활동이 여러 개미종에서 발견되기는 하지만 모든 종에서 발견되는 것은 아니라는 사실을 밝혀냈다. 이러한 능력은 각 종의 생태학, 즉 종이 자연 세계에서 노출되는 환경적 조건에 달려 있는 것으로 보인다. 구조 활동을 하는 개미들은 주로 부드러운 모래질의 토양이 있는 곳에 서식하는데, 이런 곳에는 굴의 통로가 무너질 위험이 늘 존재한다. 파리의 건물 절반이 주기적으로 무너진다고 상상해 보라! 구조 능력의 진화적 이점을 이해할 수 있을 것이다. 이는 군락의 존폐가 직결되는 문제다.

덧붙여, 구조 활동을 하는 개미종 중 여러 종이 특히 무서운 포식자와 함께 사는 듯하다. 바로 개미귀신이다. 개미귀신은 별것 없는 외양을 가지고 있지만, 그 이름처럼 개미들에겐 귀신처럼 무서운 존재다. 개미귀신은 곤충의 유충으로, 무른 몸에 작은 두 다리, 그리고 갈고리 여러 개가 달린 거대한 큰턱을 가지고 있다. 솔직하게 말하자면 징그럽게 생긴 벌레지만, 아이러니하게도 성체는 잠자리를 닮은 꽤 멋진 곤충이다. 유충 상태의 개미귀신은 모래밭에 은거하며 미끄러운 비탈이 있는 작은 수직갱도, 즉 함정을 만든다. 개미귀신은 구덩이 바닥에 숨어 침입자들이 제 위로 떨어지도록 만든다. 〈스타워즈〉 팬들은 카쿤의 구덩이 바닥에 살고 있는 거대한 괴물인 살락을 떠올릴 수도 있다. 실상은 영화보다 더 끔찍한데, 개미가 모래 비탈을 따라 미끄러져 들어가면 갱도 바닥에 있던 개미귀신이 큰턱을 쩍 벌리고 튀어나와 개미가 제 쪽으로 빨리 떨어지도록 두 다리로 모래를 뿌린다. 만약에 이 작은 괴물이 사는 갱도를 발견한다면, 나뭇가지를 이용해 개미가 지나가는 것처럼 모래를 흩뿌려 보라. 개미귀신의 놀라운 조준 능력을 확인할 수 있을 것이다! 다시 거친 현실로 돌아와 보자. 이 덫에 갇히고 나면 개미는 반쯤 모래에 묻혀 몸부림을 칠 수밖에 없는데, 앞서 이야기했던 실험과 놀랍도록 흡사한 상황에 놓이게 된다. 실제로 개미귀신에게 잡힌 개미는 조난 상황임을 알리는 페로몬을 분비하고, 그러고 나면 대부분 경우 개미 무리가 그 개미를 구하러 온다! 여기서도 구조대 개미들은 상황에 맞추어 행동한다. 어떤 개미들은 모래 무덤에서 동료를 빼내려 잡아당기는데, 이때 자신도 함정에 빠지지 않기 위해 갱도 밖에 뒷다리를 잘 고정한다. 더 대담한 어떤 개미들은 구덩이 안으로 뛰어들어 침으로 적을 직접 공격한다. 할리우드 영화를 방불케 하는 장면이다.

이처럼 수천만 년 전부터, 그러니까 인간도 할리우드도 존재하기 전부터, 우리 지구에는 주인공이 제 목숨을 걸고 무시무시한 괴물의 턱에서 동료를 구출해 내는, 상부상조와 이타주의를 보여주는 작품들이 있었던 것이다.

파르나서스 박사의 상상극장

오드레 뒤쉬투르

1925년, 한 벨기에 의사는 메가포네라속(*Megaponera*) 개미 한 마리를 사냥 행렬로부터 50센티미터 떨어진 모래밭에 묻자, 마치 구조 요청을 하는 듯한 작은 벌레 울음소리가 들렸다고 기록했다. 몇 분 후, 그는 수많은 개미 행렬을 빠져나와 모래 더미에 깔린 개미를 금세 빼내는 모습을 발견했다. 이 일화는 앞서 이야기한 카타글리피스 쿠르소르처럼 메가포네라도 식량을 채집하러 가던 중에 곤경에 처한 동료를 보면 그를 포기하지 않는다는 사실을 보여준다. 하지만 이 개미들의 능력은 구조 활동 그 이상의 것이다.

메가포네라 아날리스(*Megaponera analis*)는 사하라 이남 아프리카가 원산지인 개미로, 마타벨레(*Matabélé*) 또는 은데벨레(*Ndébélé*)라는 짐바브웨 부족의 이름을 따서 마타벨레개미라는 별명으로도 불린다. 19세기 초, 짐바브웨 서부의 마타벨레랜드에 자리를 잡은 이 전사들은 무장 공격대를 남부로 보내 다른 부족 사람들을 죽이거나 자신들 쪽으로 가맹시켰다. 마타벨레개미의 경우에는 흰개미 군락들을 상대할 사냥대원들을 파견한다. 앞서 이야기했던 카메룬 북부에 사는 중앙아프리카 부족인 모푸족은 메가포네라에게 굴라(*Gula*)라는 별명을 붙여 주었다. 이 부족은 이 개미가 시간이 빠르게 흐르도록 만든다고 믿는다. 누군가 굴라개미 한 마리를 죽이면 하루가 더 빨리 가고 일의 고단함도 덜해진다. 〈모푸족과 곤충들〉의 필자들에 따르면 모푸족은 굴라개미들을 좋아하지 않는데, 이 개미들이 흰개미를 잡으려고 놓은 덫을 먼저 망쳐버리기 때문이다.

메가포네라 아날리스는 기습 공격대를 조직하기 전 정찰병이 굴 밖에 나와 영역을 돌아다니며 괜찮은 먹잇감이 있는지 찾는다. 정찰병 개미는 먹잇감을 찾으러 50미터 바깥까지 나오기도 하지만, 금세 인내심이 바닥이 드러난다. 그리고 한 시간의 수색이 실패로 돌아갈 경우 지체하지 않고 빈손으로 돌아간다. 만약 멋진 우연으로 터널을 짓는 데 여념이 없는 흰개미들을 찾게 되면, 개미는 쏜살같이 굴로 돌아가 무리에게 알린다. 몇 분 뒤, 개미는 다시 집을 나오지만 이번에는 굶주린 200~600마리의 전사들을 대동한다. 정찰병 개미가 이끄는 이 사냥 행렬의 소리는 몇 미터 밖에서도 들을 수 있는데, 사기를 올리기 위해 군가를 부르는 군인들처럼 이 개미들이 함께 울음소리를 내기 때문이다! 이 공격대는 0.5센티미터 크기의 소형 개미와 최대 2센티미터의 대형 개미로 이루어져 있다. 흰개미들의 건설 현장에 도착하면 대형 개미들은 흰개미들이 튼튼하게 지은 터널을 부수어 소형 개미들이 쳐들어갈 수 있도록 입구를 만든다. 소형 개미들이 흰개미들을 죽이고 그 시체들을 꺼내면 대형 개미들은 제 굴로 시체들을 옮긴다.

하지만 모든 일이 다 간단히 풀리지는 않는다. 흰개미들도 당하고만 있지는 않기 때문이다. 완전무장을 한 흰개미들은 망설이지 않고 적을 맹렬하게 물어뜯는다. 흰개미들의 공격에 개미들은 다리를 한두 개 잃기도 한다. 자신을 물어뜯는 데 정신이 팔린 흰개미를 죽인 개미는 다리가 절단되지는 않아도 다리에 여전히 흰개미

사체를 매달고 있게 된다. 흰개미는 죽은 뒤에도 문 것을 놓지 않기 때문이다. 부상한 개미는 경보 페로몬을 분비하며 도움을 요청한다. 이러한 간청은 구역을 돌던 동료의 더듬이에 가 닿는다. 그렇게 서둘러 부상자에게 달려 온 개미는 더듬이 끝으로 검진에 들어간다. 다친 개미는 동료의 더듬이 촉진에 대한 응답으로 다리를 몸 아래로 둥글게 말아 태아 자세를 취한다. 그러면 구조대원은 다친 개미를 굴로 데려간다.

한 연구진은 어느 날 우연히 코트디부아르의 코모에 국립공원에서 이 개미 군락을 보게 되었는데, 구조대 개미들이 부상 당한 개미들을 다 살펴보더니 생존할 확률이 있어 보이는 개미들만 굴로 옮기는 모습을 발견했다. 이 기묘한 광경을 본 연구진은 외과적 수술을 통해 다리를 2~5개 절단한 개미들을 싸움터 근처에 놓아 보기로 했다. 그러자 부상이 덜한 개체들은 굴로 옮겨진 반면 다리를 많이 잃은 개체들은 그 자리에 남겨지는 모습이 관찰되었다. 개미들 간의 상호작용을 더 가까이에서 살펴본 결과, 연구진은 구조대 개미들이 전투에서 부상한 동료들을 예외 없이 모두 도우려고 하는 모습을 발견했다. 다리를 두 개 잃은 개체들은 일어나서 도움을 요청하고 자신을 옮길 수 있도록 몸을 웅크렸다. 반면 다리를 다섯 개 잃은 개미들은 땅에 못 박힌 듯 엎드려 있었고, 구조대 개미가 다가오자 거칠게 몸부림을 쳤다. 개미의 비협조적인 태도에 구조대 개미는 진력이 난 듯 다친 개미가 제 슬픈 운명의 끝을 맞도록 내버려 두고 떠났다.

발을 절뚝거리거나 흰개미를 달고 있는 개체들은 직접 걸어서 굴로 돌아가는데, 이 개체들은 가는 길에 죽을 확률이 세 배 더 높다. 다리를 두 개 잃은 개미들은 환각지(membre fântome)를 짚으려 하다가 계속 비틀거리고, 흰개미 사체를 다리에 달고 있는 개미들은 걷기도 어려워한다. 연구진은 부상한 개미들이 다치지 않은 개미들과 함께 있을 때는 연기를 하며 더 크게 절뚝거리는 모습을 발견했다. 다른 개미들이 이들의 탄식을 듣지 못하고 속도를 내어 전진하면, 연기를 하던 개미들은 추월당하지 않으려 속도를 높인다. 하지만 행렬은 아주 빠른 속도로 전진하기 때문에 다친 개미들은 그 노력에도 불구하고 낙오되어 거미에게 잡아먹히거나 피로로 죽게 된다.

이와 같은 현장 관찰에 따라 연구진은 실험실로 군락을 옮겨 개미굴 내의 부상자 치료 방식을 연구하기로 했다. 다리를 한 개 잃은 개미들의 경우에는 다른 개미들이 금세 처치를 시작했다. 처치하는 개미들은 간호사처럼 상처를 살펴보고 제 타액으로 상처를 소독했다. 간호사 개미는 개미의 다리를 물고 있는 흰개미 중 90퍼센트를 떼어내는 데 성공했다. 치료를 받은 개미 열 마리 중 아홉 마리가 정상적으로 움직일 수 있게 되었고, 몇 시간 또는 며칠의 휴식기를 가진 뒤 다시 사냥 공습에 참여할 수 있었다. 심지어 다리를 두 개 잃은 개미들은 치료받고 24시간밖에 지나지 않았는데도 다치지 않은 개미만큼 빠른 속도로 달리기도 했다. 이러한 치료의 효과를 알아보기 위해 연구진은 다리를 잃은 개미들을 나누어 다른 개미들이 있는 굴과 다른 개미가 없는 멸균실에 넣어 보았다. 24시간 후, 연구진은 치료받지 못한 개미들이 죽을 확률이 멸균실에서는 20퍼센트였던 반면, 굴에서는 80퍼센트였다는 사실을 확인했다.

여러 위험을 무릅쓰고 동료를 구하는 돌고래나 침팬지와 같이 마타벨레개미들도 비교적 작은 군락을 이루고 산다. 출생률이 하루 열세 마리에 불과한 작은 군락에서 각 개체는 더욱 높은 가치를 가진다. 그러니 개미가 동료를 구하는 모습도 아주 놀랍지만은 않은 일인 것이다.

하지만 이러한 유형의 행동은 수확개미 베로메소르 페르간데이(*Veromessor pergandei*)에게도 관찰된다. 이 개미는 하루 최고 출생률이 650마리인 큰 사회를 이루고 살지만 제 동료들을 구조하는 데 엄청난 위험을 감수한다. 사실 일회용으로 간주해도 무방한 동료를 구하는 데 그와 같은 고생을 하는 구조대 개미들이 보여주는 모습은 매우 흥미롭다. 베르메소르 페르간데이는 북아메리카 사막에 산다. 흥미롭게도 이 개미는 사막에 서식하면서도 더위를 잘 견디지 못하는데, 수렵개미들이 새벽을 틈타 하루에 최대 두 시간밖에 나가지 못하는 이유가 그것이다. 수렵개미들은 50미터 정도 되는 먼 길을 빠르게 이동한다. 고속도로 끝에서 개미는 씨앗을 채집하여 굴로 가져다 놓고 곧장 다시 길을 떠난다. 이미 악조건의 환경이지만 또 다른 어려움이 이 개미들을 기다리고 있다. 해가 뜨면 검은과부거미(*fausse veuve noire*)라고도 불리는 스테토다(*Stetoda*) 거미와 아사게나(*Asagena*) 거미는 굴에서 나와 개미가 다니는 길에 거미줄을 친다. 거미는 보통 식물 위에 거미줄 덫을 치지만, 종종 베르메소르 페르간데이 굴 입구에 직접 치기도 한다. 일을 하러 군락을 나선 수렵개미들은 거미줄로 짠 그물에 말려들어 길 위 허공에서 대롱대롱 매달리게 된다.

먹잇감이 걸려든 것을 본 개미는 달려와 개미가 다리를 움직일 수 없도록 꼼꼼하게 실을 두른다. 이렇게 거미줄에 둘둘 말린 개미는 몇 차례 물린 뒤 잡아먹힌다. 거미는 배부르게 먹고 난 뒤 남은 먹잇감을 개미가 다니는 길 아래쪽에 던져버린다. 가끔은 당장 물지 않고 움직이지 못하게 거미줄로 감아둔 채 나중에 먹을 간식 삼아 보관하기도 한다. 개미들의 일상을 이루는 이러한 비극은 공상 과학 소설 작가의 상상에서 막 튀어나온 듯하다. 〈반지의 제왕〉에서 프로도가 쉴로브에게 사로잡히던 장면을 떠올려 보라.

이렇게 길 위의 거미줄에 갇히게 된 개미는 경보 페로몬을 분비하여 도움을 요청한다. 그러자 동료 개미들이 제 목숨의 위험을 감수해 가며 그를 구하러 온다. 실제로 구조대 개미 중 6퍼센트가 거미에게 잡히고 만다. 이 선한 사마리아 개미는 주로 씨앗을 운반하지 않는 큰 크기의 수렵개미다. 거미줄에 잡힌 동료를 본 개미는 큰 턱을 벌리고 다리를 앞으로 뻗은 채 닌자처럼 거미줄 위로 뛰어올라 다리로 매달린 뒤 뒤쪽으로 몸을 젖힌다. 그렇게 머리를 공중에 두고 매달린 개미는 길을 가던 다른 개미를 붙잡고 구조 활동에 동참할 것을 장려한다. 이렇게 거미줄 해체를 위한 단체 작업이 시작된다. 구조대 개미들은 저마다 큰턱으로 식물에 연결된 거미줄을 물고, 고정 지점의 실이 느슨해지거나 떨어질 때까지 뒷걸음질을 치며 위로 잡아당긴다. 그러면 거미줄이 얽힌 채 바닥에 떨어지고, 먼지와 잔해물이 묻으며 점착성을 잃게 된다. 거미줄에 걸린 개미를 구출하는 데는 평균적으로 한 시간이 걸린다.

이 수확개미들은 하루에 2만 5,000마리가 수확에 참여하고, 각 개체가 일을 하는 기간은 18일을 넘지 않는다. 여왕개미가 1년에 낳는 수렵개미의 수는 자그마치 23만 마리에 달한다! 그러니 구조대 개미들이 적의 마수에 떨어진 자매 몇 마리를 위해 그만큼의 위험을 감당하는 것도 놀라운 일이다. 게다가 거미가 하루에 잡는 수렵개미의 수는 열 마리에 불과하다. 한편 수렵개미 한 마리는 하루에 두 개의 씨앗을 가져온다. 짧은 수확개미의 삶 동안, 개미는 총 36개의 씨앗을 가져오는 것이다. 개미들에게는 주말도 휴가도 없으니, 매일 수렵개미 열 마리를 잃는 것은 1년에 13만 1,400개의 씨앗을 포기하는 것과 같다. 결국 구조 활동 중 개미 한 마리를 잃는 것 정도는 감수해야 하는 일인지도 모른다.

제13장

마지막 시련

죽음

북북서로 진로를 돌려라

오드레 뒤쉬투르

개미들이 망자에게 경의를 표하는 모습은 많은 박물학자에게 늘 호기심의 대상이었다. 기원전 232년, 스토아학파의 그리스 철학자 클레안테스(Cléanthe)는 개미들이 먹잇감을 두고 싸우던 적의 시체를 적 군락 근처에서 주고받는 모습을 보았던 일화를 이야기한 바 있다. 그는 이러한 물물교환이 고된 협상 끝에 이루어진 점으로 미루어 보아 개미들이 그러한 죽음에 가치를 부여한다고 생각했다. 2,000년이 흐르고, 프랑스 곤충학자인 에르네스트 앙드레(Ernest André)는 1885년 이렇게 썼다.

"대부분의, 어쩌면 모든 종은 우리가 묘지라 부를만한 진짜 묘지를 둔다. 언뜻 생각하면 있을 수 없는 일처럼 보이지만, 이는 아주 완벽한 진실이며, 다수의 신망 깊은 박물학자들의 수많은 성실한 관찰을 통해 확인된 바다. 주로 개미굴에서 약간 떨어진 곳에 위치한 묘지는 특정한 목적으로만 사용된다. 이곳에 옮겨진 시체들은 때로는 무더기로, 때로는 다소 대칭적인 열을 이루어 놓는다. 놀라운 것은 개미들이 고이 그리고 경건히 묘지로 옮긴 제 동료들의 주검에만 예우를 갖출 뿐, 접전에서 죽임을 당한 적들의 시체 앞에서는 전혀 다르게 행동한다는 사실이다. 반면 이 전쟁의 희생자들은 불결한 대상처럼 방치되거나 바깥에 내놓아져 있다. 전쟁의 승자들은 패자들의 피를 마시고 사지가 찢겨 형체를 알아볼 수 없게 된 잔해를 쓰레기장에 내버리기 때문에 배가 갈라져 있거나 도륙이 나 있는 경우도 있다. 이처럼 개미를 먹는 개미들의 풍습이 알려주듯, 불운한 전쟁 포로는 승리한 부족에게 잡아먹히며, 끔찍한 진수성찬이 끝나고 반쯤 남겨진 잔해들은 내던져진다."

오늘날 우리는 개미들이 죽은 개미들을 군락으로부터 가능한 한 멀리 떨어진 곳에 무더기로 모아놓는 이유가 망자에 대한 예의를 갖추기 위해서가 위생상의 이유 때문이라는 사실을 알고 있다. 이는 질병이나 감염병의 전파를 막기 위한 보건상의 조치다. 죽은 개체들은 잠재적 병원체 숙주이기 때문이다.

하지만 개미들은 다른 개미가 죽었다는 사실을 어떻게 알까? 실험실에서 키우던 수렵개미 중 한 마리가 군락 밖에서 죽었다. 개미는 머리는 아래로 향한 채 뒤로 자빠진 모양으로 쓰러져 있었다. 처음에는 동료 개미들도 시체를 알아보지 못하고 행동의 변화 없이 그 주변을 지나다녔다. 하지만 개미가 죽고 하루 이틀이 지나자, 시체는 주변에 있는 개미들의 행동을 근본적으로 변화시키는 화학적 신호를 내보내기 시작했다. 이전에는 움직이지도 않고 무해했던 물체가 갑자기 한시바삐 제거해야 할 폐기물이 된 것이다. 개미 한 마리가 시체를 들더니 그것을 오래된 시체와 먹잇감 찌꺼기가 섞여 있는 폐기물 무더기가 있는 곳으로 서둘러 옮겼다. 저명한 개미학자 에드워드 윌슨은 개미에게 '나는 죽었다'라는 의미를 지진 화학 물질이 무엇인지 알아냈다. 미국 라디오 방송에서 그는 이렇게 말했다.

"알맞은 화학 물질만 있으면 인공적으로 시체를 만들 수도 있겠다는 생각이 들었죠."

윌슨은 대변 속 성분인 스카톨(scatole)과 부패 중인 생선에서 추출되는 물질인 트라이메틸아민(triméthylamine), 인간의 몸이 산패할 때 냄새가 나는 원인인 여러 지방산을 사용했다고 설명했다. 그렇게 몇 주간 그의 실험실은 하수구, 쓰레기장, 로커룸 냄새가 뒤섞인 냄새로 가득했다. 그렇게 하여 윌슨은 개미에게서 '죽음'을 의미하는 화합물이 올레산(acide oléique)이라는 사실을 발견했다. 그는 이를 증명하기 위해 굴로 들어가던 중인 불쌍한 수렵개미 한 마리를 잡아 올레산을 칠했다. 매 시도마다 개미는 다른 개미에게 붙잡혀 계속해서 쓰레기장으로 보내졌다. 개미는 부패하는 냄새를 빼기위해 두 시간 동안이나 열심히 스스로 씻은 다음에야 굴에 들어갈수 있었다. 개미의 세계에서 죽음은 보이는 것이 아니라 냄새로 느껴지는 것이다.

자연에서 여왕개미는 수십 년을 살고 수렵개미들은 몇 달 뒤면죽는다. 그렇다면 일개미들이 여왕개미처럼 모든 위험으로부터 안전한 곳에서 살게 되면 얼마나 오래 살게 될까? 몇 년 전부터 필자는 실험실에서 군락의 생존에 최적화된 식이를 알아보려고 시도하고 있었다. 필자는 설탕과 다양한 가루 단백질의 양을 다르게 하여여러 과자류를 만들고 여러 종의 개미에게 실험했다. 첫 번째 실험체는 검은정원개미 라시우스 니게르였다. 실험을 시작하기 전, 성실한 연구자라면 으레 그리하듯이, 검은정원개미의 수명을 간단히조사했다. 조사에 따르면 라시우스 니게르 수렵개미는 자연에서 두달 이상 살지 못한다. 이 개미들이 모두 두세 달 뒤에 죽을 것으로생각한 필자는 한 군락에 200마리씩 사는 200개의 군락에 자기의작품을 시험하는 대규모의 실험을 감행했다. 엄밀성을 기하기 위해필자는 주말을 포함하여 매일 아침 일찍 실험실에 와서 실험에 참여하는 개미 4만 마리의 건강 상태를 확인하고 죽는 날짜를 정확하게 확인하기로 했다.

헬스장의 선수들처럼 고단백의 식단을 따른 개체들은 실험을 시작하고 두 달 안에 모두 죽은 반면, 단백질은 없지만 당이 풍부한 과자류를 먹은 개미들은 400일이 넘게 살며 필자와 노동절, 혁명기념일, 두 번의 크리스마스, 두 번의 새해를 함께 보냈다. 최연장자 개미는 418일을 살아 필자의 이를 부득부득 갈리게 했다. 일요일에 실험실에 나오며 직접 개미를 죽일까 하는 생각을 한 것도 여러 번이었다. 이 실험으로 증명된 첫 번째 사실은 연구를 직업으로 삼고 싶다면 희생정신을 발휘해야 한다는 것이고, 두 번째는 가루 단백질을 너무 많이 먹으면 건강에 해롭다는 것이며, 세 번째는 수렵개미의 임무가 띠는 위험이 완전히 사라지면 개미들이 훨씬 오래 살 수 있다는 것이다! 필자와 연구진이 지금까지 10여 종의 개미들로 실험해 본 결과, 이러한 사실이 확실히 증명되었다. 수렵개미의 기대 수명은 실험실에서 10~20배까지 증가할 수 있다.

현장에서 개미가 노화로 죽는 경우는 드물다. 임무를 완수한 수렵개미에게도 황금빛 은퇴 생활은 없다. 개미들 대부분은 혹독한 환경에서 죽음을 맞이한다. 개미굴에 너무 늦게 들어가거나 길을 잃으면 갈증 또는 굶주림으로 죽을 수도 있다. 적의 침에 쏘일 수도 있고, 배고픈 새가 꿀꺽 삼켜버릴 수도 있고, 화원 주인에게 독살당할 수도 있으며, 공포 영화에서처럼 곰팡이에 감염될 수도 있다. 다른 개미에게 도륙당하거나, 소 떼에 밟히거나, 실험 정신이 출중한 아이의 돋보기 아래 타 죽거나, 화분의 넘치는 물에 익사를 당하거나, 가정 제단 위에서 희생당하거나, 방법은 다양하다. 수렵개미들이 사방에서 자신을 노리는 위험들로부터 한 달 넘게 살아남는 경우는 드물다. 짧은 생일지는 모르지만, 우리가 상상할 수 없는 놀라운 모험들로 가득한 생을 사는 것이다. 이 작은 곤충은 제 식구를 먹여 살리기 위해 헤아릴 수 없이 많은 위험을 감수한다. 끝없이 오고 가는 발걸음은 군락의 생존을 지키는 것 이상으로 수많은 식물이 살 수 있도록, 땅이 숨 쉴 수 있도록, 어떤 동물들이 멸종을 피할 수 있도록 해 준다. 개미 한 마리를 밟을 때 여러분은 단 하나뿐인 모험을 끝내는 것이다. 개미 군락은 아무 일도 없던 것처럼 계속 살아갈 것이다. 새로운 수렵개미들이 그 뒤를 잇고, 여러분이 밟았던 그 작은 존재는 망각 속에 묻힐 것이다. 개미들은 묘지를 짓지만, 죽은 개미들, 더 이상 굴로 돌아오지 않을 개미들을 기리는 의식 같은 것은 하지 않을 것이다. 하지만 여러분의 신발 밑창에는 대담했던 모험가가, 무시무시했던 전사가, 충성스러웠던 딸이, 헌신적이었던 자매가, 슈퍼히어로가 눕게 될 것이다.

결론

　1873년 다윈은 다음과 같은 문장으로 《종의 기원》을 마무리한다.

　"우리 행성이 만유인력의 법칙에 따라 계속해서 제 궤도를 도는 동안, 가장 단순한 형태에서 출발한 무한히 많고 경이로운 형태들이 발전하기를 멈추지 않았고 여전히 발전하고 있는데, [⋯] 이러한 생명에 대한 이해 속에 진정한 숭고함이 존재하는 것 아닐까?"

　우리는 이 책에서 이처럼 놀랍도록 다양한 형태들의 아주 아주 작은 일부만을 소개했을 뿐이다. 우리 지구에서 진화한 수백만 종의 생물 중에서도 우리는 동물에 집중해 보았다. 수백만 종의 동물 중에서도 우리는 곤충들만 살펴보았다. 동물종의 85퍼센트를 차지하는 곤충 중에서도 우리는 개미들을 집중적으로 탐구했다. 집계된 1만 3,800종의 개미 중에서도 우리가 선택한 것은 75종뿐이었다. 이 작은 표본에서도 우리는 군락의 10퍼센트밖에 되지 않는 수렵개미에 대해서만 논했다. 그리고 수렵개미의 여러 측면 중에서도 우리는 수렵개미가 보내는 일상의 일부만을 소개했을 뿐이다.

　하지만 이 짧은 삶의 일별만으로도 우리는 믿을 수 없이 다양한 형태와 크기, 색, 생활 방식, 내부 세계를 살펴볼 수 있었다. 기간티옵스 수렵개미의 세계가 도릴루스의 세계와 얼마나 다른지 떠올려 보라. 기간티옵스는 도약하고, 단독으로 활동하며, 시각을 사용하고, 신중하며, 작은 기척도 경계하고, 자신의 경로와 환경을 암기한다. 반면 도릴루스는 눈이 보이지 않지만 후각을 사용하고, 수천 마리의 동료들과 쉬지 않고 거침없이 전진하며, 냄새에 집중하고, 자신 역시 무리를 이끄는 냄새를 남긴다. 소심하고 순진한 젊은 새내기부터 머릿속이 과거의 경험들로 가득 찬 노련한 늙은 수렵개미까지, 군락 안에서도 모든 개체는 유일무이하다. '개미'라는 단 하나의 단어 뒤에 무한대의 차원이 숨어 있다.

안타깝게도 우리는 이 작은 존재들의 원동력이 되는 내부 세계의 풍부함은 상상만 할 수 있을 뿐이다. 우리는 영원히 우리 인간의 필터와 이해에 한정될 수밖에 없다. 이 책에서 우리가 소개했던 연구들은 이 작은 존재들을 움직이게 하는 감각들의 풍부함을 조금이나마 이해할 수 있도록 도와준다. 이 앎으로부터 우리는 겸손함의 교훈과 삶에 대한 깊은 존중을 얻었다.

우리를 이 작은 먼 친척들 가까이 이끌어 준 기록을 남긴 모든 과학자와 박물학자들에게 감사의 인사를 전한다. 안타깝게도 이 모든 것들이 지워지고 있다. 우리의 환경은 사라지고 있는데, 연구들은 자연과 점점 더 멀어지며 협소해지고 있다. 삼림 파괴와 도시화, 인구 증가, 집약 농업이 엄청난 속도로 진행되는 지금, 얼마나 많은 모험이 사라지며 품고 있던 수수께끼와 전설들을 흘려보내고 있는가?

앙투안 비스트라크, 오드레 뒤쉬투르

개미 오디세이
L'Odyssée des fourmis
—운명을 짊어진 개미의 여정

초판 1쇄 발행   2024년 11월 4일

지 은 이   오드레 뒤쉬투르·앙투안 비스트라크
옮 긴 이   홍지인
펴 낸 이   김채민

펴 낸 곳   힘찬북스
출판등록   제410-2017-000143호
주   소   서울특별시 마포구 모래내3길 11 상암미르웰한올림오피스텔 214호
전화번호   02-2272-2554   **팩스번호**   02-2272-2555
전자우편   hcbooks17@naver.com

—

—

ISBN 979-11-90227-50-6 03490